普通高等教育"十一五"国家级规划教材
A+U高校建筑学与城市规划专业教材

画法几何与阴影透视

下 册 （第四版）

天津大学 许松照 编著

中国建筑工业出版社

图书在版编目（CIP）数据

画法几何与阴影透视　下册/许松照编著. —4 版.
北京：中国建筑工业出版社，2014.9（2023.12 重印）
普通高等教育"十一五"国家级规划教材
A＋U 高校建筑学与城市规划专业教材
ISBN 978-7-112-17180-4

Ⅰ.①画… Ⅱ.①许… Ⅲ.①画法几何-高等学
校-教材②建筑制图-透视投影-高等学校-教材 Ⅳ.
①O185.2②TU204

中国版本图书馆 CIP 数据核字（2014）第 189806 号

本书系高等学校建筑学、城市规划等专业教材。全书分上、下两册。
上册内容包括绪论、点和直线、平面、投影变换、平面立体、曲线曲面、
表面展开及轴测投影共八章。下册内容是正投影阴影、透视投影两部分。
上册附有《画法几何习题集》一册，下册附有《阴影透视习题集》一册。

本书可作为土建类其他专业的参考书。其中阴影透视还可供建筑设计
工作者参考。

本书附送课件，请教师（实名学校和姓名）加 QQ 群 868627987
下载。

* * *

责任编辑：陈　桦　王　惠
责任校对：张　颖　党　蕾

普通高等教育"十一五"国家级规划教材
A＋U 高校建筑学与城市规划专业教材
画法几何与阴影透视
下　　册
（第四版）
天津大学　许松照　编著
*
中国建筑工业出版社出版、发行（北京西郊百万庄）
各地新华书店、建筑书店经销
霸州市顺浩图文科技发展有限公司制版
北京圣夫亚美印刷有限公司印刷
*
开本：787×1092 毫米　1/16　印张：25　字数：488 千字
2014 年 9 月第四版　　2023 年 12 月第五十五次印刷
定价：**46.00** 元（含习题集、赠教师课件）
ISBN 978-7-112-17180-4
　　　（25944）

第三版前言

本书1998年修订的第二版与第一版相比较，全书的篇幅明显扩大，内容进一步充实；修订后的习题集在数量上大大增加，命题形式更为灵活多样。7年来，使用本书作教材的各院校师生和广大读者能接受和认可第二版的这些变化，这对编者是莫大的鼓舞，编者深表感谢。

此次作为第三版的修订工作，对本书的内容和结构体系不拟进行任何变动。重点在于纠正第二版中，文字排版和插图上的一些差错和欠缺之处；也更换了个别例题，使答案清晰、明确。其目的是使本书更能适应教学的需求；也能满足广大读者进修、提高的愿望。编者期待本书经过此次修订之后能产生这样的效果。但仍难免还会发现某些新的缺陷和讹误，恳请读者不吝赐教、指正，使本书益臻完善，继续发挥它应有的作用。

编　者
2006 年 5 月

第二版前言

本书《画法几何与阴影透视》（下册）自1979年底，作为高等学校试用教材出版发行以来，一直被全国大多数院校的建筑学、城乡规划、园林建筑、室内装饰等专业选作教材，受到普遍关注和肯定，基本上满足了教学的要求。1988年该书荣获国家教委颁发的高等学校优秀教材二等奖。

本书初版成稿于20年前。当时，高等学校刚刚恢复招生不久，教材匮乏，亟待解决。编者正是在这样的时刻承担了本书的编写任务。由于时间紧、要求急，再加上过多地受到教学要求、学时和篇幅等因素的制约，取材局限。一些本学科理应涉及的概念和理论，以及个别比较繁难的作图方法均未能作比较深入的探讨或适当的介绍。

此次修订的指导思想是冲破这些束缚，放开手写。初版的内容和结构体系全部保留，但在深度和广度上做了足够的加强和拓宽。书中所写的，不局限于课堂讲授的范围之内，有些内容只是提供给学生和从事设计的技术人员自学参考和提高使用的。近20年来，建筑业突飞猛进。建筑造型标新立异，曲线、曲面的应用，随处可见；高层建筑，犹如雨后春笋，比比皆是；新型建材，光亮照人，广泛运用。因此，在修订稿中相应地强化了曲线和曲面、斜透视、辐射光线下的阴影、透视阴影以及倒影和镜像等内容。对阴影和透视的一些基本规律和基本画法，更注意到条分缕析，详加阐述。插图和例题都相应增加。全书的篇幅明显扩大，章节编排作了适当调整。这就给教学提供了较为广阔的选择、取舍的空间。对于一些比较艰深或繁难的内容，在有限的课堂教学时数内是不必要、也不可能贯彻的。凡属此类内容，采用楷书字体排印，以示区别。

配套的习题集修订后，题目数量大大增加，命题的形式也更多样化，并注意到难易搭配、由简及繁、循序渐进的原则。一些比较简单的题目，便于学生听讲后试作，以明确和巩固概念；大量难度适中的题目，可由教师指定学生必须完成；还有一些较繁难的题目，可由学生自行选作，提高学习的兴趣。

本书修订稿由中国建筑工业出版社委托同济大学黄钟琏教授审阅。黄教授在精心审阅后提出了不少宝贵意见，对此表示衷心的感谢。

在本书的修订过程中，得到佟国相、王桂梅、潘建楠等老师以及闫桂兰、陈国欣两位同志的大力协助和热情支持，在此一并表示诚挚的谢意。

由于时间仓促，加之编者的水平和精力所限，在此次修订中，仍不免存在某些缺点，甚至讹误，恳请各院校师生和广大读者指正。

编　　者
1998年3月
于天津大学

第一版序

根据 1978 年 1 月召开的建筑学专业教材会议的计划安排，《画法几何与阴影透视》教材由天津大学和哈尔滨建筑工程学院编写。

本书为该教材的下册，内容包括正投影图中的阴影与透视投影两个部分。

在本书编写过程中，注意到专业的需要和课程的特点，着重阐明阴影与透视的基本概念、基本规律和基本的作图方法。书中插图尽量采用建筑形体。在保证基本内容的前提下，对教本的深度和广度作了适当的深入和扩展，以利于教师备课的取舍和学生进一步自学的需要，并供建筑设计工作者参考。

为了便于进行教学，配合教本，编绘了一本习题集。

本书由天津大学建工系建筑制图教研室许松照同志执笔编写。李培德同志给予了大力的协助并编绘了相应的习题集。

在本书审稿时，清华大学林贤光同志、华南工学院邹爱瑜同志、重庆建筑工程学院邹英炜、钱承鉴同志、南京工学院王文卿同志、哈尔滨建筑工程学院沈本同志、西安冶金建筑学院郑士奇同志等都对书稿提出了不少宝贵意见，最后经同济大学黄钟琏、马志超两同志审定。

编　者
1979 年 2 月

目　录

阴　影　篇

明影篇

Fig. 48.

第 1 章　阴影的基本知识

1.1　阴影的形成

在现实空间里，光线总是自光源顺沿着直线方向发射出去的。物体在光线的照射下，其表面上直接受光的部分，显得明亮，称为物体的**阳面**；而另一部分表面由于背光，则比较阴暗，称为物体的**阴面**。阳面与阴面的分界线称为**阴线**。由于物体通常是不透明的，所以照射在阳面上的光线，受到阻挡，致使物体另一侧的部分空间，光线不能直接射入而形成了一个幽暗的**影区**。如果该物体自身或其他物体上原来迎光的阳面处于影区之内，则得不到光线的直射而出现了阴暗部分，称为该物体在这些阳面上的**落影**（或简称为**影**，或如口语所称影子）。落影的轮廓线，称为**影线**。影所在的阳面，不论是平面或曲面，都称为**承影面**。阴和影合并称为**阴影**。

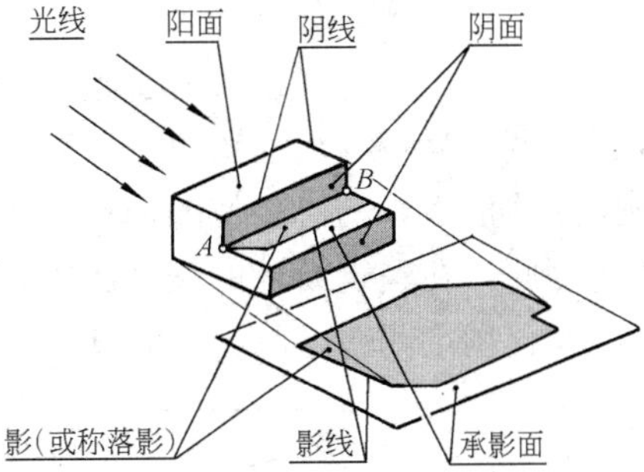

图 1-1 所示，是一台阶模型在平行光线照射下产生的阴影。从图中可以看出：通过台阶模型的阴线上的点（称为**阴点**）引出假想的光线（实际就是阴点形成的直线型影区）与承影面相交，其交点正是影线上的点（称为**影点**）。由此可知：阴和影是相互对应的，即物体的影线正是该物体阴线的落影。

图 1-1　阴和影的形成

但是，也有特殊情况，如果阴线处于立体的凹陷处，则此类阴线不会产生相应的影线。如图 1-1 中，棱线 AB 确实是阴面与阳面的交线，但它处于模型的凹陷处，所以不存在相应的影线。

1.2　正投影图中加绘阴影的作用

人们对于周围的各种物体，凭借它们在光线照射下产生的阴影，才能清晰地看出它们的形状和空间组合关系。因此，在建筑图样中，如对所描绘的建筑物加绘阴影，同样会大大增强图形的立体感和真实感。这种效果对正投影图尤为突出。如图 1-2 (a) 所示，为贴附于正面墙上的三种不同形状的壁饰，它们具有完全相同的立面图。如不综观其平面图，就不能加以辨别。倘若在立面图中加绘了阴影，如图 1-2 (b) 所示，就能看出三者的区别，而不致混淆不清。因此，在物体的正投影图中加绘阴影，即使仅凭物体的一个投影，也能帮助人们想象出它的空间形象。

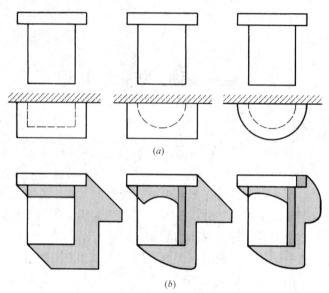

图 1-2　正投影图中加绘阴影的作用

（a）未画阴影的正投影图；（b）画出了阴影的正投影图

在建筑设计的表现图中，由于画上了阴影，不仅丰富了图形的表现力，也增进了图面的美感。如图 1-3（a）中，只是画出了建筑物正立面的投影轮廓。这样的图形既没有清晰地表现出建筑物各部分的实际形状和空间组合关系，图面也显得单调、呆板。而在图 1-3（b）中，加绘了阴影，不仅使人们清楚地看出建筑物的立体形状，同时也使图面更为生动、自然，有助于体现建筑造型的艺术感染力。因此，在建筑设计的表现图中，往往借助于阴影来反映建筑物的体型组合，并以此权衡空间造型的处理和评价立面装修的艺术效果。

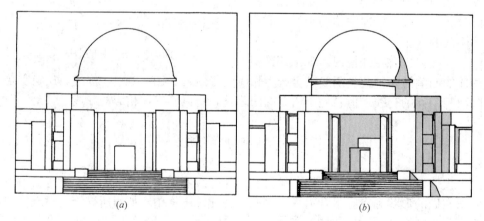

图 1-3　阴影在建筑表现图中的效果

（a）未画阴影、图面单调呆板；（b）加绘阴影、图面生动美观

这里应指出的是，在正投影图中加绘物体的阴影，实际上是画出阴和影的正投影。在一般不致引起误解的情况下，我们就简单地说成是画出物体的阴和影。

有关阴影的内容是以画法几何所讲的投影原理为基础，来阐明各种形体的阴和影产生的几何规律，以及在正投影图中绘制阴影的各种方法。在作图中，我们着重绘出阴影的准确的几何轮廓，而不去表现它们的明暗强弱的变化。

1.3 光线与常用光线

在现实环境中，光线基本上可分三类：平行光线、辐射光线和漫射光线。由于在漫射光线照射下不可能产生稳定明确的阴线与影线，因此本书不予讨论。

在投影图中加绘阴影，一般采用平行光线，来描绘日光照射下产生的阴影，个别场合也可用辐射光线，来模拟单个球形灯光下的阴影。平行光线的方向本可任意选定，但在正投影图中求作阴影时，为了作图及度量上的方便，通常采用一种特定方向的平行光线。这种光线在空间的方向与正立方体的一条体对角线的方向是一致的。而该立方体的各棱面平行于相应的投影面，如图 1-4（a）所示。光线的方向就是该立方体自左、前、上方的顶点引到右、后、下方的对角线 L 的方向。这种方向的平行光线，特称为**常用光线**。常用光线的三面正投影 l、l′、l″，均与水平线成 45°角（为了叙述方便，以后就将光线的投影，称为"45°光线"或"45°线"），如图 1-4（b）所示。常用光线对各个投影面的实际倾角均相等。设倾角为 α、立方体边长为 1，则 $tg\alpha=1/\sqrt{2}$，由此求得 $\alpha=35.264°$。常取其

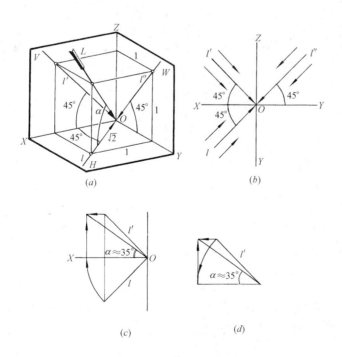

图 1-4　常用光线
（a）空间情况；（b）正投影图；（c）求常用光线的
真实倾角；（d）在单面投影中求倾角

近似值为 35°。在作图过程中，如果需要利用光线的真实倾角时，则可按图 1-4 (c) 所示的旋转法来求得。在单面投影作图时，可按图 1-4 (d) 所示方法作出常用光线的倾角 α。

在正投影图中按常用光线求作阴影，能充分发挥 45°三角板的作用，使作图方便、快捷，并且在某些特殊情况下，可使求得的阴影能反映出一些形体的空间形状和相互间的度量关系。但在某些场合下，对个别形体如按常用光线求作阴影，其效果不够理想时，也可以根据需要，适当地改变平行光线的方向。但常用光线下的某些阴影规律就可能体现不出来了。

第2章　点、直线的落影和平面形的阴影

2.1　点　的　落　影

空间一点在任何承影面上的落影仍然是一个点。

图 2-1 中，在光线的照射下，空间一点 A 仅能阻挡一条光线 L 的进程，从而形成的影区是一直线。今有一平面 P 与此直线型影区相交，则平面 P 上就会出现一个得不到光线 L 照射的暗点，这就是点 A 在 P 平面上的落影 A_p。实际上，点的落影就是这样产生的。但是为了语言叙述方便起见，将点的落影简单地说成是通过该点引出的一条假想的光线与承影面的交点。

可见，求作点的落影，实质上就是求作过该点的直线与面的交点问题。

如点位于承影面上，则其落影与该点自身重合。如图 2-1 中的点 B 就是如此，其影 B_p 与点 B 自身重合。

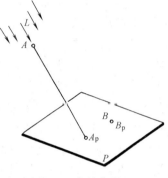

图 2-1　点的落影

本书规定点的落影用相同于该点的字母并于右下角加脚注来标记，脚注则为相同于承影面的小写字母，如 A_p、B_v、C_h……。如承影面不是以一个字母表示的，则脚注以数字 0、1、2……来标记。

2.1.1　点在投影面上的落影

（1）当以投影面为承影面时，点的落影就是通过该点的光线对投影面的迹点。我们知道，在两投影面体系中，这样的迹点有两个，如图 2-2（a）所示。但究竟哪一个迹点是空间点 A 的落影呢？这要看过点 A 所引光线，首先与哪个投影面相交；在首先相交的那个投影面上的迹点，就是所求的落影。在图 2-2 中，过点 A 的光线 L 首先与 V 面相交，因此，正面迹点 A_v 就是点 A 的落影。如设想 V 面是透明的，则点 A 将落影于 H 面上，即水平迹点 A_h。此影称为点 A 的**虚影**（因 V 面并非透明的，此影仅是假想的），一般不必画出，但以后在求作阴影过程中有时也需利用它。

从图 2-2 中看出，落影 A_v 的 V 面投影 a'_v 和 A_v 自身重合，而其 H 面投影 a_v 则位于 OX 轴上；a_v、a'_v 又分别位于光线 L 的投影 l、l' 上。因此，在投影图（b）中，求作点 A（a、a'）的落影 A_v（a_v、a'_v），首先自 a、a' 引光线的投影 l、l'。l 和 OX 轴相交，交点 a_v 就是落影 A_v 的 H 面投影，由此上投❶到 l' 上求得

---

❶　为了文字叙述简练起见，用"上投"一词表示自点的 H 面投影向上作竖直线，来求作相应的 V 面投影。"下投"一词，也是同样含意。

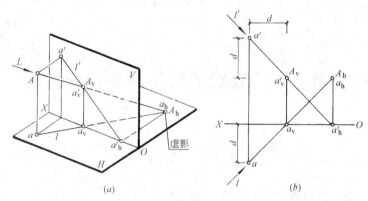

图 2-2　点在投影面上的影

a_{v}'，也就是落影 A_{v} 的自身。

在图 2-2（b）中，如使光线的投影 l、l' 继续延长，则 l' 与 OX 轴相交于 a_{h}'，由此上投在 l 上即可求得 a_{h}，也就是点 A 在 H 面上的虚影 A_{h}。

（2）这里必须明确的是，在常用光线下，点在投影面上的落影规律。试分析图 2-2（b），可以明显地看出：点 A 的落影 A_{v}（a_{v}'）与其投影 a' 之间的水平距离和铅垂距离 d，都正好等于点 A 对 V 面的距离，即投影 a 对 OX 轴的距离。这就是说，**空间点在某投影面上的落影，与其同面投影间的水平距离和垂直距离，都正好等于空间点对该投影面的距离**。

（3）点在任何投影面平行面上的落影也同样体现上述规律。如图 2-3（a）所示，点 A（a、a'）在正平面 P 上的落影 A_{p}（a_{p}、a_{p}'），是利用了承影面 P 的水平投影 p 的积聚性来求出的。由图中可以看出：a' 和 a_{p}' 之间的水平距离和铅垂距离 d，都等于点 A 对 P 面的距离。

因此，只要给出了点对投影面平行面的距离，就可以在单独一个投影中求作点在该承影面上的落影。如图 2-3（b）所示，即过 a' 作光线 l'，在 a' 的右下方取一点 a_{p}'，使它与 a' 的铅垂（或水平）距离等于点 A 对正平面 P 的距离 d，则此点 a_{p}' 即为点 A 在 P 面上落影的 V 面投影。这种求影的方法，称为**单面作图法**。

2.1.2　点在投影面垂直面上的落影

当承影面（平面或柱面）垂直于投影面时，欲求一点在该承影面上的落影，均可利用承影面有积聚性的投影来作图。

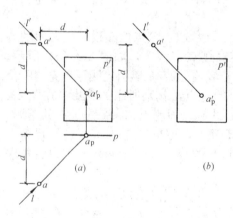

图 2-3　点在投影面平行面上的落影

图 2-4（a）中，承影面 P 是一铅垂平面，其 H 面投影 p 有积聚性。空间点 A 在 P 面上的落影 A_{p}，其 H 面投影 a_{p} 必然积聚在 p 上；且位于过点 A 的光线 L 的 H 面投影 l 上。p 与 l 的交点，即落影 A_{p} 的 H 面投影 a_{p}，由此上投到 l' 上，即得 A_{p} 的 V 面投影 a_{p}'。

图 2-4 （b）中，承影面 Q 是一正垂柱面，其正面投影 q' 有积聚性。求 B 点在柱面上的落影 B_q，首先过 B 点作光线 L（l，l'），l' 与 q' 的交点 b'_q，就是落影 B_q 的 V 面投影，由此下投到 l 上，得 b_q，就是 B_q 的 H 面投影。

要注意到此处二例不存在图 2-2 和 2-3 中的落影规律，因此不能在单面投影中求作点的落影。

2.1.3 点在一般位置平面上的落影

当承影面为一般位置平面时，其投影均不具有积聚性。为求作点的落影，就要按画法几何中讲述过的利用辅助平面求直线与平面的交点的步骤来解决。此处的辅助平面是包含光线的特殊位置平面。这种求影的方法，可称为**光截面法**。

图 2-5 中，求作空间点 A（a，a'）在一般位置平面 Q 上的落影。首先过 A 点引光线 L（l，l'），然后包含光线 L 作一铅垂的辅助平面 P。利用辅助平面 P 的 H 面投影 p 的积聚性，求得 P 面与承影面 Q 的交线 I II（12，$1'2'$），此交线 I II 与光线 L 的交点 A_q（a_q，a'_q）就是 A 点在 Q 平面上的落影。

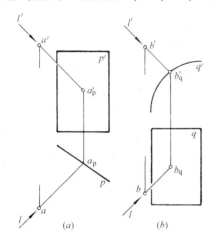
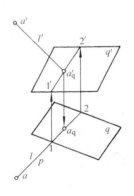

图 2-4　点在投影面垂直面上的影　　　　图 2-5　点在一般位置平面上的落影

2.2　直线的落影

直线在空间形成的影区是平面，当承影面与平面形影区相遇，在承影面上就会出现直线的落影。但为了叙述方便，就将直线在某承影面上的落影，看作是射于该直线上各点的光线所形成的平面（称为**光平面**）经延伸后与承影面的交线。

当承影面为平面时，直线（如图 2-6 中的直线 AB）在其上的落影一般仍然是一直线。因此，求直线在平面上的落影，本质上就是求作两平面的交线。

如直线平行于光线的方向，则其落影成为一点。图 2-6 中，直线 CD 的落影就是如此。因为射于 CD 线上各点的光线，实际上是同一条光线，所以，落影成为一点。

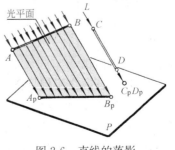

图 2-6　直线的落影

9

2.2.1　直线在平面上的落影

求作直线线段在一个承影平面上的落影，只要作出线段上两端点（或直线上任意两点）的落影，连以直线即可。

图 2-7 中，所绘直线 AB 落影于 V 面上。分别过直线上两端点 A、B 引光线，求出这两条光线的正面迹点 A_v 及 B_v，则连线 A_vB_v 就是直线 AB 在 V 面上的落影。

图 2-8 中，承影面为铅垂面 P，其水平投影 p 有积聚性。利用积聚性，分别求出直线上两端点 A、B 的落影 A_p (a_p、a'_p) 及 B_p (b_p、b'_p)。直线 $a'_pb'_p$ 为直线落影 A_pB_p 的 V 面投影，而 A_pB_p 的 H 面投影 a_pb_p 则积聚在 p 上。

图 2-9 中，承影面为一般位置平面 Q，求直线 AB 在 Q 面上的落影。按图 2-5 所示方法，分别求出 A、B 两端点的落影 A_q (a_q、a'_q) 及 B_q (b_q、b'_q)，则连线 a_qb_q、$a'_qb'_q$ 就是所求直线落影的两个投影。

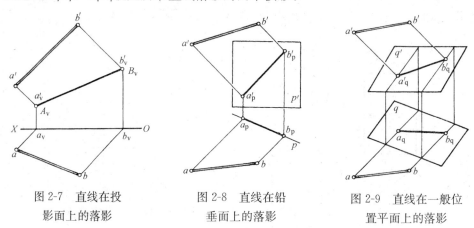

图 2-7　直线在投　　　图 2-8　直线在铅　　　图 2-9　直线在一般位
影面上的落影　　　　垂面上的落影　　　　置平面上的落影

2.2.2　直线的落影规律

1. 直线落影的平行规律

（1）直线平行于承影平面，则直线的落影与该直线平行且等长（规律①）。

图 2-10 中，求作直线 AB 在铅垂面 P 上的落影。从 H 面投影中看出 $ab \mathbin{/\mkern-3mu/} p$，故可知直线 AB 是与 P 面平行的。因此，直线 AB 在 P 面上的落影 A_pB_p 必然平行于 AB 本身，且等长。它们的同面投影也一定平行且等长。根据这样的分析，只需求出直线 AB 一个端点的落影如 a'_p，即可作出与 $a'b'$ 平行且等长的落影 $a'_pb'_p$。

（2）两直线互相平行，它们在同一承影平面上的落影仍表现平行（规律②）。

图 2-11 中，AB 与 CD 是两平行直线，它们在 P 面上的落影 A_pB_p 与 C_pD_p 必然互相平行。它们的同面投影也一定互相平行。因此，可先求出其中一条直线的落影如 $a'_pb'_p$，则另一直线 CD，只需求出一个端点的落影 c'_p，就可引出与 $a'_pb'_p$ 平行的落影 $c'_pd'_p$。

（3）一直线在互相平行的各承影平面上的落影互相平行（规律③）。

图 2-12 中，承影平面 P 与 Q 是互相平行的。故过直线 AB 的光平面，与两个平行平面相交的两条交线必然互相平行，也就是两段落影互相平行。这两段落影的同面投影当然也互相平行。图中首先作出端点 A、B 的落影 A_p (a_p、a'_p) 和

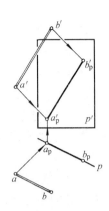

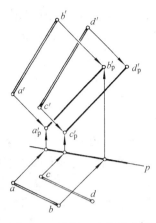

图 2-10　直线在其平行平面上的落影　　　　图 2-11　平行二直线的落影

B_q（b_q、b_q'），它们分别位于两个承影面上。因此，A_p 和 B_q 两个影点是不能连线的。这就是说，AB 线分为两段，它们分别落影于 P 面和 Q 面上。为此，可求出点 B 在 P 面上的虚影 B_p（b_p、b_p'），连线 $a_p'b_p'$ 的左边一段，即直线 AB 在 P 面上的落影。再过影点 b_q'，作 $a_p'b_p'$ 的平行线，与 Q 面的左边线相交于 c_q' 点，自 c_q' 点作 45°线返回到 $a'b'$ 上得 c'，由 c' 下投到 ab 上得 c。点 C（c，c'）将 AB 线分为两段，BC 段落影于 Q 面上，而 AC 段则落影于 P 面上。过 c_q' 的 45°线交 a_p' b_p' 于 c_p' 点，$c_p'b_p'$ 线段只是 CB 段在 P 面上的虚影的 V 面投影。现将 C_q（c_q、c_q'）点称为 AB 线落影的**过渡点**。意即 AB 线在 Q 面的落影经由过渡点 C_q 点过渡到另一承影面 P 上。

2. 直线落影的相交规律

（1）直线与承影面相交，直线的落影（或延长后）必然通过该直线与承影面的交点（规律④）。

图 2-13 中，直线 AB 与承影面 P 相交于点 B。交点 B 在 P 面上，故其落影 B_p 与该点 B 本身重合。因此，作图时，只需求出该直线另一个端点 A 的落影 A_p

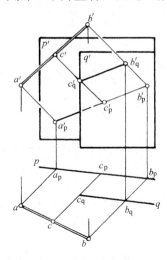

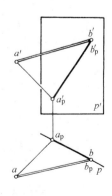

图 2-12　直线在平行　　　　　　　　图 2-13　直线与承影面相交
　　　　二平面上的落影

11

$(a_p$、$a'_p)$，连线 $a'_p b'_p$ 即为直线的落影的 V 面投影。

（2）两相交直线在同一承影面上的落影必然相交，落影的交点就是两直线交点的落影（规律⑤）。

图 2-14 中，直线 AB 和 CD 相交于点 K。图中首先求出交点 K 的落影 K_p $(k_p$、$k'_p)$，则两直线上各求出一个端点的落影，如 a'_p 和 c'_p，然后分别与 k'_p 相连，即得两相交直线的落影。

（3）一直线在两个相交的承影面上的两段落影必然相交，落影的交点（称为折影点）必然位于两承影面的交线上（规律⑥）。

图 2-15 中，直线 AB 在相交二平面 P 和 Q 上的落影，实际上是过 AB 的光平面与二承影平面的交线。作为影线的两条交线，与 P、Q 两面间的交线，必然相交于同一点（即三面共点），这就是折影点 K_1。图中首先作出直线上两端点 A、B 分别在 P 面和 Q 面上的落影 A_p $(a_p$、$a'_p)$ 和 B_q $(b_q$、$b'_q)$。至于直线 AB 在 P 面和 Q 面上的两段落影，图中展示了三个解题的途径：①由折影点 K_1 的 H 面投影 k_1 引 45°线，返回到 AB 线上得点 K $(k$、$k')$。则点 K 的落影正好位于 P、Q 两面交线上，而成为折影点。由 k' 作 45°光线，即可得到折影点的 V 面投影 k'_1。连线 $a'_p k'_1$ 和 $k'_1 b'_q$ 就是所求的两段影线的 V 面投影。②求出端点 B 在 P 面的扩大面上的虚影 B_p $(b_p$、$b'_p)$，连线 $a'_p b'_p$ 与 P、Q 两面交线相交，也可得折影点 k'_1，再与 b'_q 相连，$a'_p k'_1$ 和 $k'_1 b'_q$ 即为所求。③求出直线 AB 与 P 面的扩大面的交点 $C(c$、$c')$，连接 a'_p 和 c' 两点，同样求得折影点 k'_1，则 $a'_p k'_1$ 和 $k'_1 b'_q$ 即为所求。

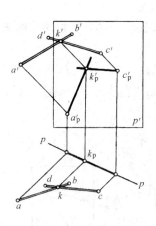

图 2-14　相交二直线的落影

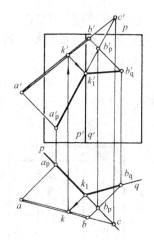

图 2-15　直线在相交二平面上的落影

图 2-16 所示是直线 AB 在两个投影面上的落影。图中是利用点 B 的虚影 B_h，与影点 A_h 相连，从而在 OX 轴上得到折影点 K。连线 $A_h K$ 和 KB_v 就是所求的两段落影。

3. 投影面垂直线的落影规律

（1）某投影面垂直线在任何承影面上的落影，此落影在该投影面上的投影是与光线投影方向一致的 45°直线（规律⑦）。

图 2-17 所示，铅垂线 AB 在地面 H 和房屋上的落影，实际上就是通过 AB 线所引光平面与 H 面和房屋表面的交线。由于 AB 线垂直于 H 面，所以该光平面也垂直于 H 面。光平面的 H 面投影有积聚性，且与光线的 H 面投影方向一致。所以光平面与 H 面及房屋表面相交所得到的落影，其 H 面投影均积聚在光平面的 H 面投影上，成 $45°$直线。

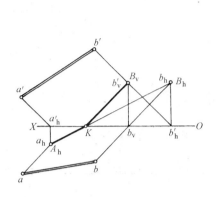

图 2-16　直线在两个投影面上的落影

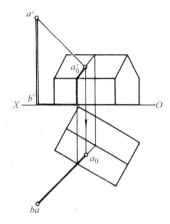

图 2-17　投影面垂直线的落影
在该投影面上的投影

图 2-21 所示是铅垂线 AB 在组合的承影面上的落影，尽管组合承影面内还包含有柱面，在柱面上的一段落影是曲线，但在 H 面投影中仍表现为 $45°$直线。

（2）某投影面垂直线在另一投影面（或其平行面）上的落影，不仅与原直线的同面投影平行，且其距离等于该直线到承影面的距离（规律⑧）。

图 2-18 为铅垂线 AB 与侧垂线 BC 在正平面 P 上的落影。在 V 面投影中，不仅 $a'_p b'_p /\!/ a'b'$，$b'_p c'_p /\!/ b'c'$，而且它们之间的距离等于这两条直线与正平面 P 的距离 d。

图 2-19 所示是正平线 EF 在正平面 P 上的落影，故在 V 面投影中仅有平行的特征，而不反映其间的距离。

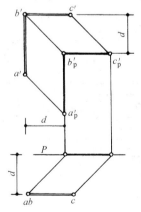

图 2-18　投影面垂直线在另一
投影面平行面上的落影

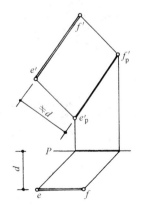

图 2-19　投影面平行线在
该投影面上的落影

13

(3) 某投影面垂直线落于任何物体表面上的影，在另外两个投影面上的投影，总是成对称形状（规律⑨）。

图 2-20 中，直线 AB 是一铅垂线，落影于 H 面及房屋的各个表面上。由于通过 AB 线所作光平面 P，对 V 面和 W 面的倾角相等，均为 45°，所以包含在光平面内的影线 A_hⅠⅡⅢⅣB_0，其 V 面投影 $a_\mathrm{h}'1'2'3'4'b_0'$ 与 W 面投影 $a_\mathrm{h}''1''2''3''4''b_0''$ 成对称形状。

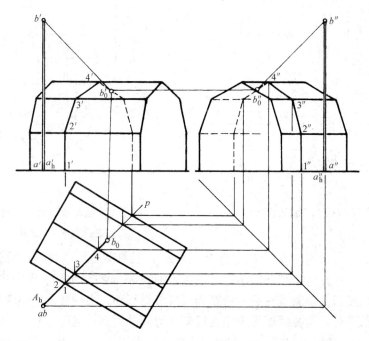

图 2-20　铅垂线在任何面上的落影在 V、W 投影面上的投影彼此对称

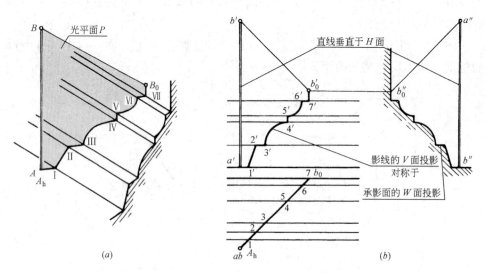

图 2-21　铅垂线在组合侧垂面上的落影

图 2-21 中，AB 线仍然是一铅垂线，而承影面是由一组垂直于 W 面的平面和柱面组合而成的。因此，AB 线在此组合的承影面上的落影，其 W 面投影就

14

与承影面的 W 面投影重合。这样就
可以说，该影线的 V 面投影与承影
面的有积聚性的 W 面投影成对称
形状。

图 2-22 中，CD 线为侧垂线，
而承影面是由几个铅垂面组合而成
的。CD 线在此承影面上的落影，
其 V 面投影与承影面有积聚性的 H
面投影成对称形状。

上述直线落影的各项规律，必
须深刻理解融会贯通，这将有助于
正确而迅速地求作建筑设计图中的
阴影。

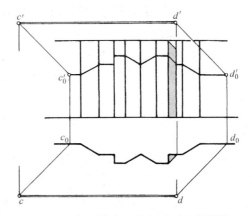

图 2-22 侧垂线在组合铅垂面上的落影

2.3 直线平面形的阴影

2.3.1 平面多边形的落影

平面多边形的落影轮廓线——影线，就是多边形各边线落影的集合。

如图 2-23 所示，照射在平面四边形 $ABCD$ 上的光线，受到阻挡，在平面的
另一侧空间形成一个四棱柱状的影区，它与承影面 P 相交，得到的截交线也是
一个四边形 $A_pB_pC_pD_p$。在此四边形范围内因得不到光线的直射，而成为平面四
边形 $ABCD$ 的落影。影的边线即影线，实即四边形 $ABCD$ 相应各边线的落影。
于是求作多边形的落影，首先作出多边形各顶点的落影，然后用直线顺次连接起
来，即得到平面多边形的落影。

图 2-24 所示是一个五边形 $ABCDE$ 在 V 面上落影的作图。首先过五边形各
顶点引光线，求出这些光线的 V 面迹点，即各相应顶点的落影，然后将各顶点
的落影顺次连接起来，就得到五边形的落影 $A_vB_vC_vD_vE_v$。

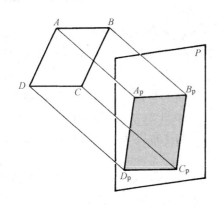

图 2-23 平面多边
形的落影

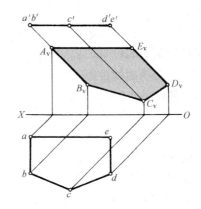

图 2-24 平面多边形
在投影面上的落影

15

2.3.2　平面图形的阴面和阳面的判别

（1）在光线的照射下，平面图形的一侧迎光，则另一侧必然背光，因而有阴面和阳面的区分。如果平面平行于光线，则平面的两侧面均为阴面。我们在正投影图中加绘阴影时，需要判别平面图形的各个投影，是阳面的投影还是阴面的投影。

（2）当平面图形为投影面垂直面时，可在有积聚性的投影中，直接利用光线的同面投影来加以检验。

如图 2-25（a）所示，P、Q、R 三平面均为正垂面，其 V 面投影都积聚成直线，所以，只需判别它们的 H 面投影，是阳面的投影还是阴面的投影即可。从 V 面投影看出：位于浅网点所示范围内的平面 Q，由于它对 H 面的倾角大于 $45°$，光线照射在 Q 面的左下侧面，这成为它的阳面，当自上向下作 H 面投影时，所见却是 Q 面的背光的右上侧面，故 Q 面的 H 面投影表现为阴面的投影。而 P 面和 R 面，其上侧表面均为阳面，故 H 面投影表现为阳面的投影。

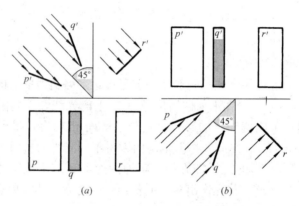

图 2-25　判别投影面垂直面的阴阳面

图 2-25（b）中，所示三平面均为铅垂面，根据它们的 H 面投影进行分析，可以判明 Q 面的 V 面投影表现为阴面的投影，而 P 和 R 两面的 V 面投影均表现为阳面的投影。

（3）当平面图形处于一般位置时，若两个投影各顶点的旋转顺序相同，则两投影同为阳面的投影，或同为阴面的投影；若旋转顺序相反，则其一为阳面的投影，另一为阴面的投影。检定时，可先求出平面图形的落影，当某一投影各顶点与落影的各顶点的旋转顺序相同，则该投影为阳面的投影，若顺序相反，则该投影为阴面的投影。因为承影面总是迎光的阳面，如图 2-26 的直观图所示。所以，平面图形在承影面上的落影的各顶点顺序，只能与平面图形的阳面顺序一致，而与平面图形的阴面顺序相反。

在图 2-27 所示投影图中，由于 H 面投影三角形 abc 的顺序，与落影三角形 $A_hB_hC_h$ 的顺序相同，可知三角形 abc 是三角形 ABC 的阳面的投影；而 V 面投影三角形 $a'b'c'$ 的顺序，与落影三角形 $A_hB_hC_h$ 的顺序相反，可知三角形 $a'b'c'$ 是三角形 ABC 的阴面的投影。

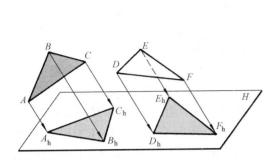

图 2-26 根据落影判别平面图形的阴阳面　　图 2-27 根据落影判别三角形的阴阳面

2.3.3 平面图形的落影规律

（1）平面多边形如平行于某投影面，则在该投影面上的落影与投影，形状完全相同，均反映该多边形的实形。

图 2-28 所示，五边形平行于 V 面，它在 V 面上的落影 $A_vB_vC_vD_vE_v$ 与投影 $a'b'c'd'e'$ 形状完全相同，均反映了五边形的实形。

平面图形若与承影平面平行，则在该承影面上的落影，与平面图形自身的形状完全相同，因此，平面图形与其落影，两者的同面投影的形状也完全相同。如图 2-29 中所示三角形 ABC 与承影面 P 相互平行，三角形在 P 面上的落影与三角形自身的形状完全相同，它们的正面投影也反映相同的形状。

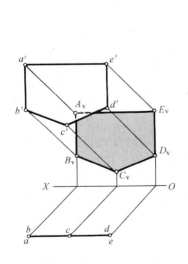

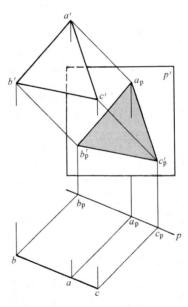

图 2-28 平行于投影面的多　　　图 2-29 平面图形在其平行平面上的落影
边形在该投影面上的落影

（2）若平面图形与光线的方向平行，它在任何承影平面上的落影成一直线，并且平面图形的两面均呈阴面。

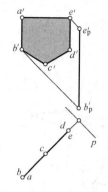

图 2-30　平行于光线的
平面图形的落影

图 2-30 所示的五边形，平行于光线的方向，它在铅垂承影平面 P 上的落影是一条直线 E_pB_p。这时，平面图形上只有迎光的两条边线 AB 和 AE 被照亮，而其他部分均不受光，所以两侧表面均为阴面。

2.3.4　平面多边形在两个承影平面上的落影

（1）如平面图形落影于两个相交的承影平面上，则应注意解决影线在两承影平面的交线上的折影点。

图 2-31 所示为五边形落影于两相交承影平面 P 和 Q 上。图 2-31（a）中是运用反回光线确定影线上的折影点 J_1 和 K_1，从而完成作图。图 2-31（b）中则是利用虚影来完成求影的作图。

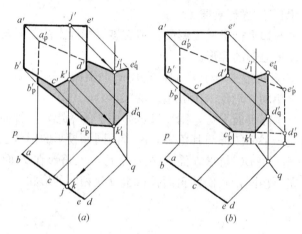

（a）　　　　　　　　　　（b）

图 2-31　多边形落影于两相交平面上

（2）如果两个承影平面平行或不直接相交，在求作平面图形落于两承影面上的影时，要善于利用重影点和影过渡点的概念，将会带来方便。

图 2-32 所示是一个三角形ⅠⅡⅢ和一个矩形ⅣⅤⅥⅦ。三角形ⅠⅡⅢ不仅在 V 面上有其落影，而且还有一部分落影于矩形ⅣⅤⅥⅦ上。为了求作三角形在矩形上的落影，可先作出两者在 V 面上的落影，即三角形Ⅰ$_v$Ⅱ$_v$Ⅲ$_v$和平行四边形Ⅳ$_v$Ⅴ$_v$Ⅵ$_v$Ⅶ$_v$。由此看到，矩形的影线Ⅳ$_v$Ⅴ$_v$和Ⅴ$_v$Ⅵ$_v$与三角形各边的影线相交于 A_v、B_v、C_v 和 D_v 四点。由这四点引45°线，返回到矩形的边线 $4'5'$ 和 $5'6'$ 上，得到 a_0'、b_0'、c_0'、d_0' 四点，这些光线再进而返回到三角形各相应边线上，得到 a'、b'、c' 和 d' 四点。这说明，在空间，三角形ⅠⅡⅢ各边线上的点 A、B、C、D 等四点，其影正好落在矩形边线ⅣⅤ和ⅤⅥ上，即 A_0、B_0、C_0、D_0 等四个影点。倘若光线通过这四个影点继续前进，将使 A、B、C、D 四点又落影于 V 面上，得影点 A_v、B_v、C_v 和 D_v。从两者在 V 面上的落影看出：三角形的各边线上，只有线段ⅡA、ⅡB、ⅢC 和ⅢD 是落影于 V 面上，而其余部分则落影于矩形平面上。连接 b_0' 和 c_0'，即三角形边线ⅡⅢ的中段 BC 落于矩形上的影线。经过点 d_0'，平行于 $1'3'$，作直线 $d_0'1_0'$，即三角形边线ⅠⅢ的一段ⅠD 的落影。而连线 $1_0'a_0'$，即三角形边线ⅠⅡ的一段ⅠA 的落影。这样，在 V 面投影中，矩

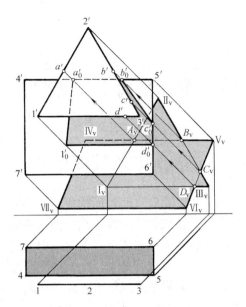

图 2-32 平面图形在另一平
面图形上的落影

形上的一块多边形 $a'_0b'_0c'_0d'_01'_0$，就是三角形在矩形上的落影。这种求作落影的方法，称为**返回光线法**。

这里，a'_0、b'_0、c'_0 和 d'_0 是影的过渡点 A_0、B_0、C_0 和 D_0 的 V 面投影。A_v、B_v、C_v 和 D_v 是三角形和矩形两者边线落影的重影点。

第3章 平面立体的阴影

3.1 求作平面立体阴影的一般步骤

在光线照射下，平面立体上总有一些棱面构成立体的阳面，而另一些棱面则成为阴面。阴、阳面相交处的棱线就是阴线。在阴面一侧的空间形成一棱柱形的影区，它的各个棱面，实际就是通过立体上各条阴线引出的光平面。此影区与承影面相交，就得到立体的落影。影线就是立体上某些阴线的影。一般情况下，这些阴线能产生相应的影线。但如果某阴线位于立体的凹陷处，也就是说形成该阴线的阳面和阴面组成的二面角是凹角，那么这样的阴线就不可能产生相应的影线。在求作平面立体的阴影时，为了减少一些不必要的作图过程，应尽可能明确辨认平面立体上哪些棱线是阴线，再排除掉那些位于凹陷处的阴线，而对外凸的阴线，逐一求出相应的影线，就得到平面立体的落影。

由此可以总结出求作平面立体阴影的一般步骤是：

（1）首先识读立体的正投影图，将立体的各个组成部分的形状、大小及彼此间的相对位置分析清楚。

（2）进而逐一判明立体的各个棱面，哪些是阴面，哪些是阳面，以确认立体的阴线。由阴面与阳面相交成凸角的棱线，才是能产生相应影线的阴线。

（3）再分析各段阴线将落影于哪一个或哪一些承影面上。根据各段阴线与承影面间的相对关系，以及与投影面间的相对关系，充分运用前述的落影规律和作图方法，逐段求出这些阴线的落影，即影线。影线所围成的图形，就是平面立体的落影。

（4）最后，将立体的阴面和落影，均匀地涂上颜色，以表示这部分是阴暗的（本书的插图中，为区别阴和影起见，阴面用粗网点表示，落影则以细网点表示）。

3.2 基本几何体的阴影

3.2.1 棱柱的阴影

棱柱的各个棱面（包括两端的底面）往往都是投影面的平行面或垂直面，这就可以根据它们的有积聚性的投影来判别它们是否受光，从而确认哪些棱线是阴线。只要求作这些棱线的落影，影线所围成的图形就是立体的落影。对那些非阴线的棱线，完全不必费时间去求它们的落影。

图3-1所示是一直立的四棱柱。不难看出，它的各个棱面都是投影面的平行面。在常用光线的照射下，棱柱的上底面、正面和左侧面是阳面；下底面、背面和右侧面为阴面。阴面与阳面的交线，即 AB、BC、CD、DE、EF 和 FA 棱线为

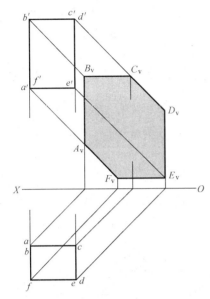

图 3-1 四棱柱在一个投影面上的落影

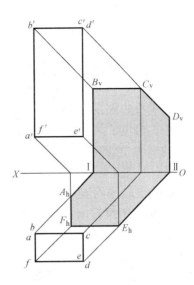

图 3-2 四棱柱在两个投影面上的落影

棱柱的阴线。其中棱线 AB 和 DE 是铅垂线，它们在 V 面上的落影 A_vB_v 和 D_vE_v 仍为铅垂方向。棱线 BC 和 EF 为侧垂线，其落影 B_vC_v 和 E_vF_v 仍表现为水平方向。棱线 CD 和 FA 为正垂线，其影 C_vD_v 和 F_vA_v 与光线的 V 面投影一致，成 $45°$ 线。整个四棱柱的落影成为一个六边形。

图 3-2 所示，与前例相同，是一个四棱柱。其阴线仍然是一空间六边形 AB-$CDEFA$。阴线 BC 和 CD 落影于 V 面上，为 B_vC_v 和 C_vD_v。而阴线 EF 和 FA 的影落于 H 面上，为 E_hF_h 和 F_hA_h。阴线 AB 和 DE 的影落在两个投影面上，从而在投影轴上产生了两个折影点 Ⅰ 和 Ⅱ。整个四棱柱的影子落于两个投影面上却成为空间八边形 A_hⅠ$B_vC_vD_v$Ⅱ$E_hF_hA_h$。

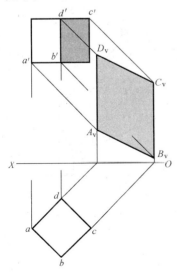

图 3-3 四棱柱由于位置
特殊，其影成为一个四边形

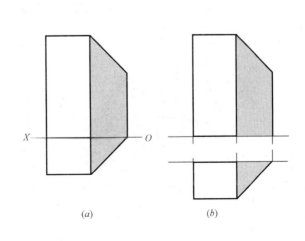

图 3-4 为了图的清晰，将投影
轴随 H、V 两投影面分开画

21

图 3-3 所示，仍然是一个四棱柱，只是其安放位置特殊，使其右前方和左后方两个侧棱面正好与光线方向平行。因此，这两个棱面表现阴面，而其落影则积聚成两条直线，即 $A_v D_v$ 和 $B_v C_v$。整个六棱柱在 V 面上的落影蜕变成为一个四边形。

图 3-4（a）中的四棱柱，底面位于 H 面上，后棱面与 V 面重合。其落影求出如图 3-4（a）所示。由于四棱柱的两个投影以及在两个面上的落影都连接在一起，影响投影图的清晰度，故而将两个投影适当地拉开距离放置，如图 3-4（b）所示，出现了两个投影轴，此投影轴符号 OX 可不再注写，这样的处理方式在以后的例图中是常见的。

图 3-5 和图 3-6 所示，都是贴附于 V 面上的五边形水平板。实际上它们均可被看作是高度较小的五棱柱体。它们的各个棱面都是投影面的平行面或垂直面，从 V 面投影中不难看出：板的上、下两个水平棱面中，向上的为阳面，向下的

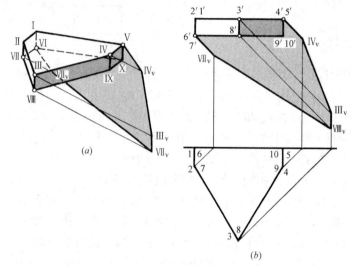

图 3-5　立体的阴影

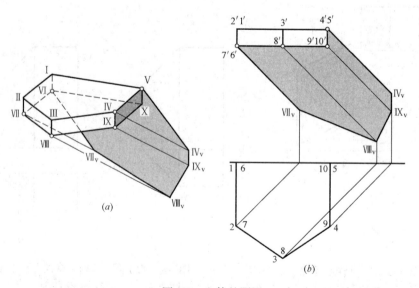

图 3-6　立体的阴影

为阴面。板的左、右两侧棱面中，向左的为阳面，向右的为阴面。由 H 面投影中看出，左前方的铅垂棱面 II III VIII VII 为阳面。而右前方的铅垂棱面 III IV IX VIII 在两例图中却不相同。在图 3-5 中，棱面 III IV IX VIII 是阴面，从而确定阴线是一空间折线 VI VII VIII III IV V I VI。而在图 3-6 中，棱面 III IV IX VIII 却是阳面，于是阴线成为空间折线 VI VII VIII IX IV V I VI。这两个例图中，水平板的影全部落在 V 面上。只要作出这些阴线的落影，就是水平板的落影。这里要注意到：阴线 VI 和 I VI 就位于 V 面上，所以它们在 V 面上的影分别与其自身重合。

3.2.2 棱锥的阴影

棱锥的各个棱面通常都不是特殊位置平面，因此在投影图中就没有积聚性投影可用来判别各棱面是否受光，也就不能确定哪些棱线是阴线。这时，就只能先将棱锥的底面及顶点的落影求出来，然后自顶点的落影向锥底的落影多边形作各棱线的落影，则各棱线落影中构成最外轮廓线的就是影线，与它们相对应的棱线就是棱锥的阴线。

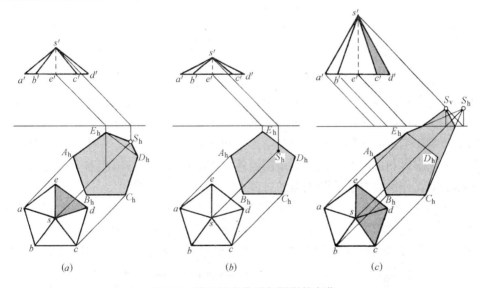

图 3-7　棱锥的变化引起阴影的变化

图 3-7（a）、（b）、（c）中所示都是正五棱锥。它们的底面是水平面，从 V 面投影中显然看出，都是阴面。至于各个侧棱面则不能准确判定哪是阴面，哪是阳面。因此，只能先求出锥底的落影 $A_hB_hC_hD_hE_h$ 及锥点的落影 S_h。在（a）图中，由落影 S_h 连接 A_h、B_h、C_h、D_h、E_h 各影点，只有 S_hE_h 和 S_hD_h 处于最外轮廓线的位置，而成为影线。与其相对应的棱线 SE 和 SD，则为阴线。由此判定棱面 SDE 是阴面，其余各侧棱面均为阳面。在（b）图中，锥顶的落影 S_h 处于锥底的落影范围之内，它与 A_h、B_h、C_h、D_h、E_h 各影点的连线，均不构成落影的最外轮廓线，因此棱锥的五条棱线都不是阴线，从而判定该棱锥除底面外，各棱面都是阳面。图（c）中，锥顶的落影 S_h 与 A_h、B_h、C_h、D_h、E_h 各影点相连，只有 S_hE_h 和 S_hC_h 处于最外轮廓线的位置，而成为影线，与其相对的棱线 SE 和 SC，则为阴线。从而判定棱面 SDE 和 SCD 是阴面，其余各

23

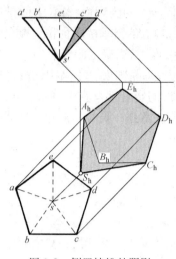

图 3-8　倒置棱锥的阴影

侧棱面均为阳面。

图 3-8 所示是一倒置的五棱锥。锥底为水平面。从 V 面投影看出：底面朝上受光而为阳面。与前例一样，首先作出锥顶与锥底在 H 面上的落影，从锥顶落影 S_h 与 A_h、B_h、C_h、D_h、E_h 各影点连线。其最外轮廓线为 $S_h C_h D_h E_h A_h S_h$。从而锥底的阴线是 CD、DE 和 EA，侧棱面的阴线为 SC 和 SA。SAB 和 SBC 两个棱面是阳面，其余三个侧棱面是阴面。

以上各例，为了确定棱锥的阴线，也可不必先求出整个棱锥的落影，而只需试画出锥顶 S 在锥底面上的落影，就能借此确定棱锥的阴线。

3.3　组合平面体的阴影

对于组合立体，在求作阴影时，一方面要注意排除掉位于立体凹陷处的阴线，不予置理，因为它不会产生相应的有效的影线；另一方面也要注意到立体的某些阴线有可能落影于立体自身的阳面上，不要疏漏。还要注意，某些阴线，其影不是落于唯一的承影面上，而是落影于相交的二承影面上，在作影过程中，要善于利用虚影和折影点；如果某条阴线落影于不直接相交（或相互平行）的几个承影面上，作影时要善于利用影的过渡点关系。

如图 3-9 所示，立体的各个棱面均为投影面的平行面或垂直面。从 H、V 两投影中，不难判明立体各个棱面，孰为阴面，孰为阳面，从而明确认定了立体的阴线是 Ⅰ Ⅱ-Ⅱ Ⅲ-Ⅲ C-CD-DⅣ-Ⅳ Ⅴ-Ⅴ Ⅵ-Ⅵ F-FG 折线。其中一段阴线 DⅣ，位

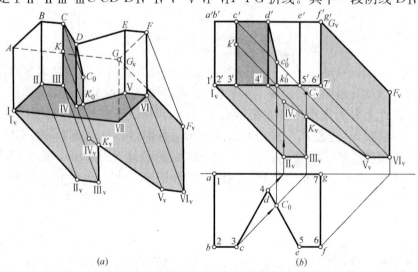

(a)　　　　　　　　　　(b)

图 3-9　立体阴线落影于自身的阳面上

于立体的凹陷处，它不会产生有效的相应影线，可以忽略。现在首先将 Ⅰ Ⅱ ⅢC 及 Ⅳ Ⅴ ⅥFG 这两组阴线在 V 面上的落影 Ⅰᵥ、Ⅱᵥ、Ⅲᵥ Cᵥ 和 Ⅳᵥ Ⅴᵥ Ⅵᵥ Fᵥ Gᵥ 求出来。从图中看出，影线 Ⅲᵥ Cᵥ 与 Ⅳᵥ Ⅴᵥ 相交于点 Kᵥ。Ⅳᵥ Kᵥ 和 Cᵥ Kᵥ 两段影线均被包围在立体落影范围内。但这两段无效的影线，其性质并不相同。自重影 Kᵥ 点引 45° 的返回光线，与线 Ⅳ Ⅴ 相交于 K₀ 点，与阴线 ⅢC 相交于 K 点。Cᵥ Kᵥ 影线之所以无效，是因为相应的阴线线段 CK，其影并不落在 V 面上，而是落在立体自身的阳面 Ⅳ Ⅴ ED 上，即 C₀K₀。K₀ 点是影线 ⅢC 的落影过渡点。影线 ⅢC 上只有下面一段 KⅢ 的影才落在 V 面上。至于影线 Ⅳᵥ Kᵥ 段之所以无效，是因为相应的一段阴线 ⅣK₀，已被埋入承影面 Ⅳ Ⅴ ED 上的落影 ⅣK₀C₀DⅣ 之中，故而它不会产生落影。

3.4 平面体组成的建筑形体的阴影

由平面体组成的建筑形体，其表面通常是投影面的垂直面或平行面，一般位置平面则较少。因此，对其阴面、阳面的判别，阴线的确定，不难解决。阴线确认之后，进而分析清楚各段阴线与有关承影面的相对位置，充分运用前述的直线落影规律和各种作图方法，逐段求出这些阴线的落影，从而得到该建筑形体的落影。以下所举各例，对阴影的具体求作步骤一般不做详述，仅对其落影的特征略加分析。

3.4.1 窗口、门洞的阴影

（1）图 3-10 所示是几种不同形式的窗口。此处所列四个例图中，其阴面多属投影面的平行面或垂直面，因而在投影图中不可见或积聚成直线而显示不出来。只有图（d）所示六角形窗口内的阴面都不垂直 V 面，所以在 V 面投影中能显示出来。

窗口的阴线均平行于窗扇平面，因此窗口阴线在窗扇平面上的落影均与相应的阴线平行，这与直线落影规律①相符合。

如果阴线正好是投影面的垂直线，那么它在窗扇平面或窗外墙面上的落影不仅与相应的阴线平行，而且其 V 面投影还能反映该阴线对承影平面的距离。从这些实例中，都可看到，落影宽度 m 反映了窗扇平面凹入墙面的深度；落影宽度 n 反映了窗台或窗檐凸出墙面的距离；落影宽度 s 反映了窗檐和窗套凸出窗扇平面的距离。这些特征都与直线落影规律⑧相符合。因此，只要知道这些距离的大小，即使没有 H 面投影，也能在 V 面投影中直接加绘阴影。但是也应注意到：（d）图中倾斜而平行于正平面的阴线与相应影线间的距离并不反映它们与承影面的距离。

还要注意到：有些阴线的影不只是落于一个承影面上，而是落于几个不同的承影面上。如图（b）中，窗檐上的阴线 CD 就分成四段：CⅡ 和 ⅣD 两段都落影于窗外墙面上，其 V 面投影为 c₀′2₀′ 和 4₀′d₀′；ⅡⅢ 段落影于窗扇平面上，其 V 面投影为 2₁′3₁′；ⅢⅣ 段落影于窗口内侧墙上，其 V 面投影为 3₁′4₀′。影点 Ⅲ₁ 和 Ⅳ₀ 都位于两承影面的交线上而成为折影点（规律⑥）。影线 Ⅲ₁Ⅳ₀ 所在的承影面是侧平面，故在 V 面投影中，3₁′4₀′ 与承影面的积聚投影相重合而不能直接显露出

25

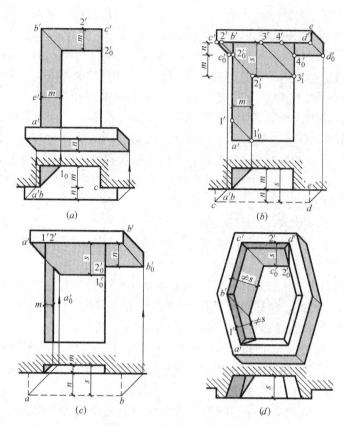

图 3-10　几种窗口的阴影

来。此外，要看到 $2'_0$ 和 $2'_1$ 都可视为阴点 Ⅱ 在前后两个承影面上的落影，影点 $2'_0$ 是影的过渡点。

（2）图 3-11 所示为几种门洞的阴影。图（a）及（b）两例，应注意根据直线落影规律⑨，来分析雨篷阴线 BC 的落影形状，它反映了门洞凹入情况。图（b）中还要注意到，雨篷左右的两段阴线 AB 和 DE 是互相平行的，但并不垂直于 V 面，所以它们的落影不是 45°方向，可是按直线落影规律②和③来分析，它们的落影仍然保持互相平行的关系。图（c）中，雨篷上正垂线 AB 的影落于墙面、壁柱面及门扇上，但是，在 V 面投影中表现为同一条 45°直线（规律⑦）。图（d）与图（b）一样，注意分析雨篷的两段阴线 AB 和 DE 的落影，并注意利用过渡点对之间的联系，以简化作图。图（e）中，注意门斗侧墙的平行斜线 FG 和 JH 在门扇和墙面上的落影（规律②和③）以及利用反回光线求出斜线 JH 落于墙根处的折影点 K_0。图（a）、（b）和（c）中要注意侧垂线 BC 的落影的 V 面投影，与门洞的 H 面投影成对称形状（规律⑨）。

3.4.2　台阶的阴影

（1）图 3-12 所示台阶，其两侧有矩形挡墙，左侧挡墙的阴线是铅垂线 AB 和正垂线 BC。通过阴线 BC 所作的光平面是一个正垂面，它与踏步的各层水平面（P、R……）及正平面（Q、S……）的相交折线 CⅢⅢⅣ……就是 BC 的落影。在 V 面投影中，影线 $c'1'2'3'4'$……表现为 45°直线（规律⑦），而其 H 面投影 12、34

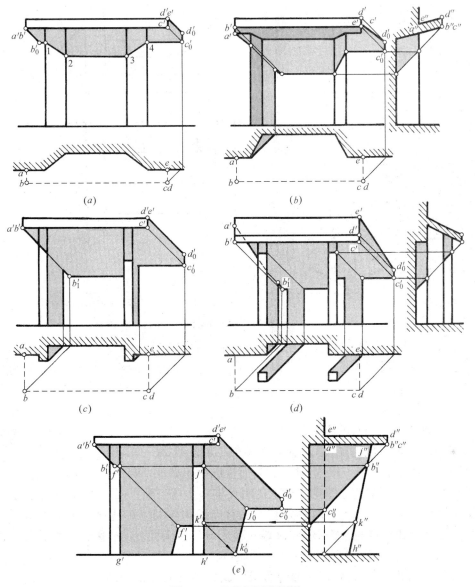

图 3-11 几种门洞的阴影

平行于 bc，并反映阴线 BC 对 P、R 面的距离（规律⑧）。同理，阴线 AB 为铅垂线，其落影的 H 面投影是 $45°$ 直线，而在 V 面投影中，影线 $7'6'$、$5'b_s'$ 平行于 $a'b'$。两条影线的交点 B_s（b_s、b_s'）为两条阴线的交点 B 的落影。

（2）图 3-13 所示之台阶，其左、右两侧挡墙上的阴线 AB 与 EF 为铅垂线，CD 与 GJ 为正垂线。其落影不难按前例解决。阴线 BC 及 FG 均为侧平线。右侧阴线 FG 的落影，一段在地面上，另一段在墙面上。这两段落影可通过以下几个途径来解决：

① 点 F 落于地面上的影为 F_h。再求出点 G 在地面上的虚影 G_h。连线 F_hG_h 与墙脚线交于点 K_0（k_0、k_0'）。F_hK_0 为地面上实有的落影。K_0 为折影点。通过点 K_0，影线即折向墙面，连线 K_0G_v，即 GF 在墙面上的一段落影。

27

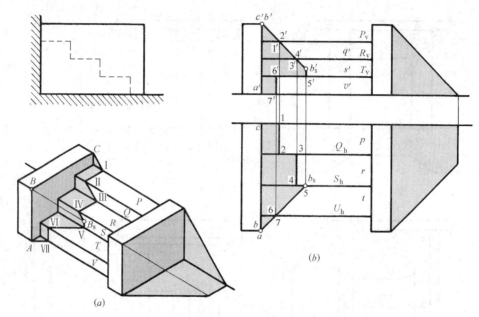

图 3-12　台阶的阴影

② 在 W 面投影中，求出阴线 FG 与墙面的交点 N（n''、n'）。将连线 $n'G_v$ 延长，与墙脚线交于点 K_0（k_0、k_0'）。$G_v k_0'$ 为在墙面上的落影，连线 $k_0 F_h$ 为在地面上的落影。

③ 根据折影点的 W 面投影 k_0''。用返回光线求出 k_0' 和 k_0，连线 $G_v k_0'$ 与 $k_0 F_h$，即为所求的 GF 的落影。

将以上几种解题方法搞清楚，则左侧挡墙阴线 BC 的落影不难画出。譬如求 BC 在 S 面上的落影，根据台阶的 W 面投影的积聚性，利用返回光线，定出 BC 线上落影于 S 面的上、下两条棱上的阴点 Ⅲ（$3''$、$3'$）和 Ⅳ（$4''$、$4'$），再过点 $3'$ 和 $4'$ 引光线，与 S 面上、下两棱交于 $3_0' 4_0'$。连线 $3_0' 4_0'$ 即 BC 线在 S 面上的落影的 V 面投影。也可以先求作 B、C 两端点落于 S 面扩大面上的虚影 B_s（b_s、b_s'）和 C_s（c_s、c_s'），注意 C_s 是过点 C 所引返回光线与 S 面扩大面的交点。连线 $b_s' c_s'$ 处于 S 面范围内的一段 $3_0' 4_0'$，即为所求。此处还需明确指出的是，当 BC 线的坡度和台阶的坡度一致时，则 BC 线落于台阶的各凸棱上的影点 Ⅱ$_0$、Ⅳ$_0$、Ⅵ$_0$，其 V、H 面投影都在一条垂直线上。同样，凹棱上的影点 Ⅲ$_0$、Ⅴ$_0$ 也是如此。并且斜线 BC 在各层正平面上的落影互相平行，在各层水平面上的落影也互相平行，这与直线落影规律②相符合。

3.4.3　烟囱、天窗的阴影

（1）图 3-14 所示是烟囱在坡顶屋面上落影的几种不同情况。图（a）、（b）及（c）中，烟囱的阴线是 AB—BC—CD—DE 四段折线。铅垂阴线 AB 和 DE 的落影在 H 面投影中均为 $45°$ 线（规律⑦），在 V 面投影中则反映屋面的坡度 α（规律⑨）。阴线 BC 平行于屋脊，也就是平行于屋面，它在屋面上的落影 $B_0 C_0$（$b_0 c_0$、$b_0' c_0'$），与 BC（bc、$b'c'$）平行。在图 3-14（b）及（c）中，阴线 CD 是正垂线，其落影在 V 面投影中均为 $45°$ 线（规律⑦），而 H 面投影则反映屋面的

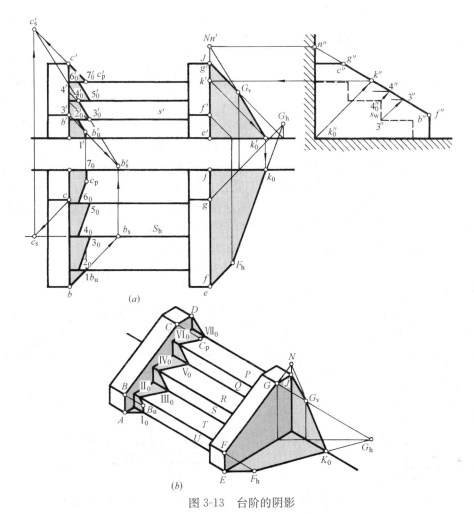

图 3-13 台阶的阴影

坡度 α（规律⑨）。根据以上分析，则不难求出它们的落影。如图 3-14（c）所示，首先在 H 面投影中，过 a(b)、c、d(e) 诸点作 45°线，与屋脊交于 1、2、3点，由此上投到 V 面投影中得 1′、2′、3′点。连直线 3′e′，且过 1′ 及 2′ 作 3′e′ 的平

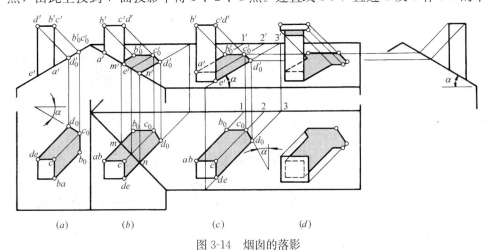

图 3-14 烟囱的落影

行线，再自点 b' 及 $c'(d')$ 作 45°光线，即可与上述三直线交于点 b'_0、c'_0 及 d'_0。由此下投到 H 面投影中的相应直线 $a1$、$c2$ 及 $d3$ 上，得 b_0、c_0 及 d_0 点。则连接诸影点，得折线 $ab_0c_0d_0e$ 及 $a'b'_0c'_0d'_0e'$，就是烟囱在屋面上的落影。图 3-14 (a) 所示烟囱，落影所在的屋面为正垂面，利用屋面的 V 面投影的积聚性，可直接求得烟囱落影的 H 面投影。图 3-14 (b) 所示烟囱，它的落影一部分在正垂屋面上，一部分在侧垂屋面上，兼有图 3-14 (a) 与图 3-14 (c) 两例的特点。图 3-14 (d) 所示是一带有盖盘的烟囱，其落影仍可按上面的分析和作图步骤来解决。

（2）图 3-15 所示是单坡顶天窗的落影。天窗檐口线 $a'b'$ 在天窗正面上的落影 $a'_0g'_0$，与 $a'b'$ 平行，其距离反映檐口挑出的深度。阴线 EG_0 在屋面上的落影 $e'g'_1$，反映了屋面的坡度 α。G_0（g'_0）是过渡点。过 g'_1 作檐口线上 $g'b'$ 段的落影 $g'_1b'_1$、$g'_1b'_1 \parallel g'b'$。自点 b'_1 作檐角线 BC（$b'c'$）的落影 B_1C_1（$b'_1c'_1$），$b'_1c'_1$ 的斜度也反映屋面坡度 α。再连接 c'_1 与 d'，即 CD 之落影。

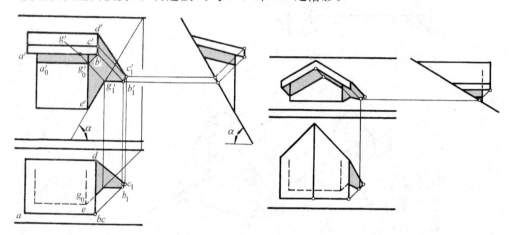

图 3-15　单坡顶天窗的阴影　　　　　　图 3-16　双坡顶天窗的阴影

（3）图 3-16 为双坡顶天窗。其落影可参照图 3-15 进行分析和作图。

3.4.4　坡顶房屋的阴影

（1）图 3-17 中，要注意屋面的悬山斜线 CD 的落影。首先作出点 C 在封檐板扩大面上的虚影 C_0（c_0、c'_0）。连线 c'_0d'，与封檐板下边线交于点 e'_0，则 $d'e'_0$ 为阴线 CD 落于封檐板上的一段影线。再求点 C 在墙面上的落影 C_1（c_1、c'_1），过 c'_1 作 $d'c'_0$ 的平行线，与封檐板下边线在墙面上的落影相交于点 e'_1，$c'_1e'_1$ 为 CD 在墙面上的落影。e'_0 是过渡点，e'_1 点是重影点。其他作图不再详述。

（2）图 3-18 中，注意分析屋面的悬山斜线 CD 和 DE 的落影。对于 CD 的落影，可先求出 C 点在墙面上的落影 C_1（c_1、c'_1），再求出 D 点在反回光线下落于墙面扩大面上的虚影 D_1（d_1、d'_1）。连线 $c'_1d'_1$，与檐口落影交于点 f'_1，$c'_1f'_1$ 为 CD 线在墙面上的一段落影。根据落影的过渡关系，由 f'_1 求出 f'_0，过 f'_0 作 $c'_1f'_1$ 的平行线 $f'_0g'_0$，即 CD 线在封檐板上的一段落影。点 g'_0 为折影点。由 g'_0 作 $c'd'$ 的平行线（规律①），并与过 d' 的 45°光线交于点 d'_2，$g'_0d'_2$ 是 CD 线在屋面上的一段落影。连线 d'_2e' 则为 DE 在屋面上的落影（规律④）。

（3）图 3-19 中，首先作点 B 在山墙面上的落影 b'_0，过 b'_0，作 $a'b'$ 及 $b'c'$ 的

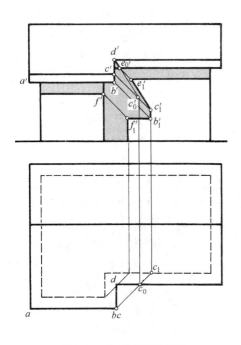

图 3-17 L型平面的双坡
顶房屋的落影

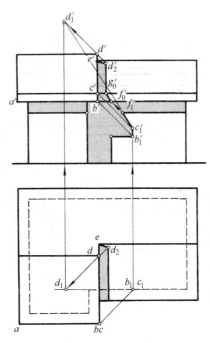

图 3-18 檐口等高、两相邻
的双坡顶房屋的落影

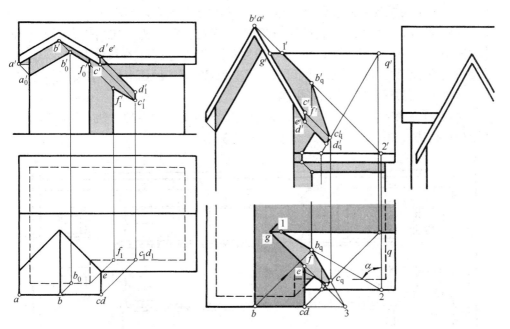

图 3-19 坡度较小、檐口等高两
相交双坡顶房屋的落影

图 3-20 坡度较陡、檐口高低不
同两相交双坡顶房屋的落影

平行线，即斜线 AB 及 BC 在山墙上的落影。再作点 C 在右方正面墙上的落影 c_1'，过 c_1' 点作 $b'c'$ 的平行线，影线 $b_0'f_0'$ 与 $f_1'c_1'$ 是 BC 落于两平行墙面上的影，互相平行（规律③）。点 f_0' 是影的过渡点。

31

（4）图 3-20 中，首先作屋脊阴线 AB 在屋面 Q 上的落影。它在 V 面投影中，表现为 45°线（规律⑦）。此 45°线与屋面 Q 上的屋脊、屋檐相交于点 $1'$ 及 $2'$。由此下投到 H 面投影中求得点 1 和 2。过点 b 作 45°线，与连线 12 交于点 b_q。由此可在 $1'2'$ 线上求得点 b'_q。点 B_q（b_q、b'_q）就是点 B 在屋面 Q 上的落影。$\mathrm{I}B_q$（$1b_q$、$1'b'_q$）即屋脊阴线 AB 在屋面 Q 上的一段落影。延长阴线 BC 与天沟 FG 相交于点Ⅲ（3、$3'$）。则 BC 线在屋面 Q 上的落影，必然通过交点Ⅲ（规律④）。连线 b_q3，与引自点 c 的 45°光线，相交于点 c_q，由此上投求得 c'_q，B_qC_q

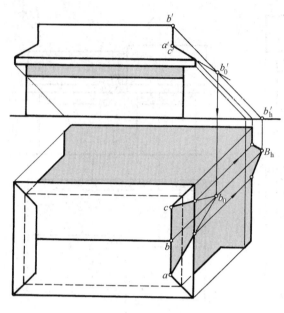

图 3-21　歇山顶房屋的落影

（b_qc_q、$b'_qc'_q$）即 BC 的落影。阴线 CD 为铅垂线，阴线 DE 为正垂线，它们在屋面 Q 上的落影，可按规律⑨进行分析并作图。其他部分落影，不再详述。

（5）图 3-21 所示是歇山顶屋面的落影。首先作出 B 点在坡面扩大面上的虚影 B_0（b_0、b'_0），连影线 b_0a 及 b_0c，即为垂脊线 BA 及 BC 在坡面上的落影。利用影的过渡点对之间的关系，就可求出 BA 和 BC 落于地面上的一段影线。

3.4.5　房屋整体立面阴影举例

此处所举两例，图 3-22 与图 3-23 表明综合运用前述各种方法，绘制房屋立面图中的阴影，请读者自行分析，此处不再赘述。

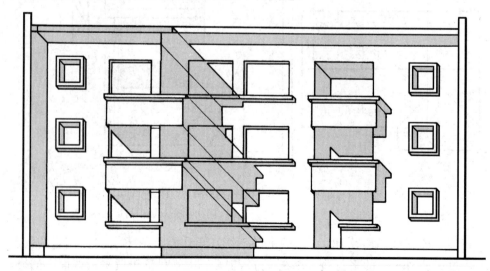

图 3-22　房屋立面阴影举例（1）

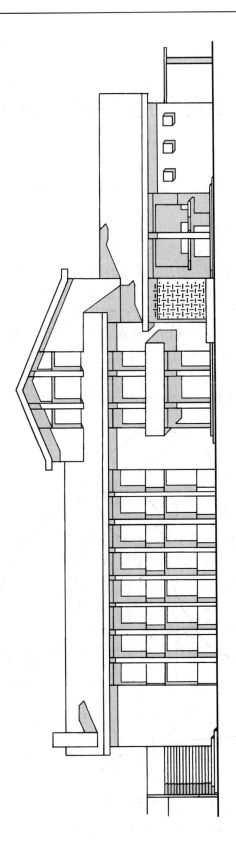

图 3-23 房屋立面阴影举例（2）

第4章 曲线、曲面和曲面体的阴影

4.1 曲线的落影

4.1.1 曲线落影的一般画法

曲线可以看作是点在空间运动的轨迹，其运动的方向是持续不断改变的。这是画法几何中早已明确的概念。因此，**曲线的落影则是曲线上一系列点的落影的集合**。但在具体求作曲线的落影时，不可能也不必要将曲线上所有点的落影一一求出，而只是将曲线上少量的点、首先是那些具有某种特征的点的落影求出来（这是为了保证曲线的落影画得更准确一些）。然后，顺次将这些点的落影光滑地（有时也可能出现尖点，见后面的图 4-9）连接起来，就得到原曲线的落影。

如图 4-1 所示，就是求作一曲线的落影。图中示出了几个具有特征的影点：

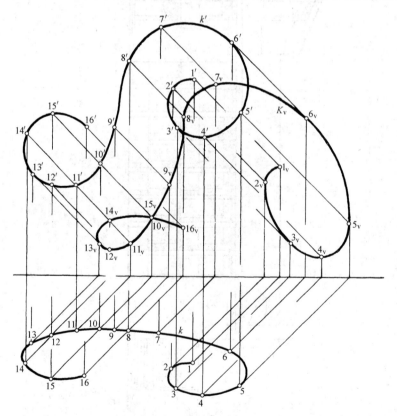

图 4-1 曲线落影的一般画法

如 1_v、16_v 是曲线首末两点的落影；2_v、5_v 是部分曲线落影的最左和最右影点；3_v、6_v 是曲线落影与 45°光线的切点。其余各影点并不一定具有某种特征，而只是在曲线上适量地分布较均匀地选出的几个点来求其影。

4.1.2 平面曲线和圆的落影

（1）平面曲线（包括圆）落影于一个承影平面上，一般表现为"透视仿射对应"图形❶，而且类型不变，即圆的落影可能是椭圆或圆；椭圆的落影则可能是圆或椭圆；抛物线的落影仍然是抛物线；双曲线的落影仍然是双曲线。其他一切形式的平面曲线的落影，也莫不如此。

平面曲线落影的作图，亦如图 4-1 所示，首先求出该曲线上的一系列点的落影的投影，再连以光滑的曲线，即得到该曲线落影的同面投影。此处不再举例。

（2）平面曲线的落影有两种特殊情况，即

① 当平面曲线所在平面平行于光线的方向，此时该曲线在承影平面上的落影，积聚成一直线。这类情况，读者不难想象，此处不拟举例。

② 曲线平面图形或圆，如平行于某投影面，则在该投影面上的落影与其同面投影形状全同，均反映它们的实形。

图 4-2 所示，为正面圆在 V 面上的落影，仍为一半径相同的圆。因此，可先求出圆心 O 在 V 面上的落影 O_v，再按原来的半径画圆即可。

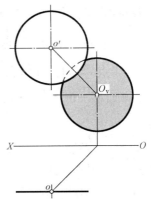

图 4-2　正面圆在 V 面上的落影

（3）一般情况下，圆在任何一个承影平面上的落影是一个椭圆。圆心的落影成为落影椭圆的中心；圆的任何一对互相垂直的直径，其落影成为落影椭圆的一对共轭轴。

图 4-3 所示为一水平圆。它的影将落于 V 面上，是一椭圆。为求作落影椭圆，可利用圆的外切正方形作为辅助作图线来解决。具体作图步骤如下：

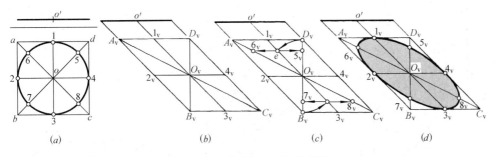

(a)　　　　　(b)　　　　　(c)　　　　　(d)

图 4-3　水平圆在 V 面上的落影

---

❶　"透视仿射对应"是一个射影几何学的概念，是指两个平面形之间的一种对应关系。简单地说，两平面形的透视仿射对应有下列几个基本不变的性质：1. 同素性　即点对应点、直线对应直线；2. 从属性　若点属于线，在对应图形中，对应的点也属于对应的线；3. 简比不变　直线上三个点组成的简比，等于对应直线上三个点的简比。

① 作圆的外切正方形 $ABCD$，它的两对对边分别为正垂线和侧垂线。圆周切于正方形的四边中点 Ⅰ、Ⅱ、Ⅲ、Ⅳ；与对角线 AC 及 BD 有四个交点 Ⅴ、Ⅵ、Ⅶ、Ⅷ，如图 4-3（a）所示。

② 作正方形在 V 面上的落影——平行四边形 $A_vB_vC_vD_v$，如图 4-3（b）所示。根据直线的落影规律，肯定 A_vB_v 和 C_vD_v 都是 45°线，而 B_vC_v 和 A_vC_v 是水平线且等于直径长度；对角线 B_vD_v 正好是铅垂线；对角线 B_vD_v 和 A_vC_v 的交点 O_v 就是圆心 O 的落影。利用这些特点，就可以在 V 面上求出圆心的落影 O_v 以后，直接作出正方形的落影——平行四边形 $A_vB_vC_vD_v$，其四边的中点 1_v、2_v、3_v 及 4_v 就是正方形各边切点的落影。

③ 求圆与正方形对角线的交点 Ⅴ、Ⅵ、Ⅶ、Ⅷ 的落影 5_v、6_v、7_v 及 8_v 时，从图 4-3（b）中可看到，这些交点将半对角线分成两段的比例关系，如点 6 将半对角线 oa 分成两段，其比值 $\frac{o6}{oa}=\frac{o1}{oa}=\cos45°$。在平行光线下的落影中，这个比例关系是不变的。而在落影的平行四边形 $A_vB_vC_vD_v$（图 4-3c）中，$\Delta O_vD_v1_v$ 正是一个 45°直角三角形，$\frac{O_vD_v}{O_v1_v}=\cos45°$，以 O_v 为圆心，以 O_vD_v 为半径画圆弧，交 O_v1_v 于点 e，过点 e 作水平线，交 O_vD_v 和 O_vA_v 于 5_v 及 6_v 两点，这就是点 Ⅴ 及 Ⅵ 的落影，因为 $\frac{O_v5_v}{O_vD_v}=\frac{O_v6_v}{O_vA_v}=\frac{O_ve}{O_v1_v}=\frac{O_vD_v}{O_v1_v}=\cos45°$。同样，可求得点 7_v 和 8_v。

④ 最后，依次光滑地连接 1_v、6_v、2_v、7_v、3_v、8_v、4_v 及 5_v 等点，即得圆的落影——椭圆，如图 4-3（d）所示。

图 4-4 所示是一侧平圆，它在 V 面上的落影也是一个椭圆。其具体作图方法与图 4-3 是一致的，也是利用圆的外切正方形作为辅助作图线来画出落影椭圆的。

（4）在求作建筑阴影时，往往需要作出紧靠正平面的水平半圆的落影。如图 4-5 所示，只要解决半圆上五个特殊方位的点的落影即可。点 Ⅰ 和 Ⅴ 位于正平面上，其落影 Ⅰ$_v$ 和 Ⅴ$_v$ 与其投影 $1'$ 和 $5'$ 重合；圆周左前方的点 Ⅱ，其影 Ⅱ$_v$ 落于

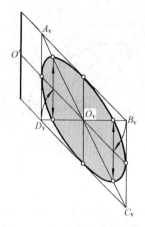

图 4-4　侧平圆在 V
面上的落影

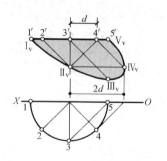

图 4-5　半圆的落影

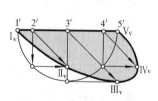

图 4-6　半圆落影的
单面作图

中线上；正前方的点Ⅲ，其影Ⅲ$_v$落于5′的下方；右前方的点Ⅳ，其影Ⅳ$_v$与中线之距离二倍于4′与中线之距离。将Ⅰ$_v$、Ⅱ$_v$、Ⅲ$_v$、Ⅳ$_v$及Ⅴ$_v$光滑连接起来，就是半圆的落影——半个椭圆。

正因为半圆上这五个特殊点，其落影也处于特殊位置，因此，可单独在V面投影上直接进行求影的作图，如图4-6所示。

（5）圆周的影有可能落于两个相交的承影面上，此时应注意利用落影在两个承影面交线上的折影点。图4-7所示是一水平圆周，其影落于两个投影面上。在H面上的落影是一段圆弧，在V面上的落影则是大半个椭圆弧。为求此影，首先求出圆心O在V面上的影O$_v$和在H面上的虚影O$_h$。随后，以虚影O$_h$为心画出H面上的影线圆，与投影轴相交于a、b两点，这就是圆周落影的折影点。折影点以上的影线圆弧是虚影，可不必画出。至于水平圆在V面上的落影，可借助图4-3所示"八点法"来解决，由于已经求得了两个折影点，因此仅需作出八点法中的上部五个点，就足可以光滑地连接成大半个椭圆，这就是水平圆在V面上的部分落影。

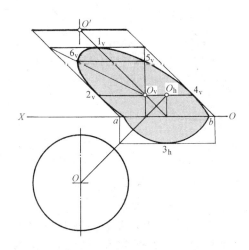

图4-7 圆落影于两个投影面上

4.1.3 空间曲线的落影

（1）空间曲线落影于承影平面上，当然就成为平面曲线。空间曲线与其落影之间，不存在像平面曲线与其落影间的那种透视仿射对应关系。

在落影曲线上，可能出现原空间曲线上并不存在的特殊点。如图4-1所示，曲线K是一空间曲线。其本身原不存在自交点，但是在落影曲线K$_v$上却出现了自交点10$_v$（15$_v$）。

还可能产生这样的变化，空间曲线本身原来存在某种特殊点，但是，在相应的落影曲线上，这特殊点的落影却改变了性质。如图4-8所示，空间曲线上原来有一尖点O（o，o′）。在求得该曲线在V面上的落影后，却发现尖点O的落影o$_v$却成为落影曲线上的一个普通点。

（2）螺旋线是空间曲线中的规则曲线，在工程上得到最为广泛的应用。螺旋线有圆柱螺旋线、圆锥螺旋线、球面螺旋线等几种不同形式，而圆柱螺旋线则是

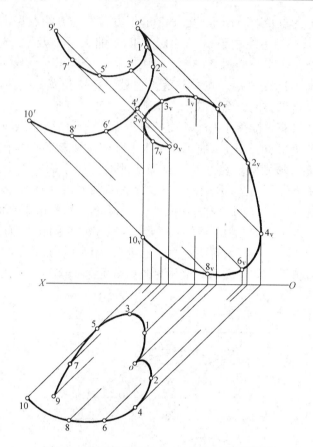

图 4-8　空间曲线的尖点，在落影上可能消失

建筑工程中较为常用的，多见于螺旋楼梯上。

现在来分析圆柱螺旋线落影的各种情况。

图 4-9、图 4-10 及图 4-11 中所示，都是右旋螺旋线。三者的导程 T 相同，而螺旋线所在圆柱面的半径 R，各不相等，从而三个螺旋线的升角 α 的大小也不一样。螺旋线的升角的变化将影响螺旋线落影的形状。❶

---

❶　圆柱螺旋线随圆柱面展开而成一直线，也就是以圆柱面底圆的周长 $2\pi R$ 为底边，以螺旋线的导程 T 为高的直角三角形的斜边。斜边对底边的夹角 α，称为螺旋线的升角。升角 α 与导程 T 和圆柱半径 R 的关系式为

$$\mathrm{tg}\alpha = \frac{T}{2\pi R}$$

光线的倾角为 35.264°，$\mathrm{tg}35 = \dfrac{1}{\sqrt{2}}$；

如果螺旋线升角 α 正等于 35°，则有 $\dfrac{T}{2\pi R} = \dfrac{1}{\sqrt{2}}$，　$R = \dfrac{T}{\sqrt{2}\pi}$，　$\sqrt{2}\pi = 4.44$；

当 $R = \dfrac{T}{4.44}$　螺旋线的落影为一般平摆线；

　$R < \dfrac{T}{4.44}$　螺旋线的落影为内点余摆线；

　$R > \dfrac{T}{4.44}$　螺旋线的落影为外点余摆线。

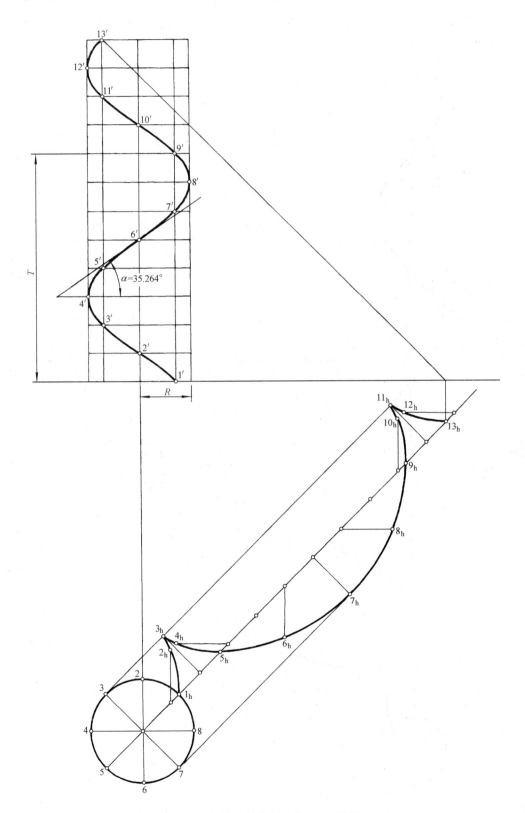

图 4-9　螺旋线的落影成为一般平摆线

图 4-9 中的螺旋线，其升角 α 等于光线的倾角 $35.264°$。该螺旋线的落影成为一般的平摆线。

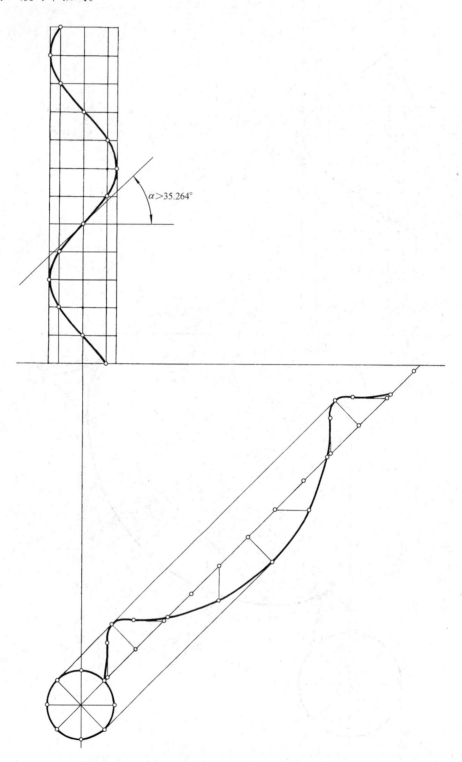

图 4-10　螺旋线的落影成为内点余摆线

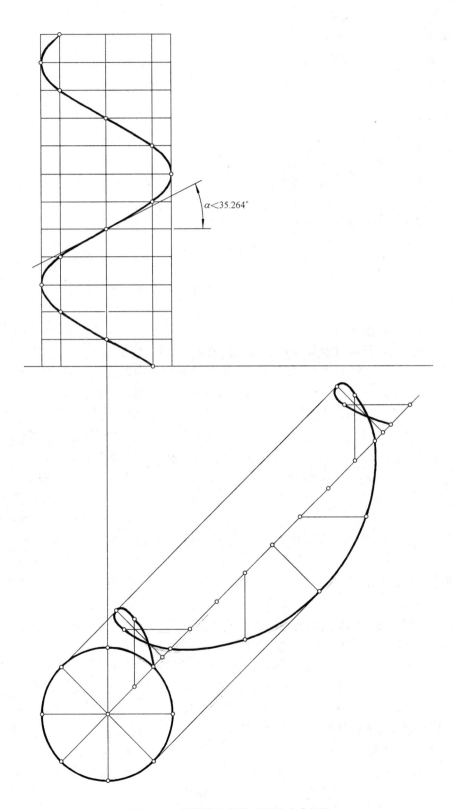

$\alpha < 35.264°$

图 4-11 螺旋线的落影成为外点余摆线

41

图 4-10 中的螺旋线，其升角 α 大于光线的倾角。该螺旋线的落影成为内点余摆线。

图 4-11 中的螺旋线，其升角 α 小于光线的倾角。该螺旋线的落影成为外点余摆线。

这三个例图中的螺旋线，就其自身而言，曲线中并没有任何特殊点，然而落影成为平面曲线后，情况就不一样了。图 4-9 中，螺旋线落影成为平摆线，就出现了尖点。图 4-10 中，螺旋线落影成为内点余摆线，就出现了反曲点。图 4-11 中，螺旋线落影成外点余摆线，就出现了自交点。

螺旋线落影的具体求作方法有二：

方法一：首先将螺旋线上各均分点的落影画出来，然后将这些点的落影连以光滑的曲线，即为螺旋线的落影。

方法二：直接按摆线的画法作出螺旋线的落影。

4.2　柱面和柱体的阴影

4.2.1　柱面的阴线

柱面上的阴线是柱面与光平面相切的素线。如图 4-12 所示，一系列与柱面相切的光线在空间形成了光平面。这一系列光线与柱面的切点的集合，正是光平面与柱面相切的直线素线。此直线素线正是柱面上受光与背光部分的界线，故而成为柱面的阴线。

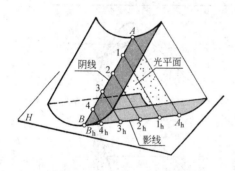

图 4-12　柱面的阴线和影线

4.2.2　圆柱面和圆柱体的阴影

（1）切于圆柱面的光平面有两个，如图 4-13（a）所示，它们是互相平行的。因此，在圆柱面上得到两条素线阴线。这两条阴线将柱面分成大小相等的两部分，阳面与阴面各占一半。如在圆柱面上、下两端加底平面，就成为圆柱体。圆柱体的上底面为阳面，而下底面为阴面。作为圆柱面阴线的两条素线将上、下底圆周分成两半，各有半圆构成柱体的阴线。这样，整个圆柱体的阴线是由两条素线和两个半圆周组成的封闭线。

图 4-13（b）所示是正圆柱体的正投影图。由图中看出该圆柱体处于铅垂位置，所以，与圆柱面相切的光平面必然是铅垂面。圆柱面的 H 面投影积聚成一圆周，光平面的 H 面投影则积聚成 45°直线，与圆周相切。切点就是柱面与光平面相切的素线，即阴线的 H 面投影。因此，作图时，首先在 H 面投影中，作两条 45°线，与圆周相切于 a、c 两点，即柱面阴线的 H 面投影，由此求得阴线的 V 面投影 $a'b'$ 及 $c'd'$。由 H 面投影中可以直接看出，柱面的左前方一半为阳面，右后方一半为阴面。在 V 面投影中，$a'b'$ 右侧的一小条为可见的阴面，将它涂上颜色。

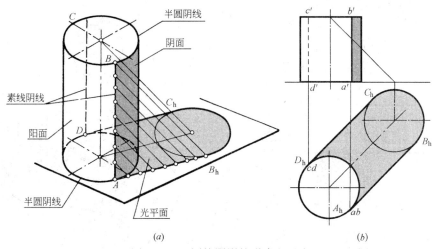

图 4-13 正圆柱阴影的形成和画法

圆柱的上底圆之影落于 H 面上，仍为正圆。下底圆之影与其自身重合。柱面的两条素线阴线在 H 面上的落影为 $45°$ 线，与上、下底圆的落影相切，这样，就得到圆柱在 H 面上的落影。

（2）图 4-14 中，示出了在 V 面投影中直接求阴线的两种方法。其一是在圆柱的上方（或下方）作半圆，过圆心引两条不同方向的 $45°$ 线，与半圆交于两点，由此引到圆柱的 V 面投影中，即得所求阴线；另一方法是在圆柱的下方（或上方）自底圆半径的两端，各作不同方向的 $45°$ 线，形成一个直角等腰三角形，其腰长就是 V 面投影中阴线对柱轴的距离，从而求得阴线 $a'b'$ 和 $c'd'$。

（3）图 4-15 说明了直圆柱在 V 面投影中，两素线影线间的距离二倍于两阴线间的距离，请读者自行分析证明之。了解这个特征，有利于在一个投影中直接求作圆柱的影线。

（4）图 4-16 所示是一柱底圆在 H 面上的斜置椭圆

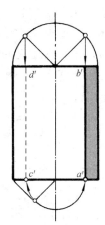

图 4-14 圆柱阴线的单面作图法

柱。该柱体的 H 面投影没有积聚性，当然与柱面相切的光平面也就不是铅垂面，而是一般位置平面。因此，定阴线、求落影就不能像图 4-13 所示那样利用投影的积聚性来解决，需要另求作图的途径。这里列出两种方法来求此类柱体的阴影。

① 首先求柱体在 H 面上的落影。其下底圆就在 H 面上，它的落影与下底圆自身重合。上底圆是水平的，在 H 面上的落影仍然是圆。然后对上、下底圆的落影作两条公切线 1_h1_h 与 2_h2_h，即柱面与两条阴线素线的落影，从而完成了整个柱体的落影。然后，通过落影上的切点 1 和 2，就可确定柱面的阴线素线 Ⅰ Ⅰ（1 1，$1'1'$）和 Ⅱ Ⅱ（2 2，$2'2'$）。

② 首先确定柱面上阴线。为此，必须要确定与柱面相切的光平面，及其水

43

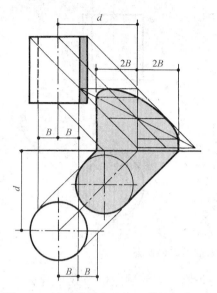

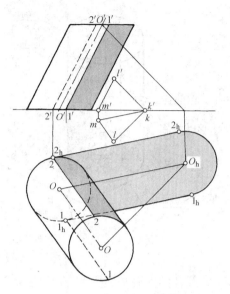

图 4-15　铅垂圆柱在 V 面上落影的特征　　　　图 4-16　斜圆柱的阴影画法

平迹线的方向。可于适当处引一段光线 $LK(lk，l'k')$，为方便起见，将 K 点置于 OX 轴上，自光线另一端 $L(l，l')$ 作柱面素线的平行线，并求出其水平迹点 $M(m，m')$ 则连线 mk 就是与柱面相切的光平面的水平迹线方向。平行于 mk 作下底圆的切线，自切点 1 和 2 即可作出柱面阴线素线 Ⅰ Ⅰ（1 1，$1'1'$）和 Ⅱ Ⅱ（2 2，$2'2'$）。

4.2.3　在柱面上的落影

（1）当柱面垂直于某投影面时，利用其投影的积聚性，可直接求得在柱面上的落影。前述图 2-4（b）求点在柱面上的落影，就是这样解决的。

图 4-17 是一带有圆盖盘的圆柱。盖盘下底圆弧 $ABCDEF$ 是阴线。其上有一段 $BCDE$ 圆弧落影于柱面上。图中也是利用柱面 H 面投影的积聚性来求作阴线 $BCDE$ 的落影。

作图时，首先应求作一些特殊的影点。我们注意到，在此图中，如通过圆柱轴线（是一铅垂线）作一个光平面，则此形体被该光平面分成互相对称的两个半圆柱面，以此光平面为对称平面。圆盖盘上的阴线及其落在柱面上的影线，也以该光平面为对称平面。于是盖盘阴线处于对称

图 4-17　圆盖盘在圆柱
面上的落影

光平面内的一点 C，与其落影 C_0 间的距离最短。因此，在 V 面投影中，影点 c_0' 与阴点 c' 的垂直距离也最小。这样，影点 C_0 就成为影线上的最高点，必须将它准确地画出来。

还有落于圆柱最左轮廓素线上和最前素线上的影点 B_0 和 D_0，由于它们对称于上述的光平面，因此高度相等。当在 V 面投影中求得 b_0' 后，自 b_0' 作水平线与

44

中心线相交，即得 d_0'。

此外，位于圆柱阴线上的影点 E_0 也需要画出。在 H 面投影中，作 45°线与圆柱相切于点 e_0，而与盖盘圆周相交于点 e，由 e 求得 e'。自 e' 作 45°线，与引自点 e_0 的垂线（即圆柱的阴线）相交，即得 e_0'。以光滑曲线连接 b_0'、c_0'、d_0'、e_0' 各点，即得盖盘阴线在柱面上落影的 V 面投影。

图 4-18 为内凹的半圆柱面。它的阴线是棱线 AB 和一段圆弧 BCD。D 点的 H 面投影是 45°光线与圆弧的切点 d。圆弧阴线 BCD 在柱面上的落影是一曲线。点 D 是阴线的端点，其落影即该点自身。B、C 两点的落影 B_0（b_0'）和 C_0（c_0'）是利用柱面的 H 面投影的积聚性作出的。将 b_0'、c_0' 及 d' 连以光滑曲线，就是圆弧的落影。棱线 AB 在柱面上的落影是与 AB 相平行的直线 $b_0'e_0'$，还有一部分落影于 H 面上，为 45°直线 ae_0。

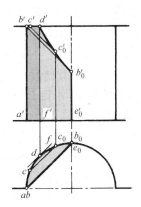

图 4-18　内凹半圆柱面上的落影

此外还应注意到，素线 DF（df，$d'f'$）是半圆柱面上的一条阴线，但它位于立体的凹陷处，因此，不会产生相应的影线。

（2）如阴线是某一投影面的垂直线，求它在垂直于另一投影面的圆柱面上的落影，固然可以像前述方法一样，利用柱面投影的积聚性来解决。但若熟悉并运用直线落影规律⑨来作图，就能更方便地求得落影的准确形状。

图 4-19 是带有正方盖盘的圆柱。图 4-20 是凹入墙内的半圆柱面，其上冠以小檐。我们注意到，这两个例图中都有侧垂线 BC 作为阴线，而 BC 线上都有一段落影于垂直 H 面的圆柱面上。根据直线落影规律⑨知道，这部分影线的 V 面投影，与承影柱面的 H 面投影成对称形状，表现为圆弧形。其半径与圆柱的半径相等，圆弧影线的中心 o' 与 $b'c'$ 间的距离，正好等于该阴线 BC 到圆柱轴线间的距离，即 H 面投影中柱轴 o 与 bc 之距离。因此，在 V 面投影中，自 $b'c'$ 向下，在中心线上量取 o 与 bc 的距离 m，得点 o'。以 o' 为心，以圆柱的半径为半径画圆弧，弧线上的一段，就是 BC 的落影。其余作图，不再

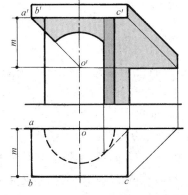

图 4-19　正方形盖盘在圆柱面上的落影

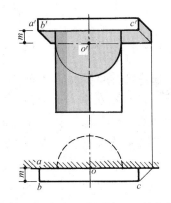

图 4-20　在内凹半圆柱面上的落影

45

赘述。

（3）图 4-21 中，求作点 A（a，a'）在柱面上的落影。此柱面不垂直于任何投影面，因此，没有积聚性投影可用来求作落影。但是从 H 面投影中看到柱面的曲导线 Ⅰ Ⅱ Ⅲ 位于铅垂面 P 上。设想以 P 面为辅助投影面，按柱面素线的方向进行投射，则柱面的曲导线就成为柱面的辅助投影，且具有积聚性。利用此积聚性可以方便地求出某一光线对柱面的交点，或求出光线对柱面切点。这种方法称为**辅助投射法**。现在就按此法求作 A 点在柱面上的落影。首先过 A 点引一适当长度的光线线段 AB，然后平行于柱面的素线方向，将光线两端点 A、B 投射到柱面曲导线所在的铅垂面 P 上，得到 A_p（a_p，a'_p）和 B_p（b_p，b'_p）两点。再将此二点的 V 面投影 a'_p 和 b'_p 连成直线（$a'_p b'_p$ 就是光线按素线方向投射到 P 平面上的辅助投影），延长后与曲导线的 V 面投影 $1'2'3'$ 相交于 $4'$ 点；自 $4'$ 引一柱面素线，与 $a'b'$ 相交于 a'_0。由 a'_0 下投到 ab 上得 a_0，A_0（a_0，a'_0）就是 A 点在柱面上的落影。

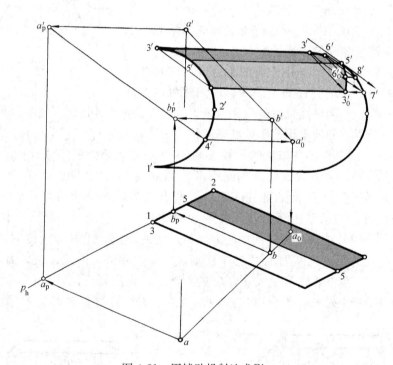

图 4-21　用辅助投射法求影

此图中还作出了柱面上的阴线及其在自身阳面上的落影。在 V 面投影中，作直线平行于 $a'_p b'_p$ 并与曲导线 $1'2'3'$ 相切于 $5'$ 点，作素线 ⅤⅤ（$5\,5$，$5'5'$），即柱面的阴线。过素线 $3'3'$ 的右端点作平行于 $a'_p b'_p$ 的直线，与曲线 $3'5'7'$ 交于 $7'$ 点，过 $7'$ 点引素线 $7'3'_0$，即得素线 $3'3'$ 在柱面上的落影。柱面右端弧线 $3'6'5'$ 在柱面上的落影，一定通过 $5'$ 点和 $3'_0$ 点。中间再求出 $6'$ 点的落影，过 $6'$ 点作平行于 $a'_p b'_p$ 的直线与弧线相交于 $8'$ 点，过 $8'$ 点的素线与过 $6'$ 点的 $45°$ 光线相交于 $6'_0$，即 $6'$ 点的影。连曲线 $5'6'_0 3'_0$ 即为弧线 $3'6'5'$ 的落影。

4.3 锥面和锥体的阴影

4.3.1 圆锥的阴影

（1）锥面上的阴线是锥面和光平面相切的素线。如图 4-22 所示，和柱面一样，光平面与锥面也是相切于素线的。可是，锥面的素线是通过锥顶的，因而，与锥面相切的光平面，必然包含通过锥顶的光线。由此可见，光平面与锥底平面的交线，一定通过引自锥顶的光线对锥底平面的交点，即通过锥顶 S 在锥底平面上的落影 S_h，并与底圆相切。将此切点与锥顶相连所得的素线，就是锥面的阴线。

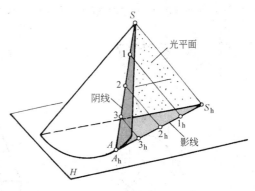

图 4-22　锥面的阴影

（2）根据上述分析，就得到了圆锥阴影的作图步骤。图 4-23 所示，为锥底置于 H 面上的正圆锥体。首先，通过锥顶 S 引光线，求出此光线与 H 面的交点 S_h，就是顶点 S 在 H 面（即锥底所在面）上的落影。由 S_h 向底圆引切线，得切点 a 和 b，由切点 a 和 b 向锥顶 s 引直线 sa 和 sb，这就是锥面阴线 SA 和 SB 的 H 面投影，由 a 和 b 上投到 V 面投影中得到 a' 和 b'，连线 $s'a'$ 和 $s'b'$，即锥面阴线的 V 面投影。而 $S_h a$ 和 $S_h b$ 正是圆锥在 H 面上的影线。由图中看出，正圆锥面上的阴面占锥面的一小半。

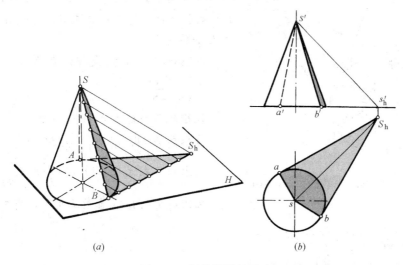

图 4-23　圆锥阴影的画法

图 4-24 所示是求作倒立圆锥面上的阴线。过锥顶 S（s、s'）作光线，使光线与锥底平面相交于 S_0（s_0、s_0'），这就是锥顶在锥底平面上的虚影。由 s_0 向底圆作切线，得切点 a 和 b，再在 V 面投影中求得 a' 和 b'。则连线 SA（sa、$s'a'$）

47

和 SB（sb、$s'b'$），即为所求的阴线，从而也确定了阴面。由图中可以看出，倒立圆锥的阴面占锥面的一大半。

（3）圆锥的阴线，也可在 V 面投影中直接求作，其作图步骤如图 4-25（a）所示。在底边的下方作半圆，自半圆与中心线的交点 f，作左轮廓素线 $s'1'$ 的平行线，交底边于点 d；再过点 d 向左下和右下方分别作 $45°$ 线，与半圆交于点 a_1 和 b；由此在底边上求得点 a' 及 b'；则 $s'a'$ 和 $s'b'$ 就是锥面上的两条阴线。其证明如下：

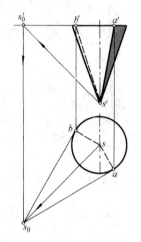

图 4-24　倒立圆锥阴线的作法

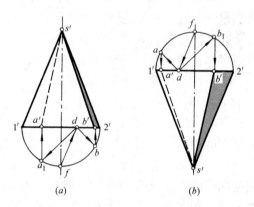

图 4-25　锥面阴线的单面作图法
（a）正锥；（b）倒锥

将图 4-23（b）中的 H 面投影上移，使其底圆的水平直径与 V 面投影的底边重合，如图 4-26 所示。连接切点 a 和 b，ab 与 $S_h s$ 相垂直，所以直线 ab 是 $45°$ 线，它与 $1'2'$ 交于点 d。现在需要证明，连线 df 平行于左轮廓素线 $s'1'$。

因 $\triangle seb$ 和 $\triangle sbS_h$ 是相似直角三角形。

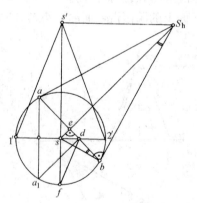

图 4-26　圆锥阴线单面作图的证明

$$\therefore \frac{se}{sb}=\frac{sb}{sS_h} \tag{1}$$

设锥底圆半径为 r，则 $sb=r$

设锥高为 H，则 $sS_h=\sqrt{2}H$

将上列二式代入（1），得 $\dfrac{se}{r}=\dfrac{r}{\sqrt{2}H}$　　(2)

又因 $\triangle sed$ 为 $45°$ 直角三角形，可知

$se=\dfrac{sd}{\sqrt{2}}$　代入（2），得

$\dfrac{sd}{\sqrt{2}r}=\dfrac{r}{\sqrt{2}H}$　即 $\dfrac{sd}{r}=\dfrac{r}{H}$　亦即

$\dfrac{sd}{sf}=\dfrac{s1'}{ss'}$　所以，对顶的直角三角形 $\triangle fsd$ 和 $\triangle s's1'$ 是相似三角形，于是 $df /\!/ s'1'$。

为了作图方便，将 $1'2'$ 线上方的半圆折过来，与下方半圆重合，则 da 重合为 da_1，这样，就得到了图 4-25 (a) 所示的作图方法。

图 4-25 (b) 所示是倒锥阴线的作图方法，同样也可以给予证明。

4.3.2　在锥面上的落影

锥面上的落影与上述的垂直柱面不同，它没有积聚性可资利用。因此，对于锥面上的落影，只有另找解题途径。

(1) 图 4-27 中，欲求 A 点在圆锥面上的落影，可采用光截面法来解决。包含过 A 点的光线 L (l', l) 作铅垂光截面 P，求出 P 面对圆锥面的截交线，是一条双曲线 ⅠⅡⅢ，此双曲线与光线 L 的交点 A_0 (a_0, a_0') 就是 A 点在圆锥面上的落影。

此处，采用光截面法求影虽然可行，但不简捷。因为截交线是一条双曲线，求作步骤较多，且很难画得准确。为此，我们采取另一方法解决。

(2) 图 4-28 与上图同样是求作 A 点在圆锥面上的落影。此处则通过 A 点和锥顶 S 各作一条光线，分别与底圆所在平面 H 相交于点 S_h (s_h, s_h') 和 A_h (a_h, a_h') 这两点的连线与底圆相交得点 Ⅰ (1, 1') 和 Ⅱ (2, 2')。Ⅰ，Ⅱ 两点与锥顶 S 连成的 △ⅠSⅡ，图中只画出了 △ⅠSⅡ 的 H 面投影 △$1s2$，它可视为上述两条光线所确定光平面与锥面的截交线。过 A 点的光线首先与截交线三角形的 ⅠS ($1s$, $1's'$) 边相交于点 A_0 (a_0, a_0')，这就是 A 点在锥面上的影 A_0。过点 A 的光线与 $s2$ 边的交点，在此处是没有意义的。

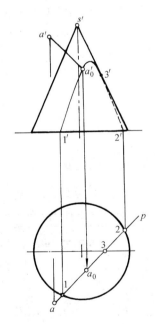

图 4-27　点在锥面上的影

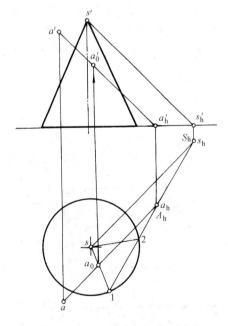

图 4-28　点在锥面上的落影画法

(3) 图 4-29 所示是带有圆盖盘的正圆锥台（两者共一回转轴）。此例着重说明盖盘阴线在圆锥面上的落影作图。为解题方便起见，设 V 面恰好通过锥轴。首先，按图 4-6 所示方法，求出盖盘底部前半圆 $ABCDE$ 在 V 面上的落影——椭圆弧 $a'b'_v c'_v d'_v e'$。它与锥面的左、右轮廓素线相交于点 $1'$ 和 $4'$，即盖盘阴线落于

49

锥面轮廓素线上的两个影点。由于此形体是同轴回转面，其阴影有对称性，以过回转轴的光平面为对称平面，因而锥面最左轮廓素线上的影点 $1'$，与锥面最前素线（其 V 面投影即中心线）上的影点对称并等高，所以，过点 $1'$ 作水平线，交中心线于点 $2'$，即最前素线上的影点。同时，根据其影线有对称性这一特征可知：所求影线之最高点一定在对称光平面内的左前方素线上。将此对称光平面绕轴线旋转到与 V 面重合，则位于光平面内的阴点 B 就和 V 面上的点 A（a'）重合，而位于光平面内的左前方素线则与最左轮廓素线重合。过点 B 的光线，旋转后通过点 a'，并反映了光线的实际倾角。因此，为求影线的最高点，首先自点 a' 作 $35°$ 线，与最左轮廓素线交于点 $\overline{b}$，并与中心线交于点 b_v'。此时，再将光线转回原位，交点 b_v' 不动，自点 b_v' 作 $45°$ 线与通过点 $\overline{b}$ 的水平线相交于点 b_0'，即影线的最高点。锥面阴线 SF 在 V 面上的落影 SF_v，与圆弧影线 $a'b_v'c_v'd_v'e'$ 交于点 $3_v'$，由此引 $45°$ 光线返回到锥面阴线 $s'f'$ 上，得影点 $3'$。最后，连接 $1'$、b_0'、$2'$、$3'$ 各点，即得圆盖盘在圆锥面上的落影。

（4）图 4-30 是求作正方形盖盘在圆锥面上的落影。在正方形盖盘上，能落影于锥面的阴线是盖盘底面上的左方和前方两条棱线 AB、BC。这两条阴线等高，并与锥面轴线相距等远。因此，包含这两条阴线的光平面，与锥面的截交线是形状完全相同的两个椭圆，而盖盘阴线 AB 和 BC 的落影，就是这两个椭圆上的一段对称的弧线。但由于 AB 是正垂线，它在锥面上的落影弧线，其 V 面投影积聚成 $45°$ 方向直线（规律⑦）。BC 是侧垂线，其落影的 V 面投影仍反映为以中心线为对称线的椭圆弧。求影时，过 b'（a'）作 $45°$ 线，与锥面最左轮廓素线交于点 $1'$（即 AB 落影的最高点），与中心线交于点 $2'$（$3'$），这是 AB 的落影椭

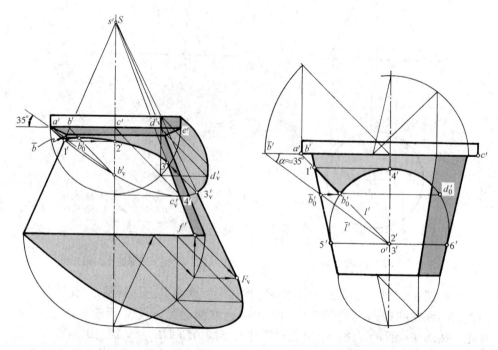

图 4-29　圆盖盘在圆锥面上的落影　　　　图 4-30　方盖盘在圆锥面上的落影

圆上，经过锥面最前、最后素线上的点。由点 $1'$ 作水平线，交中心线于点 $4'$，这是 BC 落影的最高点，它在锥面的最前素线上。过点 $2'$（$3'$）作水平线交锥面最左、最右轮廓素线于点 $5'$ 和 $6'$，这是 BC 落影椭圆上的点。

两阴线 AB 和 BC 的交点 B 的落影 B_0 应准确求出。过点 B 的光线 L 与锥面轴线相交于点 O，其 V 面投影 o' 重合于点 $2'$。若将此光线绕轴旋转时，其交点 O 是不动的。当光线旋转到与 V 面平行时，其 V 面投影 $\bar{l'}$ 则反映了光线的真实倾角 α，并与最左素线相交，交点 $\bar{b_0'}$ 就是影点 B_0 旋转后的位置。现再旋转回去，则自点 $\bar{b_0'}$ 引水平线，与光线的原投影 l' 相交，交点 b_0' 即落影 B_0 的 V 面投影。根据落影椭圆 V 面投影的对称性，可求出点 b_0' 的对称点 d_0'，将 $5'$、b_0'、$4'$、d_0' 及 $6'$ 等五点，光滑连接成椭圆弧。其上自 b_0' 向右的一段弧线，就是 BC 的落影，而 $1'b_0'$ 则是 AB 的落影。

（5）图 4-31 所示为圆锥状凹坑，求坑口圆弧阴线 $A\,\mathrm{I}\,\mathrm{II}\,\mathrm{III}\,B$ 在坑内锥面上的落影。圆弧阴线 $A\,\mathrm{I}\,\mathrm{II}\,\mathrm{III}\,B$ 的两端点，是按图 4-24 所示方法确定的，即过锥顶 S 作返回光线，求得锥顶 S 在锥底上的虚影 S_h，由 S_h 向底圆作切线，切点 A 和 B 即圆弧阴线的两个端点，同时也是所求落影的两个端点。

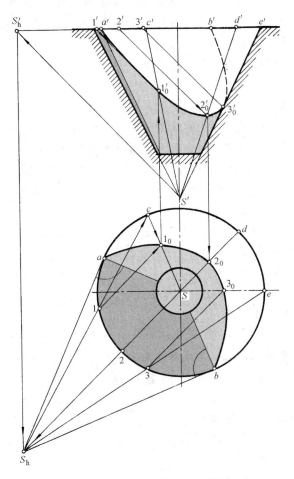

图 4-31 在内凹锥面上的落影

为了求得阴线上其他点（如点Ⅰ）的落影，可设想包含过该阴点Ⅰ的光线和锥顶 S 作光平面，此光平面与锥底面的交线一定通过锥顶的虚影 S_h，因此，连线 $S_\mathrm{h}\mathrm{I}$ 就是这条交线。延长 $S_\mathrm{h}\mathrm{I}$，与底圆交于点 C。连线 SC（sc、$s'c'$）即为光平面与锥面的交线，则点Ⅰ的落影一定在交线 SC 上。故过点Ⅰ（1、$1'$）作光线与 SC（sc、$s'c'$）相交，即得影点 I_0（1_0、$1'_0$）。同理，可求得锥面最右轮廓素线 SE 上的影点 $\mathrm{Ⅲ}_0$（3_0、$3'_0$）。

由于包含锥顶 S 和阴点Ⅱ所作光平面是一铅垂面，它与锥面的交线 SD 的 H 面投影 sd 和阴点Ⅱ的投影 2 位于同一条 45° 线上，因此不能首先作出点Ⅱ的落影 $\mathrm{Ⅱ}_0$ 的 H 面投影 2_0，而是先在 V 面投影上，自点 $2'$ 作 45° 线，交 $s'd'$ 于点 $2'_0$。由此再在 sd 上求得点 2_0。点 $\mathrm{Ⅱ}_0$（2_0、$2'_0$）就是阴点Ⅱ的落影，是影线上的最低点，将 A、I_0、$\mathrm{Ⅱ}_0$、$\mathrm{Ⅲ}_0$ 及 B 的同面投影，光滑地连接起来，即坑口圆弧阴线在锥坑内壁上的落影。

4.4　扭曲面的阴影

扭曲面与前述的柱面、锥面同属直线面（或称直纹面）。但是，柱面和锥面是直线面中的单曲面，其表面上的连续二直线素线是相互平行或彼此相交的。单曲面在光线照射下，其表面的阴线总是直线，作图比较简单。至于扭曲面，其连续二素线是相互交错的。扭曲面在光线照射下，其阴线和落影的情况就不那么简单了。

如果光线仅仅直射在扭曲面的一侧，则扭曲面的这一侧为阳面，另一侧为阴面。此时，只有扭曲面的周边轮廓线是阴线，求影也比较简单。此处不举例。

如果扭曲面的两侧面都有部分表面受到光线的直射，此时，扭曲面不仅其周边轮廓线是阴线，而且在扭曲面的周边轮廓以内也会出现阴线，此阴线可能是扭曲面的一条直线素线，也可能是扭曲面上的一条曲线。下面通过两个实例作进一步探讨。

（1）图 4-32 所示是一双曲抛物面，其周边轮廓线是空间直线四边形 $ABCD$。该双曲抛物面上有两族直线素线：一族素线是 AB、ⅡⅡ、……ⅩⅩ、CD；另一族素线是 AD、ⅠⅠ、……、ⅨⅨ、BC。其一族素线中任一素线必然与另一族中所有素线都相交，而同一族中的素线都是彼此交错的，但同时平行于一个导平面（图中应有两个铅垂的导平面，但未画出，因作图并不需要）。这就是双曲抛物面的构成特性，在画法几何学中已作过全面阐述。

现在对图 4-32 中双曲抛物面求作阴影的过程作一比较详细的分析。

按一般求影的方法，首先作出空间四边形 $ABCD$ 在 H 面上的落影 $A_\mathrm{h}B_\mathrm{h}C_\mathrm{h}D_\mathrm{h}$。如果 $A_\mathrm{h}B_\mathrm{h}C_\mathrm{h}D_\mathrm{h}$ 是一凸四边形，这就表明该双曲抛物面的一侧全部受光而为阳面，而另一侧全部背光而为阴面，只有周边轮廓线 $ABCD$ 是阴线。但是当前图中 $A_\mathrm{h}B_\mathrm{h}C_\mathrm{h}D_\mathrm{h}$ 不是凸四边形，这说明该曲面的两侧都只是部分受光。在其周边轮廓以内还有一条阴线，但其位置尚不确定，因而只能先在落影上确定相应的影线。为此，按照该曲面在 H、V 投影中已示出的两族素线，画出它们

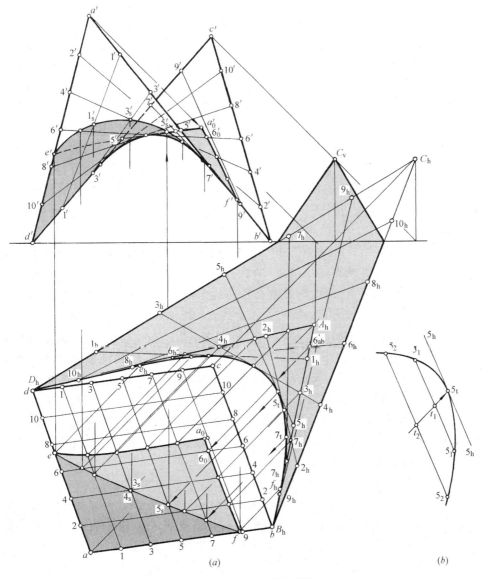

图 4-32　双曲抛物面的阴和影（1）

的落影为 1_h1_h、2_h2_h、……再作出与这些素线的落影均相切的包络曲线。从而完成整个双曲抛物面在 H 面上的落影。这里的包络曲线是一条抛物线。与此落影抛物线相应地在双曲抛物面上就有一条阴线抛物线。如何求得此阴线抛物线呢？可以从该曲面的落影中，定出落影抛物线与某一素线落影的切点，如 5_h5_h 的切点 5_t，自 5_t 点引返回光线到 H 面投影上，与 55 线相交于点 5_s，再由 5_s 点上投，与 $5'5'$ 相交于 $5'_s$，V_s（5_s，$5'_s$）就是阴线抛物线上的点。求出若干个像 V_s（5_s，$5'_s$）这样的阴点，就可以画出阴线抛物线。当然，凭目估定出 5_h5_h 线与抛物线的切点 5_t 是不会十分准确的。如果要求切点的位置相当准确，我们可按图 4-32（b）所示方法来解决，首先平行于 5_h5_h 线画两条抛物线的弦 5_15_1 和 5_25_2，取两弦的中点 t_1 和 t_2，连线 t_1t_2 延长与抛物线相交于 5_t，这就是切点的

53

准确位置。

由双曲抛物面在 H 面上的落影看到影线 A_hB_h 和 A_hD_h 上各有较长的一段被包围在曲面落影范围内，这表明在双曲抛物面上还落有它自身的影。这落影是由 AB 上的一段 AF 和 AD 线上的一段 AE 在曲面上的影所确定的，可利用 AB 线（和 AD 线）与各素线在 H 面上的影的重影点，引返回光线作出。比如 AB 边与素线Ⅵ Ⅵ的落影 A_hB_h 和 6_h6_h 有重影点 6_{ab}，由 6_{ab} 点引返回光线与 66 线相交于 6_0 点，由 6_0 点上投到 $6'6'$ 上得到 $6'_0$。Ⅵ $_0$ $(6_0,6'_0)$ 点就是 AB 线落于Ⅵ Ⅵ素线上的一个影点，同样方法求得 AB 线（和 AD 线）落于其余各条素线上的影点，然后将这些影点连成光滑的曲线，就得到双曲抛物面落于自身的影线。

（2）图 4-33 所示也是一个双曲抛物面。该双曲抛物面上的两族直线素线中的一族素线，如 AB、Ⅱ Ⅱ、……DC，其 H 面投影都是 $45°$ 线，与光线的 H 面投影的方向一致。

按一般求影的方法，首先作出双面抛物面上两族素线在 H 面上的落影。我们发现其中一族素线的落影 A_hD_h、1_h1_h、3_h3_h、5_h5_h 和 B_hC_h 均相交于同一点 $E_h(F_h)$。此交点 $E_h(F_h)$ 正是曲面上另一族素线中的一根素线 EF 的落影。由此交点 $E_h(F_h)$ 作返回光线，就可定出素线 EF 的投影 ef 和 $e'f'$。此素线 EF 就是双曲抛物面上的一条阴线。按本书第 16 页图 2-26 及 2-27 所示方法就可判别双曲抛物面上哪一部分是阴面、哪一部分是阳面。譬如在 H 面投影中，阴线的一侧取一个四边形 $ab22$，其顶点的旋转顺序与其落影 $A_hB_h2_h2_h$ 的顺序相反，所以，在 H 面投影中 $abfe$ 部分为阴面，另一部分 $efcd$ 则为阳面。此外还应注意到：这里有一点不同于前例，就是在双面抛物面的阳面上，没有自身的落影。

以上两个例子说明，扭曲面的周边范围内如有阴线产生，该阴线有可能是直线阴线，也可能是曲线阴线。

下面再举一例说明螺旋面阴影的画法。

图 4-34 所示是一平螺旋面。该螺旋面的外螺旋线为 M，内螺旋线为 N，所有素线均为水平线。图中只画出了极有限的几条素线，从 H 面投影中看出，首先是将一个导程的螺旋面均分为十二等份的素线画出来，如 0_m0_n、1_m1_n、3_m3_n、4_m4_n、……等十二条素线，又补充画出 $45°$ 方向上的四条素线，如 2_m2_n、6_m6_n、10_m10_n 及 14_m14_n。现在来说明该螺旋面的阴影画法。

首先画平螺旋面在 H 面上的落影。我们可以按图 4-9 及图 4-11 所示作图方法画出曲面上这些素线的落影，然后将素线落影的端点，如 0_m、1_{mh}、2_{mh}……，及 0_n、1_{nh}、2_{nh}、……分别连成光滑的曲线，就得到平螺旋面外、内螺旋线的落影。此处，外螺旋线 M 的落影 M_h 是一外点余摆线，内螺旋线 N 的落影 N_h 是一条一般平摆线。由这两条摆线以及首、末两条素线的落影包围起来的图形就是平螺旋面在 H 面上的落影。

从此落影中看到，有一块由 A_h、B_h、C_h 和 D_h 四点确定的曲线四边形，这曲线四边形表明平螺旋面在这里落影是重影的。这也就是说，平螺旋面的上段在下段的阳面上落有影子。现在分析如何求出这部分落影。我们必须清晰地想象到，上段落在下段阳面上的影线是上段的部分螺旋面造成的，为此就需要找出下

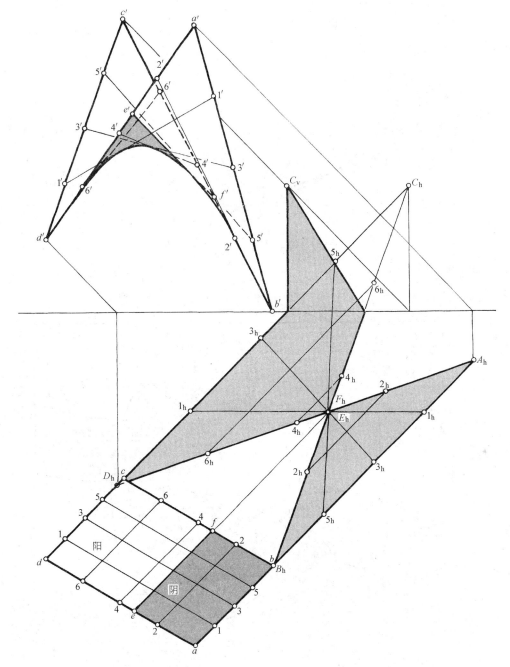

图 4-33 双曲抛物面的阴影（2）

段的螺旋线和某些素线上有多长一段被上段落影所覆盖。

① 由 H 面上的落影中看出，M_h 上的一段弧线 A_hB_h 被覆盖在上段落影范围内，由 A_h 和 B_h 两点引返回光线与外螺旋线的 H 面投影相交于 a_0、b_0 两点，由此上投到 V 面投影 m' 上得 a_0'、b_0' 两点。这表明外螺旋线 M 上的一段弧线 A_0B_0（a_0b_0，$a_0'b_0'$）被埋在上段螺旋面的落影之中，它不会在 H 面上产生落影。A_0（a_0，a_0'）和 B_0（b_0，b_0'）两点正是上段的内、外螺旋线在下段阳面上

55

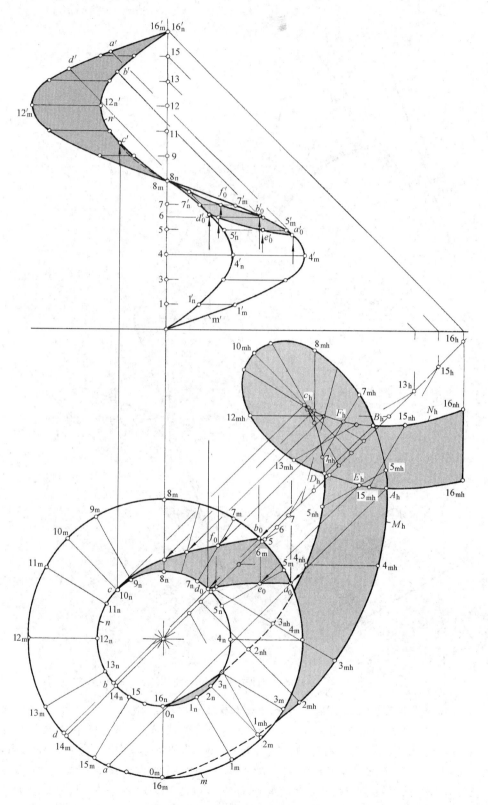

图 4-34 平螺旋面的阴和影

的落影的起点。

② 在 H 面上的落影中，M_h 上的另一段弧线 A_hD_h，看来似乎与 A_hB_h 的情况是一样的，但实际上完全不同。不同之处何在？由 A_h、D_h 两点引返回光线至外螺旋线 $M(m, m')$ 上得到 $A(a, a')$ 和 $D(d, d')$ 两点。外螺旋线 M 上的这一段弧线 $AD(ad, a'd')$ 是落影在下段的阳面上。而前述的 A_0B_0 弧线则根本不产生落影。现在，A 点的落影 $A_0(a_0, a_0')$，已经求得。在 H 面上的落影中，点 D_h 是内、外螺旋线落影的交点，自 D_h 点引返回光线，在 M 上得到 D 点的同时，内螺旋线 $N(n, n')$ 上就得到 $D_0(d_0, d_0')$，这就是说 M 上的 D 点正落影于内螺旋线 N 上。AD 弧线的落影就是 A_0 与 D_0 间的一段曲线。为了准确画出这一落影曲线，有必要在 A_0 与 D_0 间增加一、二个影点。从 H 面上的落影中，我们看到 $5_{mh}5_{nh}$ 上的一段 $5_{mh}E_h$ 被覆盖在上段的落影之中，自 E_h 引返回光线，在素线 V_mV_n（5_m5_n，$5_m'5_n'$）上得到点 $E_0(e_0, e_0')$，将 a_0、e_0、d_0 三点和 a_0'、e_0'、d_0' 三点分别连以光滑曲线，就得到 M 上的弧线 AD 在下段阳面上的落影。

③ 在 H 面上的落影中，N_h 上的一段弧线 C_hD_h，其性质和 A_hB_h 一样。与 C_hD_h 相应的弧线 $CD_0(cd_0, c'd_0')$ 被埋在上段螺旋面的落影之中，它在 H 面上的落影 C_hD_h 是无效的。

④ 在 H 面上的落影中，N_h 上的一段弧线 B_hC_h，其性质和 A_hD_h 一样，与 B_hC_h 相应的弧线 BC，其影落于平螺旋面自身的阳面上，即 B_0C。具体的求作方法，可参照 A_0D_0 的求作步骤进行，此处不再赘述。

4.5　曲线回转面的阴影

求作曲线回转面的阴影，首先应掌握这种曲面的几何特征（见上册有关章节）及其与投影面的相对位置，再选用适当的作图方法，才能既简便而又准确地求出它们的阴影。

4.5.1　曲线回转面的阴线

求作曲线回转面的阴线以采用**切锥面法**为佳。其原理如图 4-35 所示，一个在光线照射下的曲线回转体，如垂直于它的回转轴截取出一片薄板，这薄板和从一定底角的回转圆锥上截取下来的圆锥台是很近似的（当厚度很小时）。两者侧表面的阴线，其形状和位置也是很接近的。当两者的厚度缩减到无限小时，则两者的侧表面的阴线都缩小成为一点，而位置也完全一致了。这时，这样的薄片实际上就是圆锥面和回转体相切的共有纬圆了，如图 4-36 所示。这就是说，当圆锥面（圆柱面是圆锥面的特例）与曲线回转面共轴并相切，两者相切于一个共有的纬圆。在此共有的纬圆上有着两者阴线的共有点。这样，相切锥面的阴线与相切的纬圆的交点，就是曲线回转面上的阴点。由此得到曲线回转面阴线的作图步骤如下：

（1）作出与曲线回转面共轴的外切或内切的锥面（及柱面）；

（2）画出锥面与回转面相切的纬圆；

（3）求出切锥面的阴线与相切纬圆的交点，即为回转面上的阴点；

57

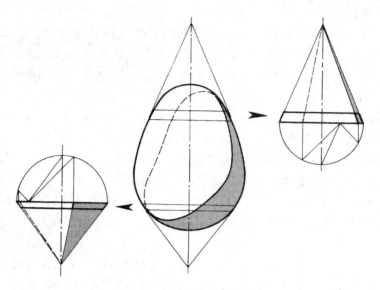

图 4-35　回转面阴线的分析

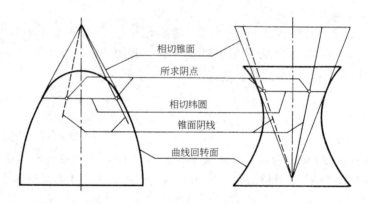

相切锥面
所求阴点
相切纬圆
锥面阴线
曲线回转面

图 4-36　切锥面法求回转面阴线的步骤

（4）以曲线顺次连接这些阴点，即得曲线回转面的阴线。

为了作图方便和准确起见，首先作出底角为 35°和 45°的圆锥面以及圆柱面，因为它们的阴线都处于特殊位置上，如表 4-1 所列，利用它们就能求出曲线回转面的阴线上的特殊点。必要时，还可按图 4-25 所示方法，作一般底角的切锥面的阴线，来补充一些阴点。

图 4-37 所示的瓶状回转面，是用切锥面法求阴线的实例。阴点 1 是以倒 35°角内切锥面求出的；阴点 2、3、8、9、10、11、16、17 等均以 45°切锥面求出的；阴点 6、7、12、13 以切柱面求出的；阴点 18 是以倒 35°角外切锥面求出的；阴点 4、5、14、15 是以一般底角的锥面求出的补充阴点。以曲线顺次连接 1、3、5、7、9、11、13、15、17、18、16、14、12、10、8、6、4、2、1 各点，即得所求的阴线。由图中看出，35°锥面给出了阴线上的最高点和最低点；45°锥面给出了阴线在 V 面投影轮廓线上的切点，是阴线可见和不可见部分的分界点；至于切柱面给出的阴点将成为曲面 H 面投影轮廓线上的阴点（此处未画出 H 面投影）。

几种特殊锥面的阴线位置 表 4-1

阴面大小	一条素线	$\frac{1}{4}$锥面	$\frac{1}{2}$柱面	$\frac{3}{4}$锥面	仅一素线受光
阴线位置	右后方	右、后	左后、右前	左、前	左前方
底角 α 大小	$\alpha \approx 35°$	$45°$	$90°$	$45°$	$\alpha \approx 35°$

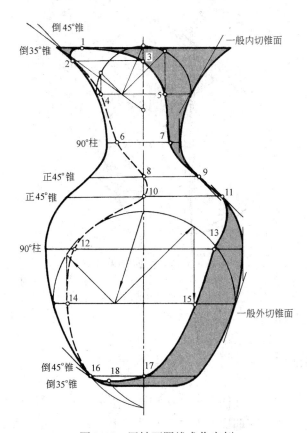

图 4-37 回转面阴线求作实例

瓶状回转面的上口圆周也是阴线，其影部分落于瓶身上，而将阴线 4-2-1-3-5 的部分遮盖起来（图中未画出此落影，以后再介绍其作法）。

4.5.2 曲线回转面的落影

现以轴线为铅垂线的曲线回转面为例，说明落影的求作方法。

1. 在水平面（包括 H 面）上的落影

图 4-38 所示的曲线回转面，其轴线为铅垂线。它的每一个水平截交线都是圆，也就是纬圆。这些纬圆在水平面 H 上的落影仍为半径相同的圆周。先求出适当数量的纬圆在 H 面上的落影，并以曲线光滑地包络这些纬圆的落影，此包络曲线就是回转面在 H 面上的落影。

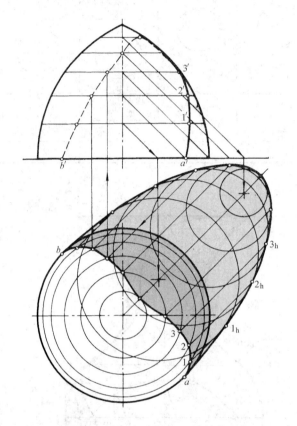

图 4-38 回转面在 H 面上的落影

从包络曲线与各纬圆落影的切点引光线返回到相应的纬圆上，即得回转面上的阴点，光滑地连接这些阴点，即得回转面的阴线。这种方法就是**返回光线法**。按此法求阴线不如切锥面法准确，此处不再详述。

2. 贴附于正面墙（V 面）上的半回转面的落影

图 4-39 所示为半环面。其回转轴位于 V 面上，求此回转面在 V 面上的落影。环面的阴线可按切锥面法求出。按切锥面法求得的阴点都处在回转曲面的特殊位置上。阴点 I 和 V 在曲面的左、右轮廓线上，其落影仍在原位不动。阴点 II（$2'$）在曲面的左前方素线上，其影必然落于回转轴上，自 $2'$ 作 45°线与中心线相交，交点 II_v 即点 II 的落影。阴点 III 位于曲面的正前方素线上，其影落于点 III 所在纬圆的最右点 $6'$ 向下的垂线上，自点 $3'$ 作 45°线与此垂线相交，即得影点 III_v。阴点 IV 是由切柱面所求得，故其影 IV_v 与中心线之距离，二倍于 V 面投影中点 $4'$ 对中心线之距离，如图所示步骤求得影点 IV_v。以光滑曲线连接上述五个影点，即得半环面在 V 面上的落影。这种方法称为五点法。

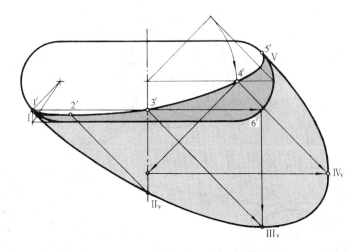

图 4-39　回转面在 V 面上的落影

4.5.3　球面的阴影

（1）球面是曲线回转面的特例。它的阴线实际上是与球面相切的光线圆柱面切于球面的一个大圆。该阴线大圆所在的平面垂直于光线的方向。由于常用光线对各投影面的倾角相等，阴线大圆所在平面对各投影面的倾角当然也相等，因此，阴线大圆的各个投影均为大小相同的椭圆，如图 4-40 所示。椭圆中心就是球心 O 的投影；长轴垂直于光线的同面投影，长度则等于球的直径 D；短轴平行于光线的同面投影，长度为 $D\mathrm{tg}30°$。作图时，则自长轴的两端，作与长轴成 $30°$ 的直线，即可与过球心的光线投影相交，求得短轴的长度。

球面在投影面上的落影实际上就是和球面相切的光线圆柱面与投影面的交线，其形状也是椭圆。椭圆中心 O_h 是球心 O 的落影；短轴垂直于光线的同面投影，长度为 D；长轴平行于光线的同面投影，长度为 $D\mathrm{tg}60°$。作图时，则自短轴两端，作与短轴成 $60°$ 的直线，即可与过球心的光线投影相交，求得长轴的长度。

根据求得的长短轴，就可画出阴线的投影椭圆和落影椭圆。

为了证明上述作图的根据，设取一个平行于光线 L 的铅垂面作为辅助投影面 V_1，如图 4-40 所示，新投影轴 $O_1X_1 /\!/ l$。光线 L 的 V_1 面投影 l_1' 反映了光线对 H 面的倾角 α。此时，阴线大圆的 V_1 面投影积聚成一直线 $a_1'b_1'$，与 l_1' 相垂直。由此可以获知阴线大圆的 H 面投影椭圆的长短轴的方向和大小。从图中看出：阴线大圆上的一条平行于 H 面并垂直于 V_1 面的直径 CE，其 H 面投影 ce 的方向垂直于光线的 H 面投影 l，长度等于球的直径 D，它成为椭圆的长轴。阴线大圆上一条垂直于 CE 并平行于 V_1 面的直径 AB，其 H 面投影 $ab \perp ce$，成为椭圆的短轴，其长度 $ab = a_1'b_1'\sin\alpha = D\dfrac{1}{\sqrt{3}} = D \cdot \mathrm{tg}30°$。

球面的落影椭圆就是阴线大圆的落影。大圆上前述的一对互相垂直的直径 AB 和 CE 中，CE 平行于 H 面，AB 位于垂直于 H 面的光平面内，因此它们在 H 面上的落影 C_hE_h 和 A_hB_h，仍然互相垂直，而成为落影椭圆的长短轴。短轴

61

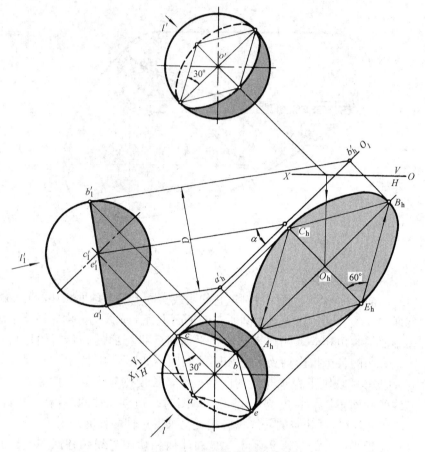

图 4-40 圆球的阴影

$C_h E_h$ 垂直于光线的 H 面投影 l，长度为 D。长轴 $A_h B_h$ 平行于光线的 H 面投影 l，长度为 $A_h B_h = a_h' b_h' = D/\sin\alpha = D\sqrt{3} = D\mathrm{tg}60°$。

（2）对于球面阴线椭圆，除按上述方法确定长、短轴的端点外，还可运用切锥面法求出其他阴点。如图 4-41 所示是圆球的 V 面投影，其阴线椭圆的长、短轴的端点已求得，即 $1'$、$2'$、$3'$ 和 $4'$。再利用正 α 外切锥面求得阴点 $5'$；利用 $45°$ 正锥除确定阴点 $4'$，还得到阴点 $6'$；利用外切圆柱求得阴点 $7'$ 和 $8'$；利用 $45°$ 倒锥，除确定阴点 $3'$ 外，还得到阴点 $9'$；利用倒 α 外切锥面求得阴点 $10'$。此外，根据椭圆是以长轴或短轴为对称轴的对称图形，可作出阴点 $5'$ 与 $10'$ 的对称点 $11'$ 和 $12'$。连接这十二个点，可使阴线椭圆画得更为准确。对于影线椭圆也可按图 4-41 所示，增补八个影点。

（3）图 4-42 所示是凹入墙内的半球面。其左上方半圆周 ABC 是阴线，它的影落于球面内壁。此落影为球面上的半个大圆，在 V 面投影中表现为半个椭圆，其长轴 $a'c'$ 垂直于光线的同面投影，长度等于球的直径 D，而半短轴则为圆球半径 r 的 $1/3$。其证明如下：

62

取一个平行于光线的正垂面 H_1 作为辅助投影面，作出内凹半球面的 H_1 面

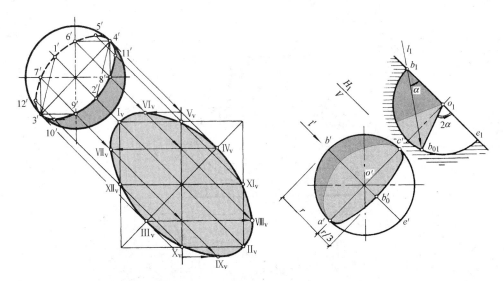

图 4-41 用切锥面法定球面上的阴点   图 4-42 在内凹半球面上的落影

投影。过点 B 的光线，其 H_1 面投影 b_1b_{01} 表现了光线对 V 面的真实倾角 α，并与球面轮廓线交于点 b_{01}，则 $\angle b_{01}o_1e_1 = 2\alpha$。影线椭圆的半短轴的长度为

$$o'b'_0 = o_1b_{01}\cos 2\alpha = r(1-2\sin^2\alpha) = r\left[1-2\left(\frac{1}{\sqrt{3}}\right)^2\right] = r\left[1-\frac{2}{3}\right] = \frac{r}{3}$$

4.5.4 在曲线回转面上的落影

求作在曲线回转面上的落影时，应尽可能利用曲线回转面形成的特性，这样作比较方便，而且得到的结果也比较准确可靠。

（1）求作任意一条曲线（也包括直线）在曲线回转面上的落影，可以按图 4-38 所示方法画出该曲面的落影，同时也画出曲线的落影。曲线的落影与曲面上某些纬圆的落影相交，由这些交点作光线返回到相应的纬圆上，即得到该曲线在回转面上落影的一系列影点，再用光滑的曲线将这些影点顺次连接起来，就得到该曲线在回转面上的落影。

图 4-43 中有一瓶状回转面，其轴线垂直于 H 面。回转面上的纬圆都平行于 H 面。在此情况下，就可按图 4-38 的作图方法，求出回转面在 H 面上的落影。图中可以看到：另有一曲线 AB，它的影大部分落于回转面上。为此，先将 AB 线在 H 面上的落影 A_hB_h 画出来。落影 A_hB_h 与某些纬圆的落影相交有交点；比如与纬圆的落影 4_h 相交于 4_{ah} 和 4_{bh}，由此作返回光线与该纬圆的 H 面投影相交 4_a 和 4_b，再上投到 V 面投影中得 $4'_a$ 和 $4'_b$。像 $\mathrm{IV}_a(4_a,\ 4'_a)$、$\mathrm{IV}_b(4_b,\ 4'_b)$ 这样的影点求出若干个。然后连以光顺的曲线，就是 AB 曲线在回转面上的落影。图中，回转面的落影包络线与 A_hB_h 相交于 C_h，自 C_h 作反回光线与回转面上的阴线相交于 $C(c,\ c')$，这也是 AB 线在回转面上落影的一个过渡点。

（2）求某阴线在曲线回转面上的落影，可以在回转面上适当地选取几个纬圆，分别求出该阴线在这些纬圆所在平面上的落影，这些落影分别与同一平面上的纬圆相交，则交点就是该阴线在回转面上的影点。将这些影点顺次连接起来，

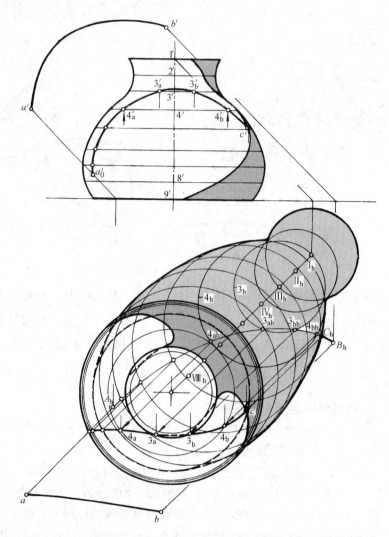

图 4-43　在曲线回转面上的落影

就得到所求影线。这里应强调指出：该阴线在一系列纬圆所在平面上的落影应简单易画，比如落影为圆或直线多边形。

图 4-44 所示是凹入墙内的回转面，洞口起讫于 A、B 两点间的左上方半圆周（半径为 r）是阴线，求其在回转面内壁的落影。为此，先在回转面内壁上选取一个纬圆 K_1（k_1'），纬圆 K_1 所在的平面为 P_1；再求出阴线半圆在 P_1 面上的落影，此落影 O_1 仍为半径为 r 的半圆，它与纬圆 K_1 的两个交点 $1'$，这就是所求的影点。按同样步骤，求出影点 $2'$ 和 $2'$、$3'$ 和 $3'$，最后，求得在 P_4 面上的影线——位于两个点 $4'$ 间的一段圆弧。将影点 a'、$1'$、$2'$、$3'$、$4'$、$4'$、$3'$、$2'$、$1'$ 和 b' 连接起来，就是所求影线。

图 4-45（a）所示是带有正方形盖盘的半环面，盖盘的中心位于环面的回转轴线上。环面的阴线用切锥面法求出（图中未画出阴线）。盖盘上有两条直线阴线，即正垂线 ⅠⅡ 和侧垂线 ⅡⅢ，它们都落影于环面上。由于这两条阴线是以通

过轴线的光平面为对称平面、而处于对称位置。因此，包含这两条阴线的光平面与环面的截交线，是形状全同的两个封闭曲线，在这两条曲线上各有一段弧线，是盖盘阴线ⅠⅡ和ⅡⅢ的部分落影。但由于ⅠⅡ是正垂线，其落影在 V 面投影中积聚成45°直线（规律⑦）。现在要解决的是侧垂线Ⅱ Ⅲ在环面上的落影。根据ⅡⅢ落影与ⅠⅡ落影的对称性，ⅡⅢ落影曲线位于最前素线上的最高点 e'_0 最低点 f'_0，可由ⅠⅡ的落影曲线位于左轮廓线上的点 $\bar{e}'$ 和 $\bar{f}'$ 作水平线，与中心线相交而求得。为了求得ⅡⅢ落影曲线上的其他点，可设想取一水平面 P，与环面相交得一纬圆 K_1（k_1、k'_1），再求ⅡⅢ线在 P 面上的落影 $Ⅱ_pⅢ_p$。在 H 面投影中，纬圆 k_1 与直线 2_p3_p 相交于

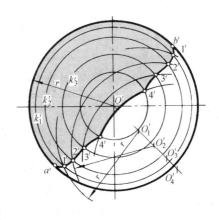

点 a_0 和 b_0，由此上投到 V 面投影中，可在 k'_1 上得点 a'_0 和 b'_0，这就是所求影点。同样步骤，再取一水平面 Q，又得到影点 c'_0 和 d'_0。然后，a'_0、c'_0、f'_0、d'_0、b'_0 和 e'_0，连接成光滑曲线，在环面阴线以上的部分，就是ⅡⅢ线落于环面上的影线。

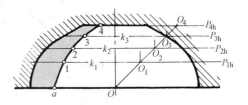

图4-44 在内凹回转面上的落影

如果将 H 面投影整个翻转、重合于 V 面投影上，如图4-45（b）所示，使 O 与 O' 重合，2_p3_p 和 k'_1 重合，则点 a_0 和 b_0 重合于点 a'_0 和 b'_0。这就是说，在 V 面投影中，直接以 O' 为圆心，画圆 k_1，和 k'_1 相交，即得 a'_0 和 b'_0。同样步骤，还以 O' 为圆心，画圆 k_2，和 k'_2 相交，即得 c'_0 和 d'_0。这样，就使作图大为简化。

以上两个例图，都是选取一系列垂直于回转面轴线的截平面，作出圆弧阴线或直线阴线在各层截平面上的落影，与同一截平面的纬圆相交，从而解决圆弧或直线在回转面上的落影，这种方法可称为**逐层承影法**。

（3）当阴线在截平面上的落影不是直线或圆弧时，如用上述的逐层承影法求作回转面上的落影，就要画出在一系列截平面上的非圆弧落影，这就太麻烦了。下面介绍另一种作图方法：这就是将阴线连同组成承影回转面的各个纬圆，一起落影到一个与纬圆相平行的承影平面上，此时，只需要画一次非圆弧落影，再从阴线落影与各纬圆落影的交点引光线，与各相应的纬圆相交，交点即该阴线在各个纬圆上的影点，将这些影点顺次连接起来，即得所求的影线。

图4-46所示为一共轴的回转面组合体，其上部是一扁椭球，其下部是凹环面（图中仅给出了 V 面投影）。椭球面上的阴线可按前述的切锥面法求出，即弧线 $ABCDE$（$a'b'c'd'e'$）。它的一部分影落于下部环面上。为求此落影，可设想取一水平面 P，求出阴线 $ABCDE$ 在返回光线下落于 P 面上的虚影，其 H 面投

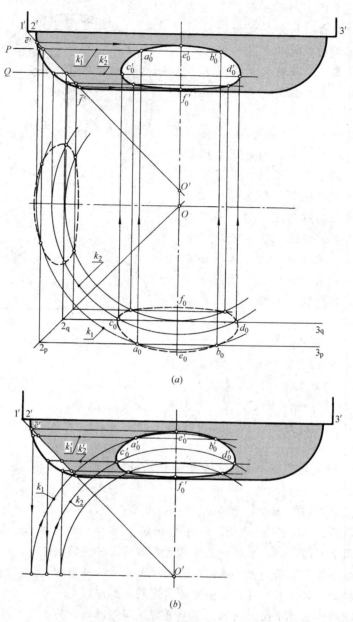

图 4-45　方盖盘在半环面上的阴影

影为 $a_p b_p c_p d$。然后在下部环面上选定某一纬圆，如 K_1。求 K_1 在 P 面上的虚影 k_{1p}，k_{1p} 仍是一个与纬圆等大的圆。它与影线 $a_p b_p c_p d$ 相交于点 1_p，由此求得 P_v 上的 $1'_p$，再由 $1'_p$ 作光线与 k'_1 相交于点 $1'$，这就是上部阴线 $ABCDE$ 落在下部环面上的一个影点的 V 面投影。同样步骤，求出点 $2'$ 等影点。将这些影点光滑连成曲线，这就是所求的影线。

此处应注意到，所选取的承影平面 P，只要与承影回转面的纬圆平行即可，位置高低并无影响。

66　（4）图 4-47 所示为共轴的半环面和柱面，求环面阴线在柱面上的落影。利

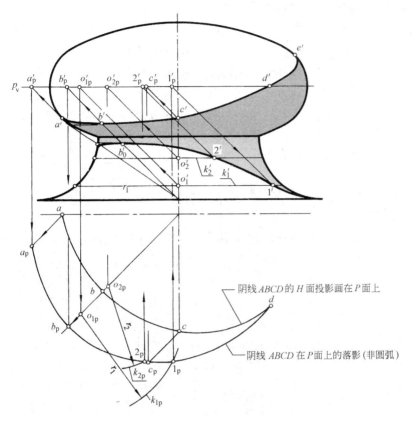

图 4-46　扁球在凹环面上的落影

阴线 $ABCD$ 的 H 面投影画在 P 面上

阴线 $ABCD$ 在 P 面上的落影（非圆弧）

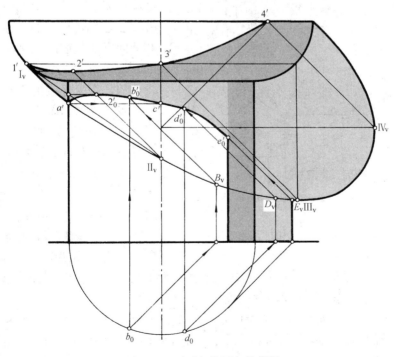

图 4-47　环面在柱面上的落影

67

用柱面的 H 面投影的积聚性来求此落影，如图 4-17 所示那样是可以的，但必须画出整个形体和环面阴线的 H 面投影。现在则将环面阴线按图 4-39 所示方法，落影到通过轴线设置的 V 面上去，同时也求出柱面上若干素线在 V 面上的落影。素线的落影与环面阴线的落影 I_v、II_v、III_v、IV_v 相交于 B_v、D_v、E_v 等点，由此作 $45°$ 光线返回到相应的素线上，得到它们的 V 面投影 b'_0、d'_0、e'_0 等点。

此外，点 a' 是圆柱位于 V 面内的轮廓素线与环面落影的交点；最前素线上的影点 c' 与左轮廓素线上的影点 a' 等高，由 a' 作水平线即求得 c'；点 $2'_0$ 则是所求影线的最高点。将以上各影点顺次连接，即得所求影线。

4.6 曲面体组成的建筑形体的阴影

（1）图 4-48 所示是一壁灯的灯罩，由一组共轴的半回转面组合而成的。现求其阴影。

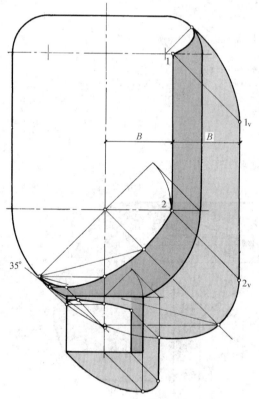

该形体的顶部是半环面，其阴影可参考图 4-37 和 4-39 所示方法画出。还有两段半径不同的半圆柱面，其阴影可按图 4-14 和 4-15 中的方法作出。球面部分的阴影参考图 4-40 和 4-41 的方法来求出。至于球面阴线在其下方的柱面上的落影，可参照图 4-47 的画法来解决。在此例图中，读者要注意到，灯罩的环面、柱面和球面三部分彼此间是相切连接的、是光滑的，可是三部分的阴线，却是相交连接的，有着明显的尖点 1 和 2。而这些阴线的落影又是相切连接的。这一特点，读者应予注意，不可忽略。

（2）图 4-49 是求作一柱头的阴影。图中是综合运用了图 4-19、4-39、4-45 及图 4-47 的方法画出的，此处要注意到方盖盘上的直线阴线分为三段：$a'b'$

图 4-48 灯罩的阴影

段落影于下部柱面上为 $a'_1 b'_1$；$b'c'$ 段落影于环面上为 $b'_0 c'_0$；$c'd'$ 段落影于墙面上，即过 c'_2 点的水平线。其他部分由读者自己分析解决。

（3）图 4-50 所示形体，可看作是一曲廊的拱顶，由两段上环面组成。其阴线可用切锥面法来解决，其落影按一般利用光线迹点的求影方法即可画出。

（4）图 4-51 所示是一柱槽，其上、下两端为 1/4 凹球面，中部则为凹半圆

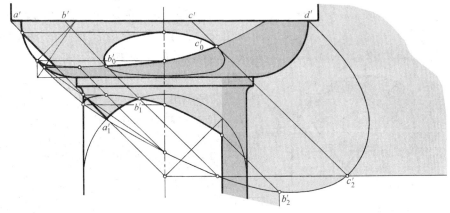

图 4-49 柱头的阴影

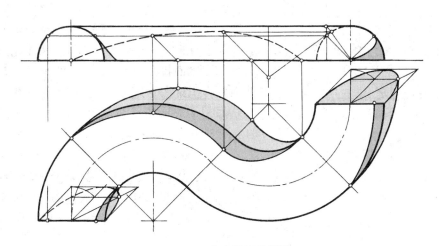

图 4-50 曲廊拱顶的阴影

柱面。现求其阴影。

柱槽内表面的阴线，其柱面部分可按图 4-14 所示方法画出，上、下球面部分的阴影参照图 4-41 的方法即可画出。当然，这些阴线位于立体的凹陷处，它不产生相应的影线，可以忽略不画。

柱槽槽口阴线由三段组成：

① 槽口上部球面的阴线为圆弧 ABC，其影的一部分落于球面内壁，这部分影线在 V 面投影中表现为长半轴为 r（球面的半径）、短半轴为 $r/3$ 的椭圆弧，可按图 4-42 所示方法画出，画到球面与柱面分界线上的影点 b_0' 为止。为了准确地定出 b_0'，要结合 H、V 两投影来分析。影点 B_0 位于球面的水平大圆上，而相应的阴点 B 位于球面的正平大圆上。自 B 至 B_0 的光线，在两投影中都是一端在半圆周上，另一端在直径上的 $45°$ 线。如将 H 面投影向上移动到与 V 面投影重叠，那么这两条 $45°$ 线就构成了一个正方形的两条对角线。位于圆周上的 b' 点对水平半径的距离二倍于对竖直半径的距离。根据这样的分析，就得到了准确确定 b_0' 的方法，即以 c' 为圆心，以球面直径为半径画圆弧，与 $d'c'$ 的延长线相交于 1

69

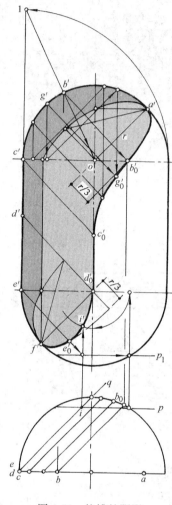

图 4-51 柱槽的阴影

点，1 点与球心 o' 的连线，和圆弧相交，交点就是 b' 的准确位置。自 b' 点作 45°线，与水平直径相交，就准确地求得 b'_0 点。至于凹球面阴线 ABC 上还有一段 BC 弧，将落影于中部的凹柱面上，此落影可利用柱面的 H 面投影的积聚性来画出。作图时，可设想将柱槽的 H 面投影重叠在 V 面投影上来画，一如求作 B 点的落影 B_0 那样，可省却另画 H 面投影了。

② 柱槽中部凹柱面的最左轮廓线 CE 为阴线，其影部分落于柱面的最后方的素线上，即 V 面投影的中线上，如 $c'_0 d'_0$。而阴线的另一部分 DE 则落影于下部的凹球面上。这一段影线在空间是一段圆弧，其 V 面投影是一段椭圆弧。现在说明该影线圆弧上的一个影点的画法：在适当处作一正平面 P，与凹球面相交成圆弧，其 V 面投影是以 d'_0 为心的半圆弧，其 H 面投影积聚在 p 线上。过 DE 线的光平面 Q 与 P 面相交成一铅垂线，此铅垂线与 P 面上的半圆弧相交，此交点 I（i，i'）即 DE 线在凹球面上落影的一个影点。为了省却 H 面投影，可设想将 H 面投影绕其直径翻转 180°，再上移到 V 面投影中，与下部凹球面的轮廓正好重叠，p 线将成为 p_1 线，这样，作图更方便些。

③ 下部凹球面的阴线 EF，将落影于凹球面自身。其特性与上部球面阴线 AB 在球面自身的落影一样，是长半轴为 r、短半轴为 $r/3$ 的椭圆上的一段弧线。

（5）图 4-52、图 4-53 和图 4-54 所示都是瓶颈式回转面，这些回转面上的阴线都是用光切锥面法求出的，瓶口的水平圆弧在瓶颈回转面上的落影都是参照图 4-29 所示方法画出的。这里应注意到这三个例图的差异。图 4-52 和图 4-53 中求得的阴线完全被落影所覆盖，不画亦未尝不可。图 4-54 中，阴线没有完全被落影覆盖，还有一小段越出落影范围之外，这一小段阴线仍应准确地画出来。图 4-52 和图 4-53 的差别在于图 4-52 中的落影是与瓶颈曲面的轮廓线相遇，而图 4-53 中的落影是与瓶底的水平圆相交的。

（6）图 4-56、图 4-57 和图 4-58 中所示三个形体，它们都有一个共同的特征，就是都具有一条轴线；垂直于轴线的所有正截面都是正多边形；它的各个侧表面都是同样的组合柱面；它的侧棱（即两个组合柱面的交线）都是由直线和曲线组成的平面折线，折线所在的平面，可称之为侧棱平面；所有侧棱平面都通过轴线。轴线通常为铅垂线，则组合柱面的素线均为水平线。这种类型的形体，常

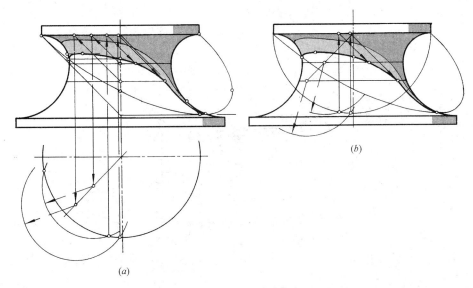

图 4-52 瓶颈回转面的阴影（1）

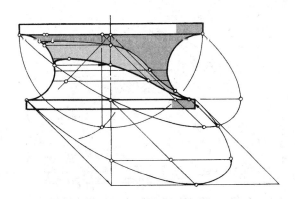

图 4-53 瓶颈回转面的阴影（2）

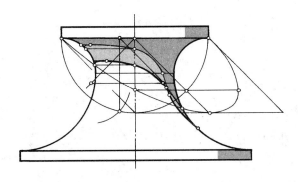

图 4-54 瓶颈回转面的阴影（3）

见于建筑装饰、细部或器皿中。图 4-55 中以轴测图的形式来说明这种形体的特征，它的正截面是正六边形。

求作这种形体的阴影，以采用本章第二节中介绍的辅助投射法（参照

71

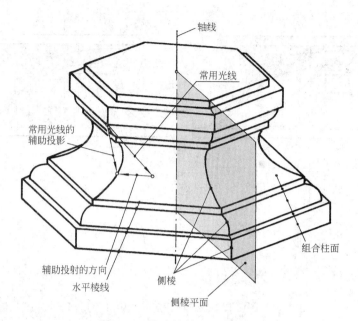

图 4-55　辅助投射法适用范围

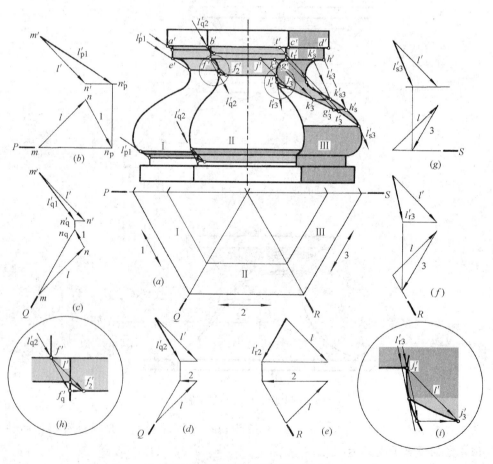

图 4-56　辅助投射法求阴影的实例之一

图 4-21）最为方便。这里再强调说明一下这种方法的实质，将组合柱面按柱面水平素线的方向（辅助投射方向）投射到侧棱平面（作为辅助投影平面）上，则侧棱折线就是组合柱面的辅助投影，它具有积聚性。同时，将常用光线也按柱面水平素线方向投射到侧棱平面上，求得光线的辅助投影。这样，就可利用侧棱的积聚性来求作该形体的阴影了。

图 4-56 （a）所示形体，它的轴线是铅垂线，水平正截面是正六边形。

图中为了使 P 平面内的侧棱折线成为组合柱面 I 的具有积聚性的辅助投影，其投影方向 1 就只能是组合柱面 I 的水平素线的方向。按此方向进行投射，常用光线在 P 面上的投影，如图 4-56 （b）所示步骤求作：首先画出光线的 V、H 面投影 l'、l；过 l 的一端 m 作 P 面；将另一端 N（n'、n）点按方向 1 投射到 P 面上得 N_p（n_p'、n_p）连线 $m'n_p'$ 即光线在 P 面上的辅助投影 l_{p1}'。

同样步骤可求出常用光线按方向 1 投射到 Q 面上的辅助投影 l_{q1}'，如图 4-56 （c）所示，注意此处 l_{q1}' 是光线在 Q 面上的辅助投影的 V 面投影，其 H 面投影重合于 Q 线上。

图 4-56 （d）中，l_{q2}' 则是光线按方向 2 投射到 Q 面上的辅助投影的 V 面投影。图 4-56 （e）、（f）及（g）均可类推。

光线的辅助投影的 V 面投影求得以后，即可着手解决立体的阴线和影线。如图 4-56 （a）所示，自 P 面内侧棱折线上的点 a' 和 e' 作光线 l_{p1}'，就求出了水平棱线 AB 和 EF 在组合柱面 I 上的落影，仍与 $a'b'$、$e'f'$ 保持平行。在本图的左下方还画出 l_{p1}' 与侧棱曲线相切，并与其下的直线相交，求出 I 面上曲柱面的阴线及其在下部平面上的落影。I 面上的这些阴线和影线，同样可以通过作光线 l_{q1}' 与 Q 面内的侧棱相交或相切来解决（图中未画出）。

利用 Q 面内的侧棱和光线 l_{q2}'（或 R 面内的侧棱和光线 l_{r2}'）来解决组合柱面 II 上的阴线和影线。

同样，利用 R 面内的侧棱和光线 l_{r3}'（或 S 面内的侧棱和光线 l_{s3}'）来解决组合柱面 III 上的阴线和影线。

此外，还需说明以下几处影线的求作：

点 f' 的落影 f_2'，如图 4-56 （h）局部放大所示，从点 f' 作光线 l_{q2}'，与 Q 面内的侧棱交于点 f_q'，自 f_q' 作水平线，与过 f' 的 45°光线交于点 f_2'，即点 f' 在 II 面上的落影。然后，再与侧棱上的折影点相连，即得阴线 $e'f'$ 在 II 面上的一段落影。

在组合柱面 III 上的影线是由以下几段阴线的落影组成的：1）即自光线 l_{r3}' 对 R 面内侧棱曲线的切点至点 j_r' 一段曲线；2）水平棱线 $f'g'$ 上的一段 $j'g'$；3）一段铅垂线 $g't_r'$；4）最后为水平棱线 $b'c'$ 上的一段 $t'c'$。j_r' 的落影 j_3' 作图放大如图 4-56 （i）所示。求作 g' 的落影 g_3'，则自点 h'（h' 看作是 g' 按方向 3 投射到 S 面上的辅助投影）作光线 l_{s3}' 与 S 面内侧棱曲线交于点 h_s'，由 h_s' 作水平线，与过 g' 所作 45°光线相交，交点 g_3' 即 g' 在 III 面上的落影。为了使影线 $j_3'g_3'$ 曲线画得准确，补充求作阴线 $j'g'$ 上的任一中间点 k' 的落影 k_3'，按 $g'k'$ 的长度，自点 h' 向左取得一点 k_s'，k_s' 即 k' 按方向 3 投射到 S 面上的辅助投影，自 k_s' 作光线 l_{s3}' 与 S 面内的侧棱曲线交于点 k_{s3}' 作水平线，与过点 k' 的 45°光线相交，交点 k_3' 即 k'

在Ⅲ面上的落影。点 j'_3、k'_3 和 g'_3 连成曲线，即阴线 $j'g'$ 在组合柱面Ⅲ上的落影。其他各影点，均可按此步骤解决。

在实际作图过程中，并不需要像此例图那样求出光线的六个辅助投影，而只要求作出几个必要的辅助投影即可。

图 4-57（a）所示形体，具有铅垂的轴线，其正截面是正八边形（图 4-57b）。它的侧棱平面 Q 正是包含轴线的光平面，因此，Q 面两侧立体表面上的阴影相互成对称形，譬如组合柱面Ⅰ和Ⅱ上的阴线，影线就是对称的。由于 Q 面包含了光线，故可直接作 45°光线，与 Q 面内的侧棱折线相交或相切，从而求得组合柱面Ⅰ和Ⅱ上的阴线和影线。上部通过点 b' 引 45°光线，与侧棱曲线相交于点 b'_q，自点 b'_q 点在柱面Ⅰ和Ⅱ上作水平线，即得阴线 $a'b'$ 和 $b'c'$ 的落影。下部作 45°光线，与侧棱曲线相切于点 g'，并与其下直棱线相交于点 g'_q。通过点 g' 在面Ⅰ和Ⅱ上作水平线 $f'g'$ 和 $g'h'$，即为曲柱面Ⅰ和Ⅱ上的阴线，通过点 g'_q 作水平线，即为阴线 $f'g'$ 和 $g'h'$ 的落影。

为了求作组合柱面Ⅲ上的阴线和影线，首先按图 4-57（c）所示，求出光线按方向 3 投射到 S 面上的辅助投影 l'_{s3}，然后，在图 4-57（a）中通过点 d' 作光线 l'_{s3}，与 S 面内的侧棱相交于点 d'_s，过点 d'_s 作水平线，与引自点 c' 的 45°线交于点 c'_3，这一段水平线即 $c'd'$ 在Ⅲ面上的落影；连线 c'_3k' 即 $b'c'$ 在Ⅲ面上的落影。下部作光线 l'_{s3}，与 S 面内的侧棱曲线相切，通过切点 n' 作水平线，就是曲柱面的阴线 $m'n'$。

为了求作组合柱面Ⅳ上的阴线和影线，可利用光线的辅助投影 l'_{s4} 或 l'_{t4} 来作图。此处必须特别注意 S 面内一段曲线阴线 $1'2'3'$ 在Ⅳ面上的落影作图。现将此

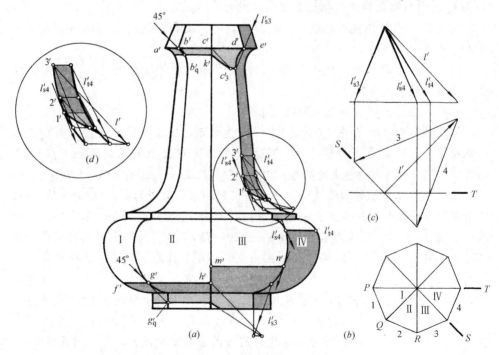

图 4-57　辅助投射法求阴影实例之二

局部放大如图（d）所示。

图 4-58（a）所示瓶状形体，其轴线是铅垂线，水平正截面也是正八边形，但与前例比较，其安放位置旋转了 22.5°，使得该形体右、左两侧组合柱面 Ⅰ 和 Ⅴ，其 V 面投影具有积聚性。图中将以组合柱面 Ⅴ 的 V 面投影看作是组合柱面 Ⅲ 的 W 面投影（是向左翻转的 W 面投影）而加以利用。

瓶口阴线 $a'b'$、$b'c'$、$c'd'$ 将落影于瓶颈曲柱面上。其中 $b'c'$ 在柱面 Ⅳ 上的落影 $g'_4 f'_4$，与 $b'c'$ 平行，其位置是通过点 b' 作 35° 线（根据图 c，不难理解光线按方向 4 投射到 P 面上的辅助投影 l'_{p4}，正好是 35° 线），与轮廓线 Ⅴ 相交而确定的。

求阴线 $c'd'$ 在柱面 Ⅲ 上的落影，先过点 b' 作 45° 线，与轮廓线 Ⅴ（作为柱面 Ⅲ 的 W 面投影）相交，由交点 j'_5 作水平线，与过点 c' 的光线交于点 c'_3，水平线段 $c'_3 e'_3$ 即 $c'd'$ 在 Ⅲ 面上的落影。

以曲线连接 f'_4 与 c'_3 两点，是阴线 $b'c'$ 上的一段 $f'c'$ 的落影。为使曲线影线 $c'_3 f'_4$ 画得更准确，可补充求作 $c'f'$ 上的任一中间点 h' 的落影 h'_3。为此，按 $c'h'$ 的长度，自点 b' 向右取一点 k'，点 k' 及其在 Ⅴ 面上的落影 k'_5 与点 h' 及其在 Ⅲ 面上的落影 h'_3，在空间处于对称位置。因此，自点 k' 作 45° 光线与轮廓线 Ⅴ 相交于点 k'_5，由 k'_5 作水平线与过 h' 所作 45° 线相交，交点即 h' 在 Ⅲ 面上的落影 h'_3。点 f'_4、h'_3 和 c'_3 连成曲线，即 $c'f'$ 落于 Ⅲ 面上的影。

阴线 $c'd'$ 上自点 e' 向右有一段将落影于 Ⅱ 面上，它与阴线 $a'b'$ 在 Ⅵ 面上的一

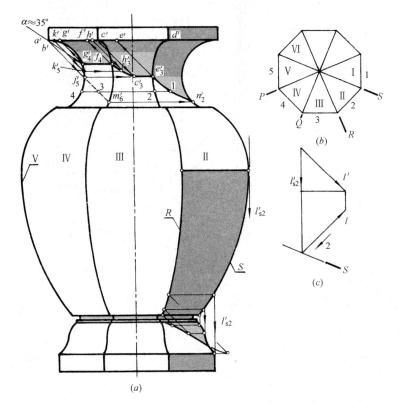

图 4-58 辅助投射法求阴影实例之三

段落影是互相对称的。由于 $a'b'$ 是正垂线，因此它在 VI 面上的落影，在 V 面投影中成 45°直线，即虚线 $j'_5 m'_6$。至于 $c'd'$ 在 II 面上的落影的投影则是一条曲线 $e'_3 n'_2$。e'_3 和 n'_2 是分别由点 j'_5 和 m'_6 作水平线求得的。阴线曲线 $e'_3 n'_2$ 上的中间点 1 是按水平线段 12 与 34 等长而确定的，因为这两段是组合柱面 II 和 VI 上处于对称位置的两条水平素线，它们能被光线照亮的部分总是等长的。

为了解决瓶身柱面 II 的阴线以及侧棱平面 R 上的一段阴线在底座上的落影，首先需要求出常用光线按方向 2 投射到 S 面上的辅助投影 l'_{s2}，如图 4-58（c）所示，l'_{s2} 恰好成铅垂方向。具体作图过程，不再详述。

（7）图 4-59 所示是一覆盖于正方形 $ABCD$ 上的屋顶。它由部分球面（穹窿）和四段柱面（半圆拱）组成。球面部分的 H 面投影为小正方形 $efgk$ 四段柱面的 H 面投影为直角三角形，如△aef、△bfg、…。现求其阴影。

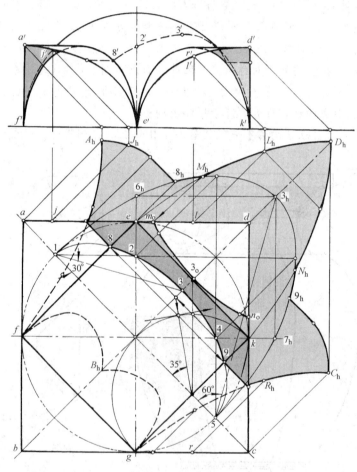

图 4-59　组合屋面的阴影

首先参照图 4-40 和图 4-41 所示方法画出半球面的阴影的 H 面投影：阴线是半椭圆弧 12345，相应的影线是半椭圆弧 $1\,6_h 3_h 7_h 5$。但是，阴线 12345 只是在正方形 $efgk$ 范围内的部分，即椭圆弧 82349 是真实存在的。与此相应的影线也只能是 $8_h 3_h 9_h$ 这一段椭圆弧。

　　左前方和右后方的两段柱面，其 H 面投影 $\triangle bfg$ 和 $\triangle dke$ 均表现为阳面。右前方和左后方的两段柱面上的阴线可以这样解决：从 H 面投影中看到，两柱面和球面相交处是两段半圆周 ef 和 gk，它们与球面阴线相交于点 8 和点 9，过此二点作柱面的素线，就是柱面上的阴线。如果认为这样的交点 8 和 9 的位置可能不够准确，那么就可以用下述方法来确定：就是求光线与半圆周 GK 的切点，将半圆周 GK 绕其直径旋转到与 H 面重合，然后准确地定出 35° 光线对它的切点，过此切点作柱面的素线，就是柱面阴线的准确位置。

　　至于各段柱面在 H 面上的落影，可以用通常的求作光线迹点的方法来解决。考虑到柱面上的阴线除了前述的素线外，还有两条椭圆弧，其中一条是侧平弧，另一条是正平弧。侧平弧上取点不太方便，所以只画出正平弧，如 ae、ed 和 gc 的落影，然后借助整体落影对 45° 线的对称性，就可以画出侧平弧 ck、kd 和 af 的落影。

　　最后，还要求出球面阴线 82349 在柱面 dek 上的落影，这可以借助 H 面上的落影来解决。利用影的过渡关系，从点 M_h 和 N_h 作返回光线分别与 ed、dk 弧相交得 m_0 和 n_0，然后再补充几个影点，比如按 D_h3_h 的长度在相应的素线上量取 $d3_0$，得到影点 3_0，依此方法，还可以求得第四、第五个影点，再以平滑曲线将这些影点连接起来，就得到影线 $m_03_0n_0$。

　　（8）图 4-60 所示是一螺旋式台阶，其后方围以半圆柱面挡墙，墙顶呈螺旋线状。现在来求作它的阴影。

　　首先画出台阶的上一级踏步的阴线在下一级踏步的踏板面上的落影。比如踏步 E 过顶点 E（e，e'）有两条阴线：一条是铅垂线，另一条是水平线。铅垂阴线在下一级踏步的踏板面 F 上的落影是一条 45° 方向的线段，水平阴线在 F 面上的落影与其本身保持平行。只要将顶点 E 的落影 E_f（e_f，e'_f）求出来，过 E 点的两条阴线在 F 面上的落影就解决了。其余各踏步的落影都依此画法作出。

　　其次，挡墙转角棱线（即过点 Ⅰ（1，1'））的铅垂线及墙顶螺旋线上的一段弧是阴线，需画出其落影。过 Ⅰ 点的铅垂阴线，其落影在 H 面投影中表现为 45° 直线，但阴线端点 Ⅰ 之影该落于哪一级踏板面上应予明确，这可借助 Ⅴ 面投影来加以判定。使过点 1' 的 45° 线逐一与各级踏板面相交，检查其交点是否在该踏板的扇形平面内？最后检验出只有与 D 面的交点 I_d（1_d，$1'_d$）在踏步 D 的扇形平面范围内。这样，就画出了转角棱线的落影。随后，在 H 面投影中，作 45° 线与螺旋线相切于点 4，则螺旋线上的一段 Ⅰ Ⅱ Ⅲ Ⅳ（1234，1'2'3'4'）是阴线。其影的一部分落于挡墙的半圆柱面 T 上，另一部分则落于台阶的踏板面上。挡墙柱面是铅垂的，其 H 面投影有积聚性可利用，不难求得螺旋线 Ⅰ Ⅱ Ⅲ Ⅳ 在此柱面上的落影，其 Ⅴ 面投影为 $1'_t2'_t3'_t4'$。但螺旋线 Ⅰ Ⅱ Ⅲ Ⅳ 并非全部落影于圆柱面上，而是有一部分落影于台阶的踏板面上。考虑到螺旋线的端点 Ⅰ，已确定落影在踏步 D 的扇形面上，其 H 面投影即点 1_d，于是接着求螺旋线上其他的点在扇形面 D 上影，图中示出如点 3_d。可以看出，3_d 影点已越出扇形面 D 之外。再作出螺旋线上点 Ⅱ 在 D 面上的影 2_d（图中未示出），连成弧线 $1_d2_d3_d$，与扇形面 D 的边线交于点 6_d。弧线 1_d6_d 是螺旋线在 D 面上的部分落影。点 6_d 为影的过

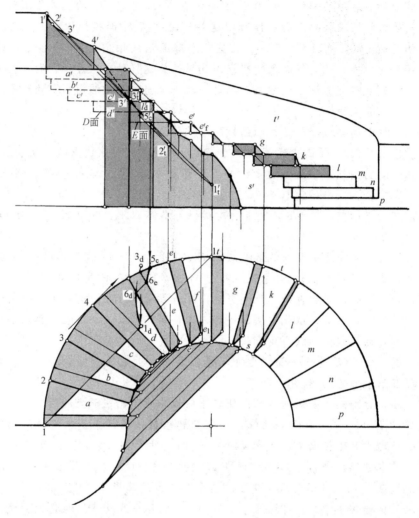

图 4-60　螺旋台阶的阴影

渡点，由此转移到下一踏步 E 的扇形面上，即点 6_e。而落影 $t'_1 t'_2 t'_3 4'$ 与 E 面的弧线交于 $5'_e$，由此下投到 H 面投影中看到点 5_e。点 5_e 和 6_e 连成弧线，就是螺旋线在踏步 E 的扇形面内的一段落影。

　　其余的阴影，由读者自行分析解决。

第5章 辐射光线下的阴影

5.1 光源的确定与点的落影

选用辐射光线来求作阴影的目的是模拟在灯光照射下的阴影效果。此处的灯光只能是来自单个球形灯的光线，也就是说光线来自点光源，而不是管形灯或环形灯。

在开始求作阴影之前，必须将发光点 L 的投影 l 和 l' 确定下来，求影过程中所有光线的投影必须引自发光点的同面投影。

图 5-1 中，欲求点 A (a, a') 的落影，图中已给定了发光点 L (l, l')。自发光点 L 向空间点 A 引光线 LA (la, $l'a'$)，并使之延长。由于是光线的 H 面投影 la 首先与 OX 轴相交，说明点 A 的落影是在 V 面上。交点 a_v 是落影 A_v 的 H 面投影，由此上投到 $l'a'$ 上，求得 a'_v，这也就是落影 A_v 自身。

如果使该光线 LA 继续延长，将会与 H 面相交，从而得到点 A 在 H 面上的虚影 A_h。与常用光线下的虚影一样，在求作阴影的过程中有时会用到它。

图 5-1 中，还求出了点 B 的落影 B_h，是在 H 面上。由于光线 LB 平行于 V 面，因此点 B 不会像点 A 那样能产生虚影。

现在再来研究一下图 5-2 所示的落影情况。图中有一空间点 C (c, c')，拟求其落影。自发光点 L 向点 C 引光线 LC (lc, $l'c'$)，由于此光线平行于 H 面，也平行于 P 平面，所以在 H 面及 P 面上均不存在点 C 的落影。可是光线 LC 与 V 面并不平行，可以求出交点 C_v (c_v, c'_v)。但此交点不能视为实际意义上的落

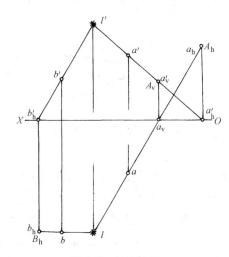

图 5-1 点的落影

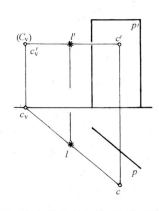

图 5-2 点在发光点照射下可能不产生影

影，也不能看作虚影。因为光线是一有向直线，它只能以发光点 L 为中心，向空间各方向发射并加以延长，而不能以空间任何一点为起点，向发光点引光线。不过，这样的交点 C_v 在求影过程中有时也如同虚影一样加以利用。为了以后叙述方便起见，暂且称它为点 C 的逆影，以加括号的字母 (C_v) 来标记。

如果自发光点 L 引向某一点的光线，虽然与投影面或某一承影面并不平行，但是光线对该面的交点甚远，在大小有限的幅面内画不出该点的落影，这种情况也是可能发生的。

5.2　直线的落影与平面形的阴影

5.2.1　直线线段落影的求作

求作直线线段在一个承影平面上的落影，只要作出该线段两端点的落影，连以直线即可。如图 5-3 所示，在光源 L 的照射下，求线段 AB 在 V 面上的落影 A_vB_v。

图 5-4 中，同样也是求一线段 AB（ab，$a'b'$）在光源 L 的照射下的落影。首先求得 A 点的落影 A_h。在求 B 点的落影时，从图中看出，由发光点 L 向 B 点所引光线 LB 是一水平线，它与 H 面的交点在 LB 线上的无限远处，也就是说，点 B 的落影是 LB 直线上的无限远点。这样，AB 线段的落影就成为过 A_h 点，同时平行于 lb，并按自 l 向 b 的方向无限延伸的直线。由此可见，一长度有限的线段，其落影可能成为无限长的直线。

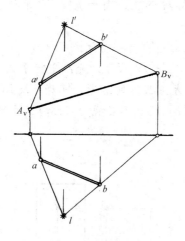

图 5-3　线段的影

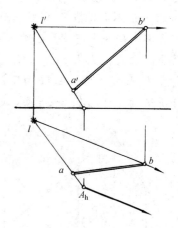

图 5-4　线段的落影无限长

5.2.2　在辐射光线下直线的落影规律

直线在辐射光线照射下的落影规律，与前面第一章中总结出来的常用光线下的落影规律相比较，有相似之点，也有不同之处。现简要说明如下：

（1）直线线段如与承影平面平行，其落影与该直线本身仍保持平行，但落影的长度总比线段本身长。如图 5-5 所示，正平线 AB 在 V 面上的落影为 A_vB_v。A_vB_v 与 $a'b'$ 平行，也就与线段本身 AB 平行。但长度不等，落影 A_vB_v 的长度大

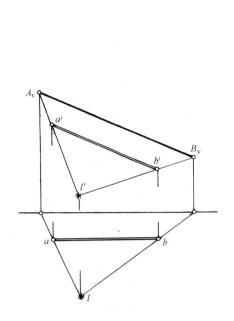

图 5-5　线段在平行平面上的影　　　　图 5-6　一组平行线的落影通过一点

于 $a'b'$，也就大于线段本身 AB。

（2）一直线在一组平行平面上的落影仍保持彼此平行。这一规律可说与常用光线下的相应规律是一致的。此处不再以例图展示。

（3）一组平行线在辐射光线下，落于同一平面上的影，往往不再保持平行，而是汇交于一点，此点可称之为**影的集合点**。图 5-6 所示，AB、CD 和 EF 三直线在空间本是相互平行的，它们的同面投影均反映平行。然而在辐射光线的照射下，这三条直线在 H 面上的落影 A_hB_h、C_hD_h 和 E_hF_h 彼此并不平行，经延长后却汇交于一点 L_h。此点可事先作出，即自发光点 L 引一光线，平行于这一组平行线，与承影平面 H 相交，交点 L_h 即为影的集合点。

（4）直线与承影面相交，在辐射光线下，直线在该承影面上的落影，一定通过交点。这一规律与常用光线下的相应规律是一致的。图 5-6 中的三条直线都是如此，这里不再举例。

（5）一直线在辐射光线下，落于相交二平面上的影也相交，交点（即折影点）一定在二平面的交线上。这与常用光线下的落影规律是一致的，这里不再以例图展示。

（6）相交二直线，在辐射光线照射下，其落影一般是会相交的。但也可能出现下面两种特殊情况：

① 二直线交点的落影位于无限远处，二直线的落影成为相互平行的两条无限长的直线。如图 5-7 所示，相交二直线 AB 与 BC，在光源 L 的照射下，其影落于 H 面上。由于自发光点 L 引向交点 B 的光线 LB 平行于 H 面，故交点 B 的落影 B_h 在光线 LB 上的无限远处。这样，相交二直线的落影要指向 B_h，就成为

81

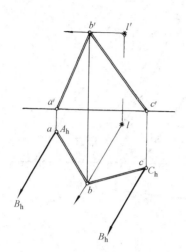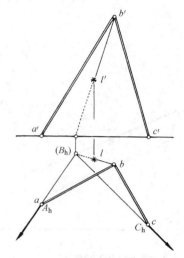

图 5-7　相交二直线的影可能相互平行　　　图 5-8　相交二直线的影成为两条发散线

平行于 LB 的无限长的平行二直线了。

②二直线虽有交点，但自发光点引向交点的光线，要逆向投射，对承影面才有交点，这就是前文提到的实际上并不存在的所谓"逆影"。二直线的落影将成为两条无限长的直线。若将二直线落影逆向延长，才会相交于逆影，但这部分落影实际上并不存在。图 5-8 中所示二直线相交于点 B，它们的端点 A 和 C 就位于 H 面上，其落影 A_h 和 C_h 也就是它们自身，重合于 a 和 c。自发光点 L 引向交点 B 的光线，只有逆向延长，才与 H 面相交于点 (B_h)。自点 (B_h) 向 A_h 和 C_h 引直线并加以延长，就是相交二直线的落影，而 $(B_h)A_h$ 和 $(B_h)C_h$ 这两段线并非真正的落影。

5.2.3　平面形的阴影

欲求平面形在辐射光线下的阴影，与常用光线下求作阴影的方法基本上是一致的。首先自发光点向平面形各顶点引光线，求出它们的影，然后依次将各顶点落影连起来，就得到平面形的落影。图 5-9 中，三角形 ABC 的落影 $A_vB_vC_v$ 就是这样作出的。至于三角形的两个投影是反映阳面还是阴面，这就要检查投影各顶点的顺序与落影各顶点的顺序是否一致来判定。V 面投影各顶点顺序与落影的顺序同为逆时针方向，所以三角形的 V 面投影显示为阳面；而 H 面投影中各顶点顺序和落影的顺序相反，所以三角形的 H 面投影显示为阴面。

若平面形所在平面通过发光点 L，则平面形在任何承影平面上的落影，都将积聚成直线。这样的空间情况不难想象，其例图留待读者自己试画。

若平面形平行于承影平面，它在辐射光线下的落影，将是一个大于平面形本身的相似平面形。这也不难想象，留待读者自行验证。

请注意考察图 5-10 所示的例子。图中是求作三角形 ABC 的落影。三角形的三顶点中 A、B 两点的落影 A_h 和 B_h 是真实存在的，而顶点 C 只能求得逆影 (C_h)。A_h 和 B_h 的连线 A_hB_h 确定是 AB 边的落影。由于 (C_h) 是不存在的逆影，因此，$(C_h)A_h$ 线并不是 CA 边的落影，而是将 C_hA_h 线向 A_h 端点外无限

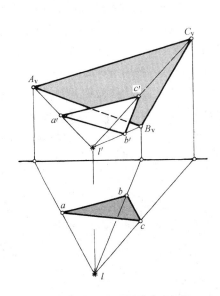

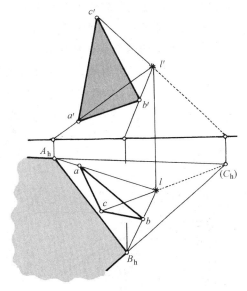

图 5-9　平面形的落影　　　　　图 5-10　三角形的落影成为不闭合的三边形

延伸的直线，才是 CA 边的落影。同样，使 C_hB_h 线向 B_h 端点外无限延伸的直线，才是 CB 线的落影。这样一来，三角形的落影成为一个面积无限的开放的三边形。至于三角形的投影 abc 和 $a'b'c'$ 所显示的是阳面还是阴面，其判断方法也与常用光线下大相径庭。H 面投影 abc 各顶点顺序与 $A_hB_h(C_h)$ 恰相反，此时，投影 abc 显示为阳面，而 V 面投影 $a'b'c'$ 各顶点顺序与 $A_hB_h(C_h)$ 相同，$a'b'c'$ 则显示为阴面。

5.2.4　圆周的落影

　　在常用光线下，圆周的落影只有三种可能的形状，即圆、椭圆或直线线段，而在辐射光线照射下，圆周落影的形状除了以上三种可能外，还可能成为抛物线或双曲线。

　　当圆周所在平面平行于承影平面时，则落影仍为圆周，但其直径总比原直径大。当圆周所在平面通过发光点时，则在任何承影平面上的落影总是长度大于直径的直线，甚至成无限长的直线。这两种情况读者自己试作，以验证之。

　　当自发光点引向圆周上所有点的光线均与承影平面相交时，则圆周在该承影平面上的落影成一椭圆，如图 5-11 所示。求影时可利用圆的外切正方形来解决。此处，请注意圆心的落影并不是落影椭圆的中心。

　　当自发光点引向圆周上所有点的光线

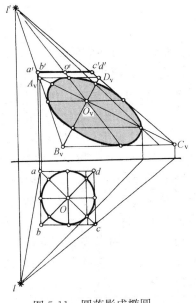

图 5-11　圆落影成椭圆

83

中有唯一一根光线平行于承影平面时，则在该承影面上的落影成为抛物线。在图 5-12 中，自发光点 L 引向圆周上一点 A 的光线，恰好是一正平线。在此情况下，圆周在 V 面上的落影成为抛物线。圆周还有部分落影于 H 面上，是一段圆弧。

当自发光点引向圆周上所有点的光线中有两根光线平行于承影平面时，则在该承影面上的落影成为双曲线。在图 5-13 中，自发光点 L 引向圆周所有点的光线中，LA 和 LB 二光线均平行于 V 面，则圆周在 V 面上的落影，就是一支双曲线。

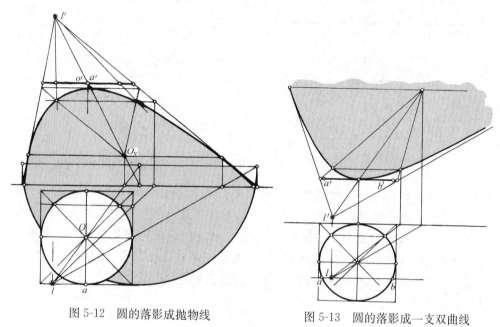

图 5-12　圆的落影成抛物线　　　图 5-13　圆的落影成一支双曲线

5.3　柱体与锥体的阴影

5.3.1　柱体的阴影

图 5-14 所示是一四棱柱，求其在光源 L 照射下的阴影。首先将柱体各棱面孰为阴面，孰为阳面，判别清楚，从而明确哪些棱线是阴线，然后一一求出这些阴线的落影，就得到整个柱体的落影。

图 5-15 所示是一圆柱体，在光源 L 照射下，求其阴影。图中所示柱体处于铅垂位置，与柱面相切的光平面也一定是铅垂面，其 H 面投影积聚成直线，与圆柱的 H 面投影相切。在具体作图时，首先在 H 面投影中，自 l 点向圆周作两条切线，这两个切点即柱面的两条阴线素线的 H 面投影 ab 和 cd，由此上投到 V 面投影中，得 $a'b'$ 及 $c'd'$。这两条阴线将柱面划分成两部分，朝向光源的部分为阳面，另一部分为阴面。圆柱的下底圆就在 H 面上，其落影与自身重合。上底圆为水平圆，求其在 H 面上的落影，仍然是一圆。作上、下底圆落影的公切线正好就是阴线素线 AB 和 CD 的落影。至此，也就完成了整个圆柱的阴影作图。通过此例，要明确认识到，在辐射光线下，圆柱面上的阴面总是大于阳面。

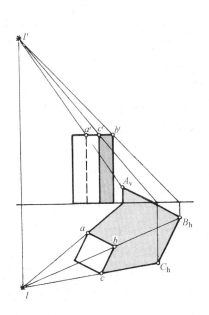

图 5-14 棱柱的阴影

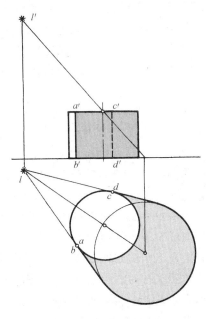

图 5-15 圆柱的阴影

5.3.2 锥体的阴影

图 5-16 所示是三棱锥，在光源 L 照射下，求其阴影。锥底 ABC 就在 H 面上，其落影与锥底本身重合。锥顶 S (s,s') 在发光点 L (l,l') 的照射下，其影落于 H 面上，即 S_h。由 S_h 向锥底三顶点连线，由此看出，只有 S_hA_h 和 S_hC_h 构成影线，因此，相应的棱线 SA $(sa,s'a')$ 和 SC $(sc,s'c')$ 就成为阴线。从而确定锥体上只有底面和棱面 SAC 是阴面。四边形 $S_hA_hB_hC_h$ 是整个锥体在 H 面上的落影。

图 5-17 所示同样是一个三棱锥 S—ABC。锥底在 H 面上，锥底 ABC 的落影就与其自身重合。由发光点 L (l,l') 向锥顶 S (s,s') 所引光线 LS 是一水平线，

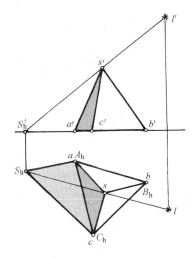

图 5-16 棱锥的阴影

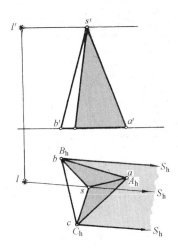

图 5-17 棱锥顶点的影落于无限远处

85

此光线与 H 面的交点 S_h，即锥顶 S 在 H 面上的落影，是光线 LS 上的无限远点。因此，锥体的三条棱线在 H 面上的落影都应引向无限远点 S_h，而成为相互平行的直线了。由于 A_hS_h 处于 B_hS_h 和 C_hS_h 之间，所以，A_hS_h 并不成为落影的最外轮廓线，相应的棱线 AS 就不是阴线。相反，BS 和 CS 是锥体的阴线。SBC 是锥体的阳面。应注意到，三棱锥的落影是一引向无限远点 S_h 的长条形。

图 5-18（a），（b）和（c）所示都是锥底圆置于 H 面上的圆锥体。但是三个图中的发光点 L 的高度略有不同，以致三个圆锥体的阴影，有显著的不同。图（a）中，发光点 L 的位置高于锥顶 S，锥顶的落影在 H 面上，即 S_h。由 S_h 向底圆作切线，就确定了整个圆锥在 H 面上的落影。由两个切点向锥顶引出两条素线，就是阴线。锥面以此二素线为界，朝向发光点的一侧为阳面，另一侧为阴面。由图中看出，阴面仅占小半个锥面，而阳面大于阴面。图（b）中，发光点 L 与锥顶 S 等高，引向锥顶的光线 LS 平行于锥底所在面 H，从而锥顶 S 的落影 S_h，是光线 LS 上的无限远点，由无限远处的 S_h 点，向底圆作两条切线，彼此间是相互平行的。由切点引向锥顶的两条素线，是锥面的两条阴线，这两条阴线将锥面分成大小相等的两部分。朝向发光点的部分为阳面，另一半为阴面。锥体的落影是向 S_h 点无限延伸的长条形。图（c）中，发光点 L 低于锥顶 S，自 L 向 S 引光线，此光线正向延伸与锥底所在面 H 没有交点，若逆向投射，与 H 面相交于 (S_h)，这仅是并不存在的逆影，由此向底圆引两条切线，自切点向锥顶引两条切线，即阴线。这两条阴线将锥面分成两部分，朝向发光点 L 的小半个锥面为阳面，另外大半个锥面为阴面。在阴面一侧的底圆切线为影线。这两条影线是发散线（divergent lines），圆锥落影的面积是无限的。

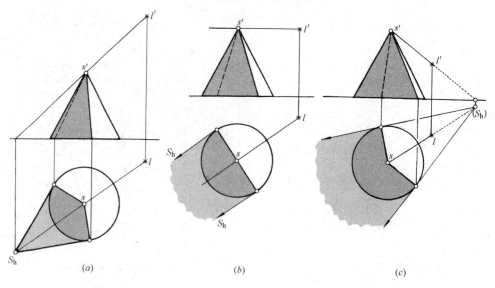

图 5-18　圆锥落影的不同情况

透视篇

第6章　透视的基本知识

6.1　透视的形成

当我们观看建筑物的一幅照片（图 6-1）时，虽然，建筑物上原来等宽的墙面，在照片中却变得近宽远窄；等高的列柱，在照片中却变得近长远短；互相平行的屋檐线、墙脚线、踏步线等水平线，在照片中却愈远愈靠拢，延长后则集中相交于一点。可是，这一切变化并没有使我们感到照片中的建筑物发生了畸形，反觉得犹如身临其境，直接目睹一样的真切、自然。这是由于照片的拍摄过程（图 6-2），与人眼观看物体时，在视网膜上成像的变化（图 6-3）是极其相似的。从图 6-3 中可以看出：距离人眼近的灯柱，在视网膜上的成像大；反之，则成像小。照片的拍摄过程同样反映了这种变化。因此，一张照片能给人以亲切真实的

图 6-1　建筑物的照片就是一幅透视图

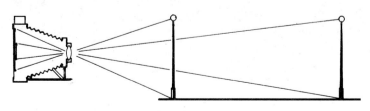

图 6-2　拍摄照片的成像情况

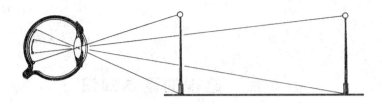

图 6-3 观物时视网膜上的成像情况

视觉感受，如同在原处观看实物一样。

虽说照片具备了这样的特点，可以为我所用，然而必须在建筑物确已存在的条件下，方能进行拍摄，获得其照片。可是在建筑设计工作中，往往需要在建筑物没有兴建时，就能看到建成后该建筑物所能给予人们的视觉印象和感受，这就要求我们能够根据设计的平、立面图，画出像照片一样准确、逼真的建筑图像来。一方面使设计人员有可能根据这样的图像，对方案进行深入的分析和推敲，作为调整和修改设计的依据之一；另一方面，让人们可以直观地领会设计意图，提出评论，帮助做出更好的建筑设计。

为了准确地画出具有明显的空间立体感和真实感的图像，古代的西方画家往往借助于透过透明的纱面或玻璃来观看物体，将所见到的形体轮廓直接描绘在纱面或玻璃上。从 15 世纪德国著名画家丢勒（Albrecht Dürer 1471～1528）所提供的几幅版画（图 6-4）中，可以看到这一绘画过程。因此，很久以来就一直将具有近大远小这种特征的图像，称为**透视图或透视投影**，简称为**透视**。然而，正如前面所指出的那样，这种画法是以所描绘的实体确已存在为前提的。如何摆脱这种依赖就成为人们关注的问题。经过几百年众多的画家、数学家以及建筑学家们的潜心研究，取得了突破性的进展。今天已不再使用那种原始方法来获取一张

(a)

图 6-4 求作透视图的古老方法（1）

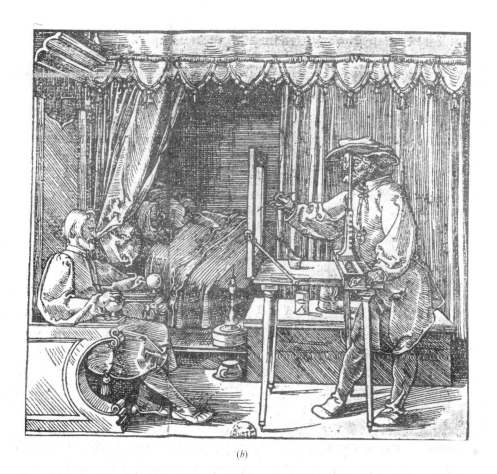

(b)

(c)

图 6-4　求作透视图的古老方法（2）

透视图，而是在画法几何学建立起来的缜密的投影理论的基础上，根据正投影图就能画出完全准确的透视图来。从投影理论的角度来说，透视图就是以人眼为投影中心的中心投影。它实际上就是由人眼引向物体的视线（直线）与画面（平面）的交点的集合。于是，透视作图归根结底也就是求作直线和平面的交点问题。

91

6.2　透视作图中常用的术语

在介绍透视图的画法时，常用到一些专门的术语。我们必须弄清楚它们的确切含义，这有助于理解透视的形成过程和掌握透视的作图方法。

现结合图 6-5 介绍透视作图中的几个基本术语。

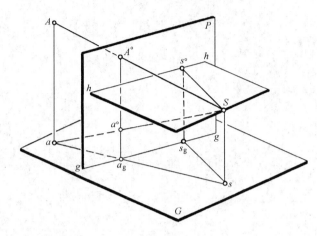

图 6-5　常用术语

基面——即放置建筑物的水平地面，以字母 G 表示，也可将绘有建筑平面图的投影面 H 或任何水平面理解为基面；

画面——即透视图所在的平面，以字母 P 表示，一般以垂直于基面的铅垂面为画面（这是本书透视篇介绍的中心内容）；也可用倾斜平面作画面（在第十二章中作了简要介绍）；甚至柱面和球面也可作画面用（本书不予讨论）；

基线——即基面与画面的交线，在画面上以字母 g—g 表示基线，在平面图中则以 p—p 表示画面的位置；

视点——相当于人眼所在的位置，即投影中心 S；

站点——即视点 S 在基面 G 上的正投影 s，相当于观看建筑物时，人的站立点；

心点——视点 S 在画面 P 上的正投影 $s°$；

中心视线——引自视点并垂直于画面的视线，即视点 S 和心点 $s°$ 的连线 $Ss°$；

视平面——过视点 S 所作的水平面；

视平线——视平面与画面的交线，以 h—h 表示，当画面为铅垂面时，心点 $s°$ 必位于视平线 h—h 上；

视高——视点 S 对基面 G 的距离，即人眼的高度。当画面为铅垂面时，视平线与基线的距离即反映视高；

视距——视点对画面的距离，即中心视线 $Ss°$ 的长度，当画面为铅垂面时，站点与基线的距离 ss_g，即反映视距。

图 6-5 中，点 A 是空间任意一点，自视点 S 引向点 A 的直线 SA，就是通过

点 A 的视线；视线 SA 与画面 P 的交点 $A°$，就是空间点 A 的**透视**；点 a 是空间点 A 在基面上的正投影，（在基面上的正投影：可简单地说成"基面投影"）称为点 A 的**基点**；基点的透视 $a°$，称为点 A 的**基透视**。

本书规定，点的透视用相同于空间点的字母并于右上角加"°"来标记；基透视则用相同的小写字母、右上角也加"°"来标记。

第7章 点、直线和平面形的透视

7.1 点 的 透 视

7.1.1 点的透视与基透视

点的透视就是通过该点的视线与画面的交点，即视线的画面迹点所确定；同样，其基透视就是通过该点的基点所引的视线与画面的交点。

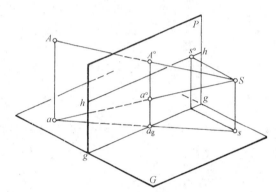

图 7-1 中，A 点的透视 $A°$ 就是视线 SA 在画面 P 上的迹点，其基透视 $a°$ 则是视线 Sa 在画面 P 上的迹点。由图中不难看出：**A 点的透视 $A°$ 与基透视 $a°$ 的连线垂直于基线 gg 或视平线 hh**。因为 Aa 线垂直于基面 G，由视点 S 引向 Aa 线上所有点的视线，形成了一个垂直基面的**视线平面 SAa**，而此处的画面也处于铅垂位置，因此，视线平面和画面的交线必然也垂直于基面，所以说一个点的透视与基透视的连线是垂直于视平线的。

图 7-1 点的透视就是视线的画面迹点

7.1.2 基透视的作用 透视空间的划分

空间的两个点 A 和 B 如果位于同一条视线上（图 7-2），那么，这两个点的透视 $A°$ 和 $B°$ 将重合成一点，此时，从透视图上如何判别这两个点，谁远谁近？这就需要看它们的基透视了。由图中显然可见，基透视 $b°$ 比 $a°$ 更接近视平线，说明基点 b 比 a 远些，也就是空间点 B 比 A 远些。

在画面上，根据基透视的位置不同就可以判明点在空间的状况。为此，我们通过视点 S，增设一个平面 N，与画面 P 平行。平面 N 称为**消失面**（因为在 N 面内的任何点不可能在画面上作出相应的透视，故称消失面，消失面 N 与基面的交线 nn，称为**消失线**）。消失面 N 与画面 P 将整个空间划分成三部分。画面之后通常放置物体的空间称为**物空间**。画面 P 与消失面 N 之间的部分称为**中空间**。另一部分则称为**虚空间**。

物空间的点，如 A 和 B，其基透视 $a°$ 和 $b°$ 总是位于基线和视平线之间，空间点越远，其基透视越接近视平线。当点在画面后无限远处时，如 F_∞，其基透视 $f°$ 就在视平线上。如空间点向画面移近，其基透视就向下移动，越来越接近基线。当空间点就在画面上，如点 C，其透视 $C°$ 就与该点本身重合，其基透视 $c°$

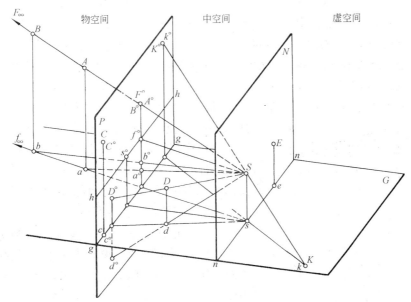

图 7-2　透视空间的划分

就在基线上。点位于中空间，如点 D，则其基透视 $d°$ 就位于基线 gg 的下方。空间点如正好位于消失面 N 内，如 E 和 e，则在画面的有限范围内不存在它的透视与基透视。位于虚空间的点，如点 K，则其基透视 $k°$ 出现在视平线的上方。事实上，视点 S 作为人的眼睛是向着画面观看物体的。作为虚空间的任何几何元素，人眼是看不到的。但从几何学的角度说，虚空间的点，仍可以求出它的透视与基透视。

7.1.3　视线迹点法作点的透视

在正投影图的基础上，设想以 V 面作画面，求作空间点的透视（图 7-3）。因为点的透视就是通过该点的视线与画面的交点，此处既然以 V 面作画面，则所求点的透视就是视线的 V 面迹点。这种画法就称为**视线迹点法**。

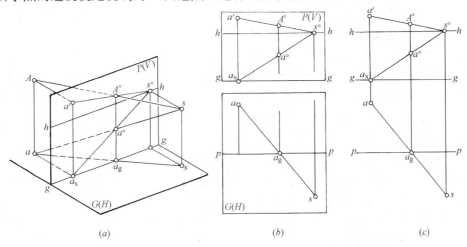

图 7-3　视线迹点法作点的透视

图 7-3（a）展示了求作 A 点透视的空间情况。图中 S 点为视点，其 H 面投影 s 为站点，其 V 面投影 $s°$ 为心点，位于视平线上。a 和 a' 为空间点 A 的 H 面和 V 面投影，a_x 可视为 a 的 V 面投影。为求点 A 的透视与基透视，自 S 点向 A 和 a 引视线 SA 和 Sa。这两条视线的 V 面投影分别为 $s°a'$ 和 $s°a_x$，而这两条视线的 H 面投影则重合成一条线 sa，sa 与基线 pp（即 OX）相交于点 a_g，这就是 A 点的透视与基透视的 H 面投影，由此向上作竖直线，与 $s°a'$ 和 $s°a_x$ 相交，就得到 A 点的透视 $A°$ 和基透视 $a°$ 了。

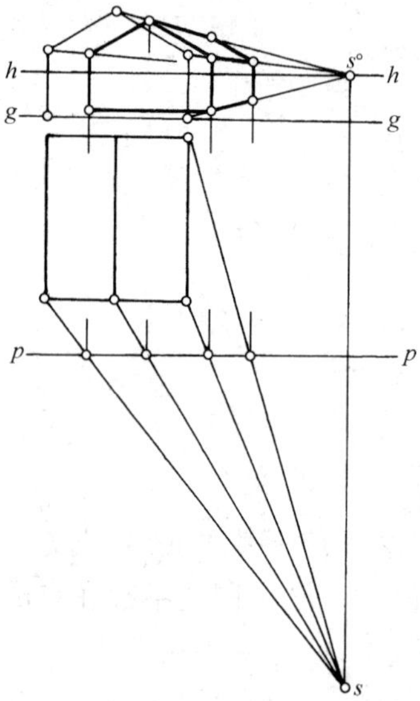

具体作图时，将画面 P（即 V 面）和基面 G（即 H 面）摊平在一个平面上，为了使两个投影图不致因重叠而引起混乱，故将两个投影图稍稍拉开距离并上、下对齐放置，如图 7-3（b）所示。此时投影面的框线也无需画出，如图 7-3（c）所示。图中画面与基面的交线，在 V 面投影中作为基线以 gg 标出，在 H 面投影中作为画面位置线以 pp 标出。对照图 7-3（a）就可看出求作 A 点的透视与基透视的具体过程，此处就不再赘述了。

图 7-4 就是利用视线迹点法求作一小屋的透视。这种方法完全是运用画法几何学中建立的迹点概念作图的，很容易理解和接受，但由

图 7-4　用视线迹点法作小屋的透视

此例也可以看到，V 面投影与透视投影图形重叠，图线纷乱，难免出错，这是一个很大的缺点。当我们进一步探讨了透视规律之后，可使作图更为方便、清晰，此法便可弃置不用了。此处讲述这种方法，只是作为理解的阶梯而已。

7.2　直线的透视

7.2.1　直线的透视、迹点和灭点

1. 直线的透视及基透视一般仍为直线

直线的透视是直线上所有点的透视的集合。如图 7-5 所示，由视点 S 引向直线 AB 上所有点的视线，包括 SA、SM、SB……，形成一个视线平面，它与画面（平面）的交线，必然是一条直线 $A°B°$，这就是 AB 线的透视。同样，直线 AB 的基透视 $a°b°$ 也是一段直线。

但在特殊情况下，直线的透视或基透视成为一点：若直线 CD 延长后，恰好通过视点 S，如图 7-6 所示，则其透视 $C°D°$ 重合成一点，但其基透视 $c°d°$ 仍是一段直线，且与基线相垂直；若直线 EJ 是铅垂线，如图 7-7 所示，由于它在基面上的正投影 ej 积聚成一个点，故该直线的基透视 $e°j°$ 也是一个点，而直线本身的透视仍是一条铅垂线 $E°J°$。

直线如位于基面上，直线与其基面投影重合，则直线的透视与基透视也重合

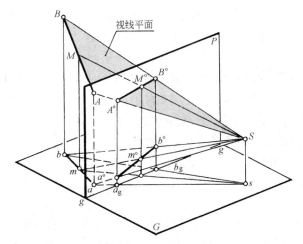

图 7-5 直线的透视

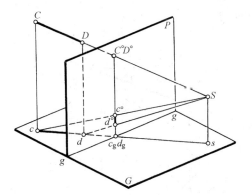

图 7-6 直线通过视点

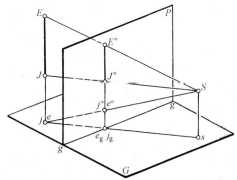

图 7-7 直线垂直基面

成一直线,如图 7-8 中的线段 AB 就是如此。

直线如位于画面上,则直线的透视与直线本身重合,直线的基面投影与基透视均重合在基线 gg 上。图 7-8 中的 CD 线就是这样的直线。

2. 直线上的点,其透视与基透视分别在该直线的透视与基透视上

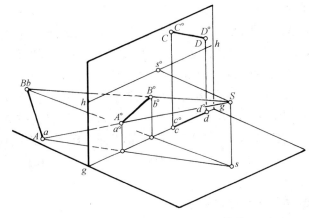

图 7-8 基面上的线和画面上的线

如图 7-5 所示，由于视线 SM 包含在视线平面 SAB 内，所以 SM 与画面的交点 $M°$（即点 M 的透视）位于视线平面 SAB 与画面的交线 $A°B°$（即 AB 的透视）上。同理，基透视 $m°$ 则在 AB 的基透视 $a°b°$ 上。

从图 7-5 中还可看出：点 M 本是 AB 线段的中点，$AM=MB$，但由于 MB 比 AM 远，以致它们的透视长度 $A°M°$ 大于 $M°B°$。这就是说，点在直线上所分线段的长度之比，其透视不再保持原来的比例。

3. 直线与画面的交点称为直线的画面迹点

迹点的透视即其本身，其基透视则在基线上。直线的透视必然通过直线的画面迹点；直线的基透视必然通过该迹点在基面上的正投影，即直线在基面上的正投影和基线的交点。

图 7-9 中，直线 AB 延长，与画面相交，交点 T 即 AB 的画面迹点。迹点的透视即其自身 T，故直线 AB 的透视 $A°B°$ 通过迹点 T。迹点的基透视 t 即迹点在基面上的正投影，也正是直线的投影 ab 与画面的交点，且在基线上。所以直线的基透视 $a°b°$ 延长，必然通过迹点 T 的投影 t。

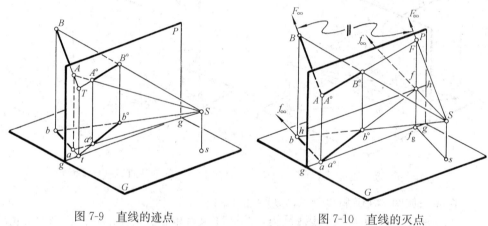

图 7-9　直线的迹点　　　　　　图 7-10　直线的灭点

4. 直线上离画面无限远的点，其透视称为直线的灭点

如图 7-10 所示，欲求直线 AB 上无限远点 F_∞ 的透视，则自视点 S 向无限远点 F_∞ 引视线 SF_∞，视线 SF_∞ 与原直线 AB 必然是互相平行的。SF_∞ 与画面的交点 F 就是直线 AB 的**灭点**。直线 AB 的透视 $A°B°$ 延长就一定通过灭点 F。同理，可求得直线的投影 ab 上无限远点 f_∞ 的透视 f，称为**基灭点**。基灭点 f 一定位于视平线 hh 上，因为平行于 ab 的视线只能是水平线，它与画面只能相交于视平线上的一点 f。直线 AB 的基透视 $a°b°$ 延长，必然指向基灭点 f。基灭点 f 与灭点 F 处于同一铅垂线上，即 $Ff\perp hh$，因为自视点 S 引出的视线 SF 和 Sf 分别平行于 AB 及其投影 ab，而 AB 与 ab 是处于同一铅垂面内的两条线，因此，由 SF 和 Sf 所决定的平面 SFf 也是铅垂面，它与铅垂的画面的交线 Ff 只能是铅垂线，故 $Ff\perp hh$。

7.2.2　画面相交线与画面平行线

直线根据它们与画面的相对位置不同，可分为两类，一类是与画面相交的直线，称为**画面相交线**；另一类是与画面平行的直线，称为**画面平行线**。这两类直线的透视有着明显的区别。

1. 画面相交线的透视特性

（1）画面相交线，在画面上必然有该直线的迹点（如图 7-9 所示）。同时，也一定能求得该直线的灭点（如图 7-10 所示）。灭点与迹点的连线，就是该直线自迹点开始向画面后无限延伸所形成的一条无限长直线的透视。本书将它称之为该直线的**全线透视**。

（2）点在画面相交线上所分线段的长度之比，在其透视上不能保持原长度之比（图 7-5）。

（3）一组平行直线有一个共同的灭点，其基透视也有一个共同的基灭点。所以，一组平行线的透视及其基透视，分别相交于它们的灭点和基灭点。

如图 7-11 所示，由于自视点 S，平行于一组平行线中的各条直线所引出的视线，是同一条视线，它与画面只能交得唯一的共同的灭点。因此，一组平行线的透视向着一个共同的灭点 F 集中；同样，它们的基透视也指向视平线上的一个基灭点集中。这是透视图中特有的基本规律，作图时必须遵循。

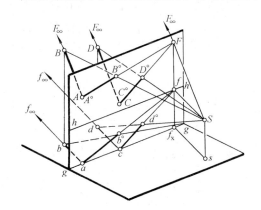

图 7-11　平行线有共同的灭点

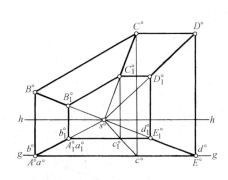

图 7-12　各种位置的直线

（4）画面相交线有三种典型形式，不同形式的画面相交线，它们的灭点在画面上的位置也各不相同。

① 垂直于画面的直线，它们的透视如图 7-12 中所示的 $A°A_1°$、$B°B_1°$、$C°C_1°$……，它们的灭点就是心点 $s°$；其基透视 $a°b_1°$、$b°b_1°$、$c°c_1°$……的基灭点也是心点 $s°$。

② 平行于基面的画面相交线，它们的透视如图 7-13 中所示的 $N°N_1°$、$M°M_1°$、$L°L_1°$……，它们的灭点和基灭点是视平线上的同一个点 F_y。

③ 倾斜于基面的画面相交线，它们的透视如图 7-13 中所示 $M°L°$、$M_1°L_1°$ 及 $L°K°$，它们的灭点在视平线的上方或下方。ML 和 M_1L_1 是**上行直线**，故灭点 F_1 在视平线的上方，而 LK 是**下行直线**，故灭点 F_2 在视平线的下方。但它们的基灭点都是视平线上的同一点 F_x。

2. 画面平行线的透视特性

（1）画面平行线，在画面上不会有它的迹点和灭点。如图 7-14 所示，由于

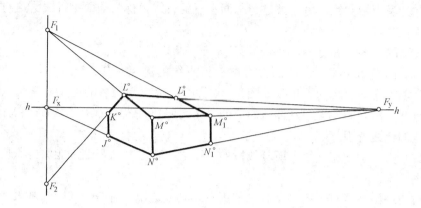

图 7-13 各种位置的直线

空间直线 AB 平行于画面 P，因此，AB 与画面 P 就没有交点（即迹点）。同时，自视点 S 所引平行于 AB 的视线，与画面也是平行的，因此，该视线与画面 P 也没有交点（即灭点）。自视点 S 向 AB 线所引视线平面 SAB，与画面的交线 $A^\circ B^\circ$，即直线 AB 的透视，是与 AB 互相平行的（因为 $AB /\!/ P$ 面）；并且透视 $A^\circ B^\circ$ 与基线 gg 的夹角反映了 AB 对基面的倾角 α。此外，由于 AB 平行于画面，则投影 ab 就平行于基线，所以，基透视 $a^\circ b^\circ$ 也就平行于基线和视平线，而成为一条水平线。

（2）点在画面平行线上所分线段的长度之比，在其透视上仍能保持原长度之比。

如图 7-14 所示，由于 $AB /\!/ A^\circ B^\circ$，如一个点 M 在直线 AB 上划分线段的长度之比为 $AM : MB$；则其透视分段之比 $A^\circ M^\circ : M^\circ B^\circ$ 就等于 $AM : MB$。

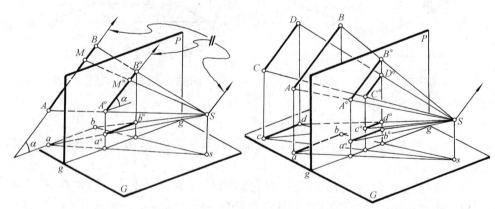

图 7-14 画面平行线没有迹点和灭点   图 7-15 两条平行的画面平行线

（3）一组互相平行的画面平行线，其透视仍保持相互平行，它们的基透视也互相平行，并平行于基线。

如图 7-15 所示，AB 和 CD 是两条相互平行的画面平行线，其透视 $A^\circ B^\circ$ 和 $C^\circ D^\circ$ 相互平行，基透视 $a^\circ b^\circ$ 和 $c^\circ d^\circ$ 也相互平行，并平行于基线 gg。

（4）画面平行线也有三种典型形式，它们的透视特征分别如图 7-12、

图 7-13 所示。

① 垂直于基面的直线（即铅垂线），它们的透视，如图 7-12 中的 $D^\circ E^\circ$、$D_1^\circ E_1^\circ$，图 7-13 中的 $M^\circ N^\circ$、$M_1^\circ N_1^\circ$ 等，仍表现为铅垂线段。

② 倾斜于基面的画面平行线，它们的透视如图 7-12 中的 $B^\circ C^\circ$、$B_1^\circ C_1^\circ$ 仍为倾斜线段，它和基线的夹角反映了该线段在空间对基面的倾角，其基透视 $b^\circ c^\circ$、$b_1^\circ c_1^\circ$ 则为水平线段。

③ 平行于基线的直线，其透视与基透视均表现为水平线段，如图 7-12 中 $C^\circ D^\circ$、$c^\circ d^\circ$、$C_1^\circ D_1^\circ$、$c_1^\circ d_1^\circ$。

如直线位于画面上，则其透视即为直线本身，因此反映了该直线的实长。而直线的基透视，即直线在基面上的投影本身，一定位于基线上。图 7-12 中，由于基透视 $a^\circ b^\circ$、$b^\circ c^\circ$、$c^\circ d^\circ$……重合于基线上，可知空间直线 AB、BD、CD 即位于画面上，其透视 $A^\circ B^\circ$、$B^\circ C^\circ$、$C^\circ D^\circ$ 与 AB、BC、CD 相重合，因而反映了这些直线的实长。

7.2.3 基面投影过站点的直线

图 7-16 中的 AB 线，其基面投影 ab 如通过站点 s，则其透视 $A^\circ B^\circ$ 与基透视 $a^\circ b^\circ$ 均为画面上的竖直线，且位于同一直线。

图 7-17 中，AB 与 CD 二直线，相互间并不平行，但由于它们的基面投影 ab 和 cd 均通过站点 s，于是它们的透视 $A^\circ B^\circ$ 与 $C^\circ D^\circ$ 以及基透视 $a^\circ b^\circ$ 与 $c^\circ d^\circ$ 都成为画面上的竖直线，表现出"平行"的关系。这是比较特殊的情况。

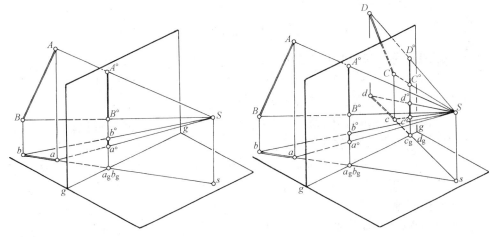

图 7-16 基面投影过站点的直线　　图 7-17 基面投影过站点的两条直线

7.2.4 透视高度的量取

（1）根据前述可知：铅垂线若位于画面上，则其透视即该直线本身，因此能反映该直线的实长。现在，我们就利用具有这种透视特征的铅垂线，来解决透视高度的量取和确定问题。

如图 7-18 所示透视图中，有一铅垂的四边形 $A^\circ B^\circ C^\circ D^\circ$。由于 $A^\circ D^\circ$ 和 $B^\circ C^\circ$ 汇交于视平线上的同一个灭点 F，因此，空间直线 AD 和 BC 是互相平行的两条水平线。$A^\circ B^\circ$ 和 $D^\circ C^\circ$ 则是两条铅垂线 AB 和 DC 的透视。因而 $A^\circ B^\circ C^\circ D^\circ$ 是一矩

101

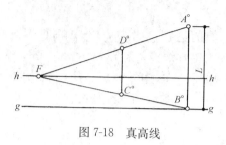

图 7-18 真高线

形的透视。矩形的两条铅垂的对边 AB 和 DC 是等高的，但 AB 是画面上的铅垂线，故其透视 $A°B°$ 直接反映了 AB 的真实高度 L。而 CD 是画面后的直线，其透视 $C°D°$ 不能直接反映真高，但可以通过画面上的 AB 线确定它的真高，因此，我们就将画面上的铅垂线，称为透视图中的**真高线**。

（2）利用真高线，即可按照给定的真实高度，通过基面上某一点的透视作出铅垂线的透视。

图 7-19 所示透视图中，欲自点 $a°$ 作铅垂线的透视，使其真实高度等于 L。首先在视平线上适当处取一灭点 F （图 a），连接 F 和 $a°$ 两点，使 Fa 延长，与基线交于点 $\bar{a}$。再自 $\bar{a}$ 作铅垂线，并在其上量取 $\bar{a}\bar{A}$，等于真实高度 L。再连接 $\bar{A}$ 和 F，$\bar{A}F$ 与 $a°$ 处的铅垂线相交于点 $A°$，则 $a°A°$ 就是真实高度为 L 的铅垂线的透视。

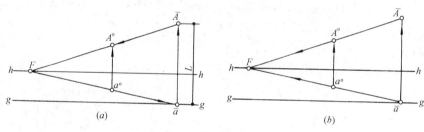

图 7-19 求透视高度的方法

也可以首先在基线上取一点 $\bar{a}$ （图 b），自 $\bar{a}$ 作高度为 L 的真高线 $\bar{a}\bar{A}$，连接 $\bar{a}$ 和 $a°$，延长 $\bar{a}a°$，使与视平线相交，得到灭点 F，然后，再连接 $\bar{A}$ 和 F，$\bar{A}F$ 与 $a°$ 处的铅垂线相交于点 $A°$，则 $a°A°$ 也是真实高度为 L 的铅垂线的透视。

（3）图 7-20 中是两条铅垂线的透视 $A°a°$ 和 $B°b°$。它们的基透视 $a°$ 和 $b°$，对于视平线的距离相等，这表明空间二直线 Aa 和 Bb 对画面的距离相等，而且 $A°B°$ 平行于 $a°b°$，因此 Aa 和 Bb 两直线在空间是等高的。其真实高度均等于 $T°t°$。图 7-20 中，如已知 $b°$，欲自 $b°$ 作真实高度等于 $T°t°$ 的铅垂线的透视，可按箭头所示步骤进行作图。

于是，在以后的作图过程中，为了避免每确定一个透视高度就要画一条真

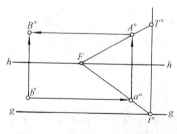

图 7-20 集中真高线的根据

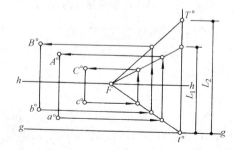

图 7-21 集中真高线的运用

高线，可集中利用一条真高线定出图中所有的透视高度，这样的真高线称之为**集中真高线**。如图 7-21 中，已知 a°、b°、c° 等点，利用集中真高线 $t^\circ T^\circ$ 求作铅垂线的透视 $a^\circ A^\circ$、$b^\circ B^\circ$、$c^\circ C^\circ$，$a^\circ A^\circ$、$c^\circ C^\circ$ 的真实高度均为 L_1，$b^\circ B^\circ$ 的真实高度为 L_2。灭点 F 和集中真高线均可随图面情况而画在图面的适当处。

7.3 平面形的透视、平面的迹线与灭线

7.3.1 平面形的透视

平面形的透视，就是构成平面形周边的诸轮廓线的透视。如果平面形是直线多边形，其透视与基透视一般仍为直线多边形，而且边数仍保持不变。图 7-22 所示，是一个矩形 $ABCD$ 的透视图。矩形的透视 $A^\circ B^\circ C^\circ D^\circ$ 与基透视 $a^\circ b^\circ c^\circ d^\circ$ 均为四边形。AB 与 CD 两边线为水平线，AD 与 BC 为倾斜线。

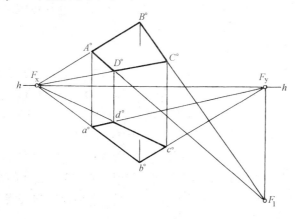

图 7-22 平面形的透视

如果平面形所在平面通过视点，其透视则蜕化成一直线，而其基透视仍为一个多边形。图 7-23 中所示的矩形 $ABCD$ 就是扩大后将通过视点 S 的平面形，其透视 $A^\circ B^\circ C^\circ D^\circ$ 成一直线线段。

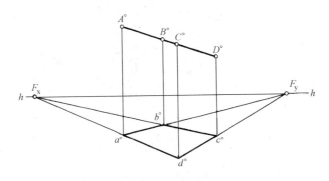

图 7-23 平面通过视点，其透视重合成一直线

如果平面形处于铅垂位置，其基透视则成一直线，其透视还是一个多边形。图 7-24 中所示的五边形 $ABCDE$ 就是一个铅垂平面。

103

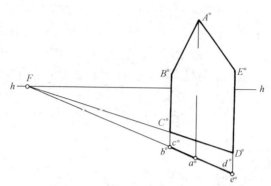

图 7-24　铅垂面的基透视重合成直线

7.3.2　平面的迹线与灭线

对直线而言，在透视图中有所谓"迹点和灭点"的问题，相应地，对平面而言，也有着平面的"迹线与灭线"的问题。在今后的透视作图过程中，若能善于运用迹线与灭线，将会得到不少的便利，因此，透彻地理解其含义是十分必要的。

（1）迹线　平面扩大后与画面的交线，称为平面的**画面迹线**；与基面的交线，称为平面的**基面迹线**。图 7-25 所示，空间有一平面 R，它的画面迹线为 R_p，它的基面迹线为 R_g，两迹线必然在基线上相交于一点 N。基面迹线 R_g 的透视与基透视重合为一条直线，即 R_g°（图中没有画出 R_g°）。其一端为 N 点，另一端为 F_y 点，在视平线 hh 上，即迹线 R_g 的灭点。画面迹线 R_p 的透视即其自身，其基透视与基线 gg 重合。这两条迹线相比较，画面迹线的作用更大些，所以在今后的文字叙述中，如仅提"迹线"一词，意即指画面迹线。

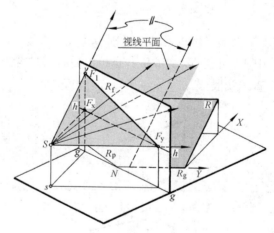

图 7-25　平面的迹线与灭线

（2）灭线　平面的灭线是由平面上所有的无限远点的透视集合而成的，也就是说，平面上各个方向的直线的灭点集合而成为平面的灭线。为求平面 R 的灭线，如图 7-25 所示，从视点 S 向平面 R 上所有无限远点引出的视线，都平行于 R 面，这些视线自然形成了一个平行于 R 面的视线平面。此视线平面与画面相

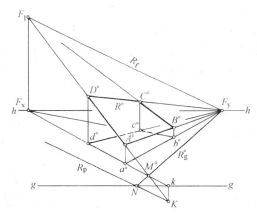

图 7-26 透视图中灭线和迹线的确定

交，其交线 R_f 就是 R 面的灭线。它必然是一条直线，因此，只要求得 R 平面上任意两个不同方向的直线的灭点，再连成直线，就得到该平面的灭线。

由图 7-25 所示空间情况看到，视线平面与 R 平面既然相互平行，那么，R 平面的灭线 R_f 与迹线 R_p 毫无疑问是相互平行的。图 7-26 所示是透视图，平面 R 由矩形 $ABCD$ 所确定，其透视为 $A°B°C°D°$，基透视为 $a°b°c°d°$。$C°D°$ 与 $A°B°$ 是平面上两条水平线的透视，汇交于 hh 线上的灭点 F_y，$A°D°$ 与 $B°C°$ 是平面上两条相互平行的斜线的透视，汇交于视平线上方的灭点 F_1，这两个灭点的连线 F_yF_1 就是平面 R 的灭线 R_f。DA 线的基透视 $d°a°$ 延长与基线 gg 相交于 k 点，由 k 作竖直线与 $D°A°$ 相交于 K 点。这就是空间 DA 线对画面的迹点。通过 K 点作灭线 R_f 的平行线，这就是平面 R 的画面迹线 R_p。此迹线与基线 gg 相交于点 N，将点 N 与灭点 F_y 相连，就得到 R 面的基面迹线 R_g 的透视 $R_g°$。R 面上的任何直线，如 DA 线，其基面迹点的透视 $M°$ 就位于基面迹线 R_g 的透视 $R_g°$ 上。

7.3.3 各种位置平面的灭线

（1）既倾斜于基面又倾斜于画面的平面，其灭线是一条倾斜直线。

（2）画面平行面的灭线在画面的无限远处，也就是说，在画面的有限范围内不存在灭线。

（3）基面平行面（包括基面，即水平面）的灭线就是视平线。

（4）基线平行面，其灭线一定是水平线，但不重合于视平线。

（5）基面垂直面（即铅垂面），其灭线是画面上的竖直线。

（6）画面垂直面，其灭线必然通过心点 $s°$。

（7）基线垂直面，其灭线是通过心点 $s°$ 的竖直线。

7.3.4 直线、平面间各种几何关系的透视表现

（1）直线如位于平面上，或平行于此平面，则直线的灭点就在该平面的灭线上。

（2）如果平面上的直线或平行于平面的直线，又同时平行于画面，那么，这种直线的灭点就是平面灭线上的无限远点，从而直线的透视成为该平面灭线的平行线。

105

（3）两平面相互平行，则两平面有共同的灭线。

（4）两平面相交，交线的灭点就是两平面灭线的交点。

（5）相交二平面中有一平面平行于画面，则交线亦平行于画面，于是，交线的透视就一定与另一平面的灭线平行。

这些透视现象，将结合以后的实例作详细解释，这里不再赘述了。

第8章 透视图的分类和视点的选定

8.1 建筑透视图的分类

建筑物由于它与画面间相对位置的变化，它的长、宽、高三组主要方向的轮廓线，与画面可能平行，也可能不平行。与画面不平行的轮廓线，在透视图中就会形成灭点（称为**主向灭点**）；而与画面平行的轮廓线，在透视图中就没有灭点。因而透视图一般就按照画面上主向灭点的多少，分为以下三种：

8.1.1 一点透视

如果建筑物有两组主向轮廓线平行于画面，那么这两组轮廓线的透视就不会有灭点，而第三组轮廓线就必然垂直于画面，其灭点就是心点 $s°$，如图 8-1 所示。

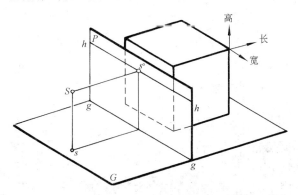

图 8-1 一点透视的形成

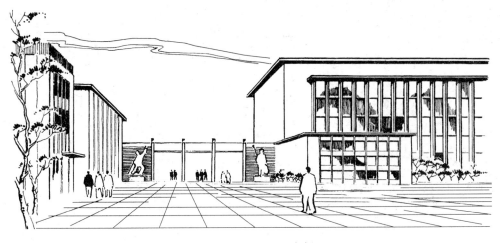

图 8-2 一点透视的实例

这样画出的透视，称为**一点透视**。在此情况下，建筑物就有一个方向的立面平行于画面，故又称**正面透视**。图 8-2 是一点透视的实例。

8.1.2　两点透视

如建筑物仅有铅垂轮廓线与画面平行，而另外两组水平的主向轮廓线，均与画面斜交，于是在画面上形成了两个灭点 F_x 及 F_y，这两个灭点都在视平线 hh 上，如图 8-3 所示，这样画成的透视图，称为**两点透视**。正因为在此情况下，建筑物的两个立面均与画面成倾斜角度，故又称**成角透视**。图 8-4 是两点透视的实例。

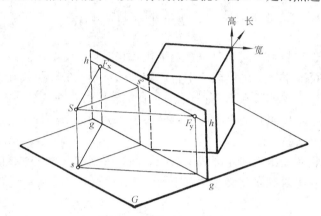

图 8-3　两点透视的形成

图 8-4　两点透视的实例

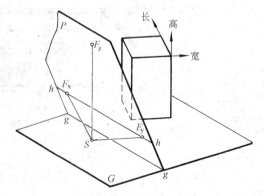

图 8-5　三点透视的形成

8.1.3 三点透视

如画面倾斜于基面，即与建筑物三个主向轮廓线均相交，这样，在画面上就会形成三个灭点，如图 8-5 所示。这样画出的透视图，称为**三点透视**。正因为画面是倾斜的，故又称**斜透视**。图 8-6 是三点透视的实例。

图 8-6　三点透视的实例

8.2　视觉范围与视点选定

视点、画面和建筑物三者之间相对位置的变化，直接影响所绘透视图的形象。从几何学的观点说，视点、画面和物体相对位置，不论如何安排，都可以准确地画出建筑物的透视图来。但是，要使透视图中所描绘建筑物的形象，尽可能符合人们在正常情况下直接观看该建筑物时所获得的视觉印象，就不能不从生理学的角度考虑人眼的视觉范围。如果忽略了这个问题，就可能使透视图产生畸形失真，而不能正确地反映我们的设计意图。同时，为了让人们从透视图中尽可能多地获知建筑物的造型特征，就应该将视点放在最恰当的位置上来画出透视图，以免引起错觉和误解。

8.2.1 人眼的视觉范围

当人不转动自己的头部，而以一只眼睛观看前方的环境和物体时，其所见是有一定范围的。此范围是以人眼（即视点）为顶点、以中心视线为轴线的锥面（图 8-7），称为**视锥**。视锥的顶角，称为**视角**。视锥面与画面相交所得到的封闭曲线内的区域，称为**视域**（或称**视野**）。根据专门的测定知道，人眼的视域接近于椭圆形，其长轴是水平的。也就是说，视锥是椭圆锥，其水平视角 α 最大可达到 $120°\sim148°$（对一只眼睛而言），而垂直视角 δ 也可达

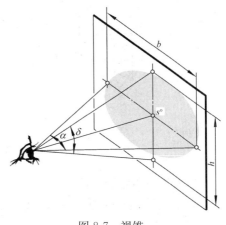

图 8-7　视锥

109

到 110°。但是清晰可辨的，只是其中很小的一部分。为了简单起见，一般就把视锥近似地看作是正圆锥。于是，视域也就成为正圆了。

以上论及的视角和视域，可称之为**生理视角**和**生理视域**。自人眼向所描绘物体的周边轮廓引出的视线形成的视锥，其视角和视域，可称之为**实物视角**和**实物视域**。

在绘制建筑透视图时，生理视角通常被控制在 60°以内，而以 30°～40°为佳。在特殊情况下，如绘制室内透视，由于受到空间的限制，视角可稍大于 60°，但无论如何也不宜超过 90°。可以看出，此时的透视已开始产生畸形失真的倾向。

图 8-8 中画出了几个正立方体的两点透视。图中还画出了以 $s°$ 点为圆心的圆，以表示视角为 60°的视域。在此视域范围内的几个正立方体，其透视看来比较真切、自然，而处于视域外的正立方体，其透视形象则出现程度不同的变形，偏离视域圆周越远，其畸变越甚。若超出了两灭点外侧，则其透视更难让观者接受。

同时，也应注意到，立体的透视虽然处于视域之内，但由于立体体量甚小，所形成的实物视角过小。相对而言，也就是两灭点相距太远，从而诸水平线的透视消失现象削弱，以致透视形象近似于轴测投影。如图 8-8 中所示的两个较小的正立方体，就是如此，同样不能让观者满意。由此可见，视角的大小，对透视形象影响极大。

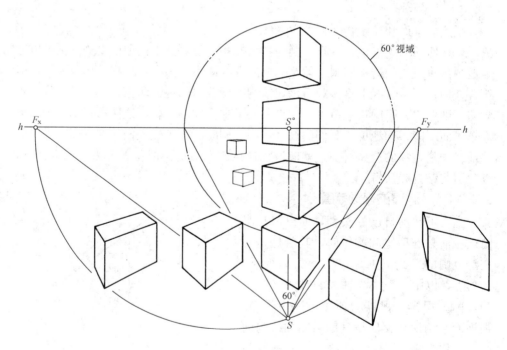

图 8-8　视觉范围与透视形象的关系

8.2.2　视点的选定

视点的选定，包括在平面图上确定站点的位置和在画面上确定视平线的

高度。

（1）确定站点的位置，应考虑以下几点要求：

① 保证视角大小适宜。如上文所述，应将所描绘的建筑物纳入设定的生理视角范围之内，同时，又不使物体形成的实物视角过小。

② 站点的选定应使绘成的透视能充分体现出建筑物的整体造型特点。

如图 8-9 所示，当站点位于 s_1 处，则透视（图 a）不能表达建筑物的整体造型特点。如将站点选在 s_2 处，则透视图（图 b）效果较好。

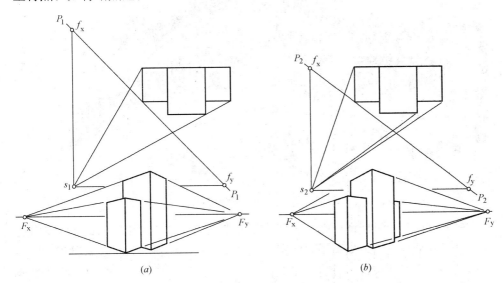

(a)　　　　　　　　　　　(b)

图 8-9　透视图应充分体现建筑物的造型特点

③ 站点应尽可能确定在实际环境所许可的位置上。

如图 8-10 所示，平面图中，在建筑物左前方有池塘，站点应避免选在水面上。而建筑物右前方有一土山，若所选视点位于山上，则视点的高度就不能是人的身高。

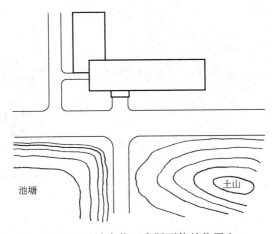

图 8-10　站点位于实际可能的位置上

（2）视高，即视平线与基线间的距离，一般可按人的身高（1.5～1.8m）确定。但有时为使透视图取得特殊效果，而将视高适当提高或降低。

111

降低视平线，则透视图中建筑形象给人以高耸雄伟之感。有时甚至降低到墙脚以下，如图 8-11 所示，位于高坡上的建筑物的透视图就是如此。

图 8-11　降低视平线的效果

视平线提高，可使地面在透视图中展现得比较开阔。如图 8-12 所示室内透视，由于视平线适当地提高了，使室内家具布置一览无遗。为了显示出某一区域的建筑群的规划和布置，可将视平线提升得更高些，如图 8-13 所示，这就是通常所说的鸟瞰图。

图 8-12　提高视平线的效果

如果建筑物位于高处，或建筑物本身很高，而人站在低处观看，以及人站在高处来观看低处的建筑物，如图 8-14 所示，视点可选在 S_1 处，使视线的俯角或仰角以不超过 30°为宜，这样建筑物的透视基本上处于控制视角 60°之内。若将视点向建筑物移近，则建筑物的透视将会产生不同程度的失真或畸形。如果视点

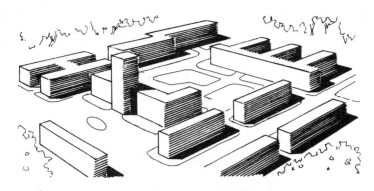

图 8-13　鸟瞰图的实例

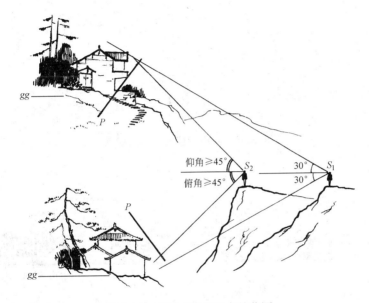

图 8-14　升高或降低视点的范围

一定要大幅度移近建筑物,以致视线的俯角或仰角达到或超过 45°,这时,画面以采用倾斜平面 P 为宜,将透视画成斜透视。

此外,还要注意到视平线的位置不宜放在透视图高度的 1/2 处,因为这样放置的视平线将透视图分成上下对等的两部分,图像不免显得呆板。

8.2.3　画面与建筑物的相对位置

1. 画面与建筑物立面的偏角大小对透视形象的影响

如图 8-15 所示,建筑物的某一立面与画面的偏角 θ 愈小,则该立面上水平线的灭点愈远,透视收敛则愈平缓,于是该立面的透视就愈宽阔。相反,偏角 θ 愈大,则该立面上水平线的灭点愈近,透视收敛则愈急剧,于是该立面的透视愈狭窄。

我们在绘制透视图时,就要根据这个透视规律,恰当地确定画面与建筑物立面的偏角。如偏角 θ 定得合适,则在透视图中,两个主向立面的透视宽度之比,大致符合真实宽度之比。图 8-16 (a) 和 (b) 是同一建筑物的两个不同角度的透

113

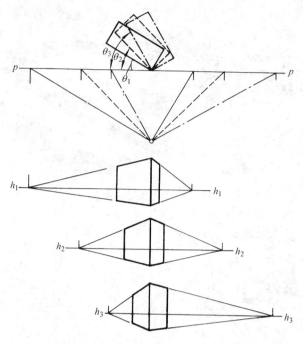

图 8-15　画面对建筑立面的偏角

(a)　　　　　　　　　　　　　　　　(b)

图 8-16　偏角大小不同的透视图的比较

视图。两者相较，则后者不如前者。因为透视图（b）中，原来较宽阔的正立面，反比侧立面为窄，不符合两个立面原来的宽度之比。当然，如果设计人有意识地要去突出表现侧立面的特点，则图（b）亦未尝不可采用。

我们应注意到：当建筑物的两个主向立面宽度几乎相等，而选定的画面偏角 θ 又接近 45°，这样求得的透视图，如图 8-17 所示，显得特别呆板，因为两个立面的透视轮廓几乎对称，主次不分。作图时，应避免这样的缺点。

2. 画面与建筑物的前后位置对透视形象的影响

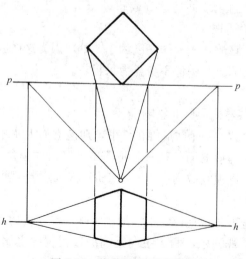

图 8-17　偏角不当、图形呆板

当视点和建筑物的相对位置确定后，画面可安放在建筑物前，也可在建筑物后，当然还可使画面位置穿过建筑物，但都不影响透视图的形象。只要这些画面是互相平行的，那么在这些画面上的透视形象都是相似图形。如图 8-18 所示，画面 P_1 是在建筑物之前，建筑物上与画面平行的轮廓线，其透视长度均较正投影图中长度缩短；而画面 P_2 是在建筑物之后，建筑物上与画面平行的轮廓线，其透视长度均较正投影图中长度放大。因此，有人将前一种透视图称为缩小透视，而将后者称为放大透视。

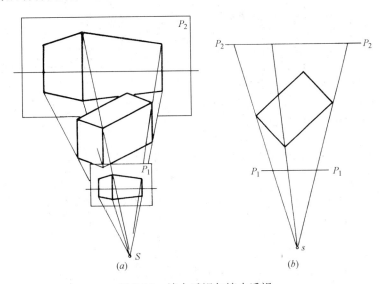

图 8-18 放大透视与缩小透视

8.2.4 在平面图中确定视点、画面的步骤

在平面图中确定视点和画面的位置是着手绘制透视图之前必要的准备工作。

1. 先确定视点，然后确定画面（图 8-19）

（1）先确定站点 s，使由 s 向建筑平面图所作两边缘视线 sa 和 sc 间的夹角 α，约为 $30°\sim40°$；

（2）在两边缘视线间，引出中心视线的投影 ss_g；

（3）作画面线 pp，垂直于 ss_g。画面线 pp 最好通过建筑平面图的一角 b。

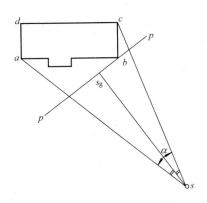

图 8-19 先定视点，后定画面

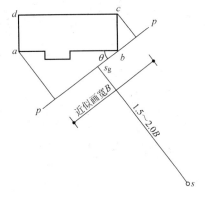

图 8-20 先定画面，后定视点

2. 先确定画面，然后确定视点（图 8-20）

（1）如图所示过平面图的转角 b 作画面线 pp，使与 ab 成 θ 角（θ 角根据需要来定）；

（2）过转角 a 和 c 向 pp 作垂线，得透视图的近似宽度 B；

（3）在近似宽度内，选定心点的投影 s_g，由 s_g 作 pp 的垂线 ss_g，即中心视线的投影。使 ss_g 的长度约等于画面宽度的 $1.5 \sim 2.0$ 倍。

第9章 透视图的基本画法

建筑透视图的具体绘制通常是从平面图开始的。首先将该建筑物的平面图的透视画出来，即得到所谓"**透视平面图**"。在此基础上，将各部分的透视高度立起来，就可以完成整个建筑透视图的求作。

对于建筑物的透视平面图并不需要不分巨细、一无遗漏地画出来。而只是将建筑物的主要轮廓在透视平面图中画出即可，至于门、窗及细部装饰可用其他的简捷画法来解决。

透视平面图可以通过多种方法画出，各种方法各有其特点。在作图过程中可以用单一的方法，也可以几种方法配合使用。只要将各种方法理解深透，自能得心应手。

透视高度的确定，除了可以按第七章第二节所述的方法来解决外，也可以借助于斜线的灭点、平面的灭线等方法来画出。

9.1 建筑师法和全线相交法

9.1.1 基面上直线线段的透视画法

建筑方案的平面图，是设想画在基面上的平面图形，是由基面上的许多直线线段组成的。因此，首先应掌握基面上直线线段的透视画法。如图 9-1（a）所示，为作出基面上直线 AB 的透视 $A°B°$，就将 AB 延长，与画面相交于基线 gg 上的点 T，这就是 AB 线的迹点。过视点 S 平行于 AB 引视线 SF，与画面相交于视平线 hh 上的点 F，这就是灭点。连线 TF 就是 AB 线的**全线透视**。A、B 两

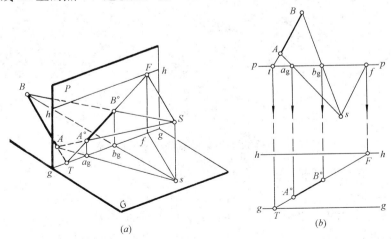

(a)　　　　　　(b)

图 9-1　用建筑师法作基面上直线的透视

端点的透视必然落在 TF 线上。

　　为了求出直线上 A、B 两点的透视，即确定线段的透视长度，可设想自视点 S 向 A、B 两点引两条视线，这两条视线一定与画面相交在 TF 线上，视线在基面上的正投影 sA 和 sB 就与基线相交于 a_g 和 b_g 两点。

　　具体作图如图 9-1 (b) 所示，将基面与画面分开，上下对齐安放，使基面上的画面线 pp 和画面上的视平线 hh、基线 gg 互相平行。在基面上，延长 AB 与 pp 相交于 t；再过站点 s 平行于 AB 作 sf 线，与 pp 相交于 f。然后，自 t 和 f 分别作竖直线，前者与画面上的 gg 相交于点 T，后者与 hh 相交于点 F，T 和 F 分别是 AB 的迹点和灭点，连接 T 和 F 成直线，则透视 $A°B°$ 必在其上。再在基面上，自站点 s 引 sA 和 sB，相当于视线 SA 和 SB 的水平投影，与 pp 相交于 a_g 和 b_g，相当于 $A°$ 和 $B°$ 的水平投影。故自 a_g 和 b_g 引竖直线，就和 TF 相交于透视 $A°$ 和 $B°$，$A°B°$ 就是 AB 线段的透视。

　　这种利用迹点和灭点确定直线的全线透视，然后再借助视线的水平投影求作直线线段的透视画法，习惯上称为**建筑师法**（或称**视线法**）。

9.1.2　空间水平线的透视画法

　　图 9-2 所示，设空间有一条水平线 CD，用建筑师法来求其透视。如前所述，设已求得直线 cd 的灭点 F，由于 $CD /\!/ cd$，故 CD 的灭点也是 F；再求出 cd 的迹点 t，此处应注意到，CD 的迹点 T 对 gg 的距离 Tt，正是水平线 CD 离开基面的高度 L。连线 TF 就是 CD 线的透视方向，而 tF 是 CD 线的基透视方向。至于 CD 两端点的透视和基透视，利用视线 SC 和 SD 的水平投影 sc、sd 与 pp 线的交点 c_g 和 d_g，上投到 TF 和 tF 线上，即可解决。

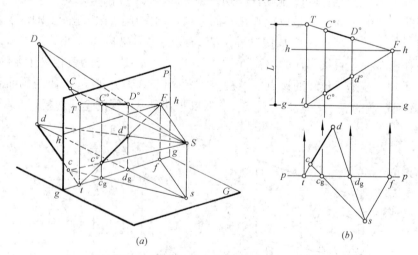

(a)　　　　　　　　　　　　(b)

图 9-2　用建筑师法作空间水平线的透视

9.1.3　建筑平面图的透视画法

1. 用建筑师法作透视平面图（如图 9-3 所示）

　　(1) 首先求出平面图中相互垂直的两主向直线的灭点。自站点 s 平行于两主向直线作视线与 pp 线相交于 f_x 和 f_y，再由 f_x 和 f_y 下投到视平线 hh 上，即得到两主向灭点 F_x 和 F_y。

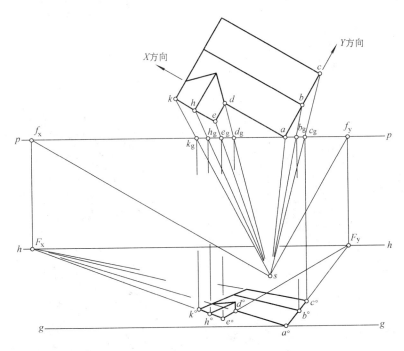

图 9-3 用建筑师法作透视平面图

（2）从平面图中看到 a 点在 pp 线上，也就是在画面上，其透视 $a°$ 应在基线上。自 a 点直接下投到 gg 线上，即 a 点的透视 $a°$。

（3）直线 ad 和 ac 分别是 X 方向和 Y 方向的直线。自 $a°$ 向 F_x 和 F_y 引直线，即 ad 线和 ac 线的全线透视。由 s 点向 b、c、d…各点引视线与 pp 线相交于 b_g、c_g、d_g…各点，再从这些交点下投到相应的全线透视上，即得到 b、c、d…各点的透视 $b°$、$c°$ 及 $d°$。

（4）至于 de 线，就无需作出它的迹点，直接由 $d°$ 向 F_y 引直线，然后，自 se 对 pp 的交点 e_g 下投到 $F_y d°$ 的延长线上，即可得到点 e 的透视 $e°$。

按此作法，可将平面图上其余各点的透视画出来，从而完成整个透视平面图的求作。

2. 用**全线相交法**作透视平面图（图 9-4）

（1）将平面图上两组主要方向的所有直线都延长到与画面相交。求得全部迹点。1、3、5 和 a 是 Y 方向直线的迹点，2、a、4、6 和 8 是 X 方向直线的迹点。

（2）求出平面图中两主向直线的灭点 F_x 和 F_y。

（3）将基线上的所有迹点与相应的灭点连接，就得到两组主向直线的全线透视，这两组全线透视是彼此相交的，形成一个透视网格。

（4）平面图上各顶点的透视，就是由这个透视网格中相应的两直线的全线透视相交而确定，从而画出整个平面图的透视。

这种利用两组主向直线的全线透视直接相交而得到透视平面图的画法，称为**全线相交法**。此法不同于建筑师法之处在于无需自视点向平面图各顶点引视线，

119

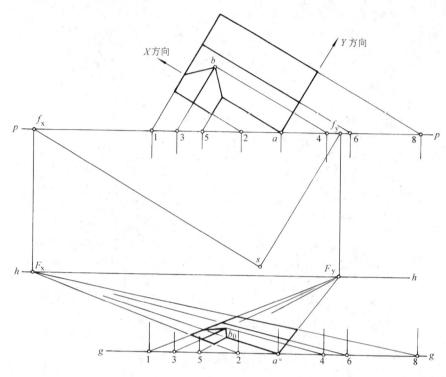

图 9-4　用全线相交法作透视平面图

作图步骤明确，道理简单。

图 9-4 中，要注意到增加了一条 x 方向的辅助线 $4b$，是为了确定小屋脊的端点 b 的透视位置。

全线相交法既然是借助于两组主向直线的全线透视直接相交，从而确定平面图上各点的透视位置，那么，假使原来选定的视高太小，如图 9-5 所示，基线 gg 过分接近视平线 hh，这就使得画出透视网格被"压"得很扁，相交的两直线间的夹角极小，从而交点的位置很难准确确定。此时，就可以将基线 gg 降低（或升高）适当的距离，如 g_1g_1 的位置。据此画出的透视网格中两组直线的交点位置十分明确，然后，再回到原基线与视平线间求得透视平面图。因为，不论按原基线、降低的基线或升高的基线所画出的各个透视平面图，其上相应顶点总是位于同一竖直线上的。

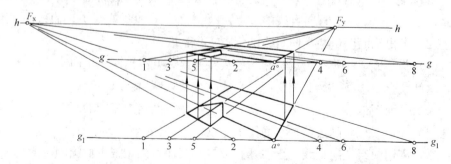

图 9-5　用降低（或升高）基线的方法来提高图形的准确度

9.1.4 建筑师法作图举例

1. 图 9-6（a）中给出了双坡顶小屋的平、立面图，求作它的两点透视。

（1）根据需要，选定了站点 s 和画面的位置 pp，如图 9-6（a）所示。

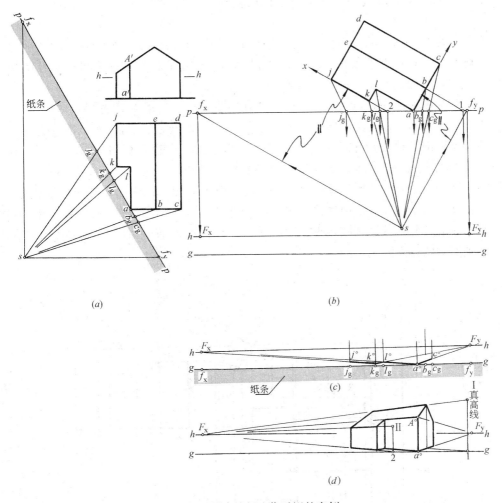

（a）　　　　　　　　　　　（b）

（c）

（d）

图 9-6　用建筑师法作透视的实例

（2）按图（a）的平面图所示画面、视点和小屋的相对位置，移画到图（b）中，使画面线 pp 处于水平位置，并在其下，平行于 pp 作基线 gg，按选定的视高画出视平线 hh。自站点 s 引出建筑平面图中两组主向轮廓线的平行线（即视线的水平投影），与画面线 pp 交于 f_x 及 f_y 两点，由此下投到视平线 hh 上，得到 F_x 及 F_y 两点，这就是两组水平轮廓线的灭点（即主向灭点）。

（3）自站点 s 向房屋平面图中各顶点引直线，即诸视线的水平投影，与画面线 pp 相交于 b_g、c_g……等点。点 a 恰好就在 pp 上，即表明墙转角棱线 Aa 就位于画面上，故其透视 $A°a°$ 即其本身 Aa。自 a 直接引到 gg 上，得 $a°$。连接 $a°F_y$，与过点 c_g 之铅垂线交得透视点 $c°$。连线 $a°F_x$，与过点 l_g 之铅垂线交得透视点 $l°$。连接 $l°F_y$，与过 k_g 之铅垂线交得点 $k°$。连接 $k°F_x$，与过 j_g 之铅垂线交得点

121

j°。折线 $c^\circ a^\circ l^\circ k^\circ j^\circ$ 就是墙脚线之透视。过点 c°、a°、l°……作铅垂线，就是墙角棱线的透视位置（图 c）。

（4）确定各个墙角棱线的透视高度。如图（d）所示，棱线 Aa 位于画面上，故透视 $A^\circ a^\circ$ 即表现真高。至于求屋脊及矮檐的透视高度，则先在平面图中，将屋脊及矮檐的投影，按 x 方向延长，与 pp 相交于 1 和 2 点，自点 1 和 2 所作铅垂线，都是画面上的真高线。在这些真高线上，自 gg 向上，分别按立面图上的实际高度，量得点 Ⅰ 和 Ⅱ。自点 Ⅰ 和 Ⅱ 向灭点 F_x 引直线，就能求得屋脊及矮檐的透视，从而完成整个小屋的透视图。

如为图幅所限，可以不将平面图移画到图（b）中，则在原图（a）中，直接求得 f_x、f_y 以及 a、b_g、c_g、l_g……等点，可借助于纸条，将这些点不改变其左右相对距离，移放到画面（图 c）中的 gg 线上，从而完成透视作图。

2. 建筑师法，同样可用来求作建筑物的一点透视。

如图 9-7 所示。此例所示为室内透视。由平面图可以看出，画面位置线 pp 与正墙面重合，在画面前的柱、门等，其透视较其平、剖面图所示尺度为大；而画面后的部分，其透视则较平、剖面图所示尺度为小。门、柱等透视高度都是利用画面上的真高线确定的。

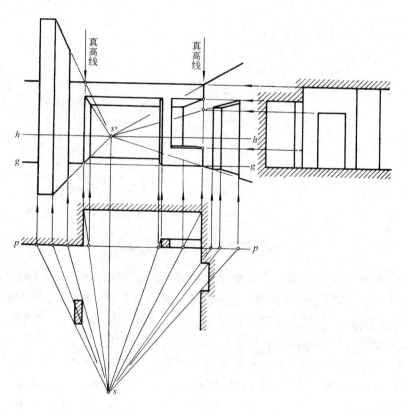

图 9-7　用建筑师法作一点透视

3. 图 9-8 所示是房屋的局部——阳台和挑檐的透视作图

选定的站点和画面，其位置如图（a）中的平面图所示。图中未画出基线，

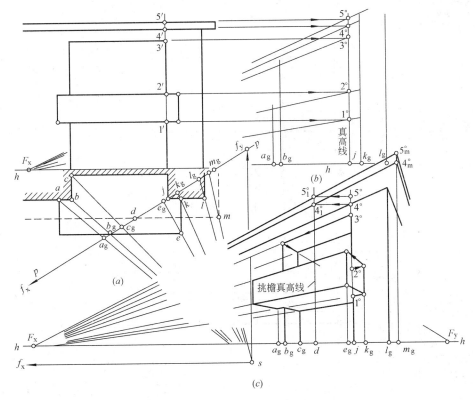

图 9-8 用建筑师法作阳台和挑檐的透视

视平线只是在立面图中表明了视点与建筑物的相对高度。

将平面图中所引各条视线与 pp 的交点 a_g、b_g……以及 f_x、f_y 等，移到图 (c) 中的视平线上。首先，过 a_g、b_g、j、k_g、l_g 等点作墙面上几条铅垂棱线的透视位置；根据平面图，知道画面是通过棱线 J 的，故可利用过 j 的铅垂线作为真高线，而将阳台、挑檐等处相对于视平线的距离量到真高线 j 上，得 $1°$、$2°$、$3°$……等点，过 $1°$、$2°$、$3°$……点向灭点 F_x 引透视线，如此就可得到建筑立面图的透视。在图 (c) 中过点 e_g 作铅垂线，就得到阳台凸出墙面的距离，过点 c_g 作铅垂线，就得到阳台凹入墙面的深度，从而完成阳台部分的透视作图。

从平面图中看到，挑檐与画面线 pp 相交于点 d，这就是说，图 (c) 中过点 d 之铅垂线上，可量取挑檐的真实高度，得点 $4_1°$ 和 $5_1°$；作透视线 $4_1°F_x$，$5_1°F_x$，与过点 m_g 之铅垂线相交于 $4_m°$ 和 $5_m°$，由此向灭点 F_y 作透视线，从而完成挑檐的透视作图。

9.1.5 全线相交法作图举例

图 9-9 (a) 中，给出了一建筑物的平、立面图（此处平面图被放在立面图上方），并在平面图中确定了站点 s 和画面 pp，在立面图中按选定的视高画出了基线 gg 和视平线 hh。用全线相交法求该建筑物的两点透视。

在图 (a) 中看出，原定视高太小，按此作透视平面图，很难准确，因此在图 (b) 中，除了按原定视高画出了视平线和基线，并在其下又画出一降低的基

123

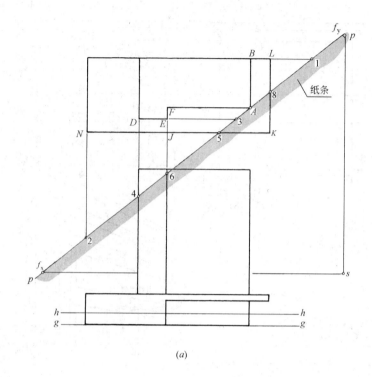

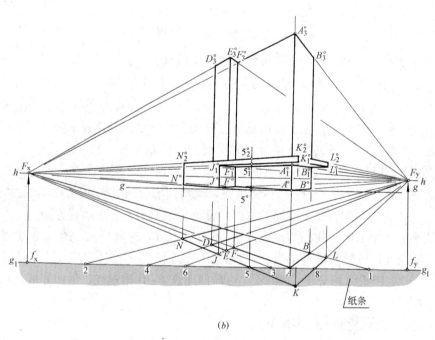

图 9-9　全线相交法作图

线 g_1g_1。

在图（a）中，求出建筑平面图两组主向直线的迹点 2、4、6、5…1，自站点 s 引两主向视线，在 pp 上定出两主向灭点的位置 f_x 和 f_y。

124

然后，借助于纸条，将 pp 线上的 f_x、2、4…f_y 点，转画到图（b）中的 g_1g_1 线上，再从 f_x 和 f_y 两点上投到视平线上得到灭点 F_x 和 F_y。

自点 1、A、3、5 各点向灭点 F_x 引直线，自点 2、4、6、A、8 各点向灭点 F_y 引直线，这两组直线交织成透视网格。从这透视网格中不难勾画出该建筑物的降低了的透视平面图。

由平面图中看出点 A 位于基线上，表明墙角线 AA_3 位于画面上，其透视即该墙角线自身，能反映其真实高度，故自点 A 向上作铅垂线，与原基线 gg 相交于点 A°，然后，在此铅垂线上，自 A° 点起，按真高量得 A_1°、A_2°（因不可见，未标出）、A_3° 各点，从而作出了墙角线 A 的透视。

至于求作悬挑平板的透视，从透视平面图中看到它的边线 KN 与 g_1g_1 相交于点 5，由 5 点向上作竖直线，与原基线 gg 相交于点 5°，然后按平板的真实高度和厚度，量得点 5_1° 和 5_2°。自 5_1° 和 5_2° 向灭点 F_x 引直线，就画出了平板边线的透视 $K_2^\circ N_2^\circ$ 和 $K_1^\circ J_1^\circ$。图中点 8 与点 5 一样，也可用来画出悬挑平板的透视。

其余各部分的作图不再赘述。请读者自行分析解决。

全线相交法不适用于求作一点透视。

9.2 量点法与距点法

9.2.1 量点的概念

图 9-10（a）中，位于基线上的点 T，是基面上直线 AB 的迹点，点 F 是其灭点，位于视平线上。直线 AB 的透视 $A^\circ B^\circ$ 必在 TF 线上。为了在 TF 线上，求

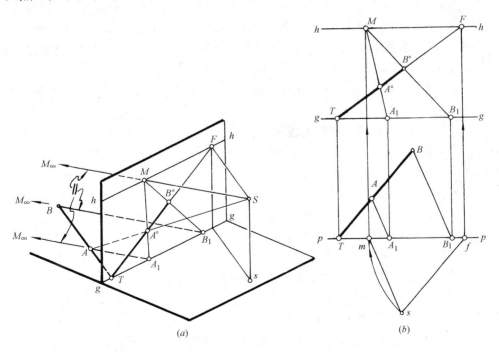

(a) (b)

图 9-10 量点的概念

出点 A 的透视 $A°$，可通过点 A，在基面上作辅助线 AA_1，与基线交于迹点 A_1，并使 TA_1，等于 TA。于是 $\triangle ATA_1$ 成为等腰三角形，而辅助线 AA_1 正是等腰三角形的底边。该辅助线的灭点，可由视点 S 作平行于 AA_1 的视线，与画面相交于视平线上的点 M 而求得。连线 A_1M 就是辅助线 A_1A 的全线透视。而 TF 是 TA 的全线透视，两直线透视的交点，正是两直线交点的透视，因此，A_1M 与 TF 的交点 $A°$，就是点 A 的透视。$\triangle ATA_1$ 是等腰三角形，则 $\triangle A°TA_1$ 是等腰三角形的透视，因而，$TA°$ 与 TA_1 作为两腰，其长度是"透视的"相等，$TA°$ 的真实长度就等于基线上 TA_1 的长度，而 TA_1 的长度即空间线段 TA 的长度。也就是说，为了要在 TF 线上取得一点 $A°$，使 $A°$ 与 T 点的距离实际上等于 TA，于是在基线上，自 T 量取一段长度等于 TA，得点 A_1，连接 A_1 和 M，与 TF 相交，交点 $A°$ 即为所求。

同理，为了求得 TF 线上另一点 B 的透视，仍作同样的辅助线 BB_1，点 B_1 与 T 点的距离等于 TB。由于辅助线 BB_1 和 AA_1 是互相平行的，所以 BB_1 的灭点还是点 M。连线 B_1M 与 TF 的交点 $B°$，就是点 B 的透视。$TB°$ 的真实长度就等于空间线段 TB 的长度。

正因为灭点 M 是用来量取 TF 方向上的线段的透视长度的，所以将辅助线的灭点 M 特称为**量点**。利用量点直接根据平面图中的已给尺寸来求作透视图的方法，称为**量点法**。

至于量点的具体求法，我们从图 9-10 (a) 中不难看出：$\triangle SFM$ 和 $\triangle ATA_1$ 是相似的，当然也是等腰三角形，FM 的长度和 FS 相等。因此，以 F 为圆心，FS 的长度为半径画圆弧，与视平线相交，即得量点 M。这是空间情况的分析，实际作图是在平面上进行的，如图 9-10 (b) 所示，自站点 s 平行于 AB 作直线，与 pp 交于 f，以 f 为圆心，fs 为半径画圆弧，与 pp 相交于 m；由 f 作竖直线与 hh 相交，即得 AB 的灭点 F，由 m 作竖直线与 hh 相交。即得到与灭点 F 相应的量点 M，或者，在 hh 上直接量取 $FM = sf$，也可得到 M 点。

还需指出的是，在实际作图时，辅助线 AA_1、$BB_1 \cdots$ 是不必在平面图上画出来的。

9.2.2　用量点法作透视平面图

如图 9-11 (a) 所示，给出了建筑物的平面图，并选定了站点 s 和画面位置线 pp，使 pp 通过平面图上一顶点 a。

首先，在平面图中定出灭点及相应的量点的投影。由于建筑平面图上有两组不同方向的平行线，从站点 s 按这两个方向引出视线的投影，与 pp 相交于点 f_x 和 f_y，这就是 X 和 Y 两个不同方向的灭点的投影；与 f_x、f_y 相应，求得两个量点的投影 m_x 和 m_y。

然后，在画面上按选定的视高画出视平线 hh 和基线 gg，如图 9-11 (b) 所示。再将平面图中求得的点 f_x、m_y、m_x 和 f_y，不变其相互距离地移到 hh 上，得到两组主向水平线的灭点 F_x、F_y 和相应的量点 M_x、M_y。这里必须强调指出的是：灭点是用以确定平面图上主向水平线的透视方向，而量点只是用以确定辅助线的透视方向，从而求得主向水平线的透视长度；而且某一方向的直线透视长

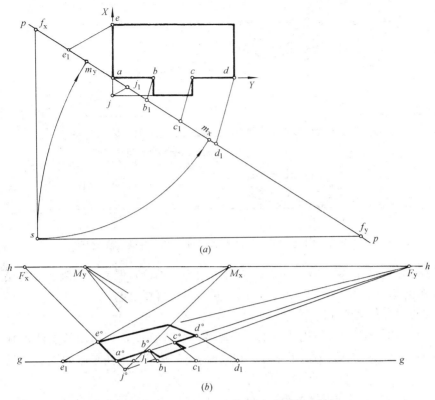

图 9-11　用量点法作透视平面图

度，只能用与它相应的量点来解决。

平面图上的顶点 a 在 pp 上，将点 a 移到图（b）中的 gg 上，就是透视 $a°$。要注意的是不能改变它相对于灭点的左、右距离。

在平面图（a）中，过点 a 的两条主向直线 ad 和 ae 被选作两个方向度量的基准线。在图（b）中，首先作出这两个基准线的透视 $a°F_y$ 和 $a°F_x$。根据平面图中 Y 方向基准线上 a、b、c、d 各点间的实际距离，在图（b）中的 gg 线上，自 $a°$ 向右量得点 b_1、c_1、d_1；由 b_1、c_1、d_1 各点向量点 M_y 引直线 b_1M_y、c_1M_y、d_1M_y，即辅助线 bb_1、cc_1、dd_1（平面图中不必画出，此处画出，仅作参考）的全线透视；b_1M_y、c_1M_y、d_1M_y 与 $a°F_y$ 相交，即得透视点 $b°$、$c°$ 和 $d°$。同样，根据平面图中 X 方向基准线上 e、a、j 各点间的实际距离，在 gg 上量得点 e_1 和 j_1。注意平面图中 e 点在画面之后，而 j 点在画面之前，故图（b）中从点 $a°$ 向左量得 e_1，而向右量得 j_1。连线 e_1M_x、j_1M_x 与 $a°F_x$ 相交，即得透视点 $e°$ 和 $j°$。透视点 $j°$ 在 gg 下方，因为空间点 j 是画面前方的点。

通过 $b°$、$c°$、$d°$ 向 F_x 引直线，通过 $e°$、$j°$ 向 F_y 引直线，如图 9-11（b）所示，从两组直线组成的网格中，就可勾画出透视平面图来。

假若原来选定的视高很小，基线 gg 过于接近视平线 hh，此时，利用量点法来确定两主向直线上各点的透视位置，就难以做到清晰准确，这就需要按图9-12所示那样，将基线 gg 降低或升高一个适当的距离，如 g_1g_1 或 g_2g_2，则所得到

127

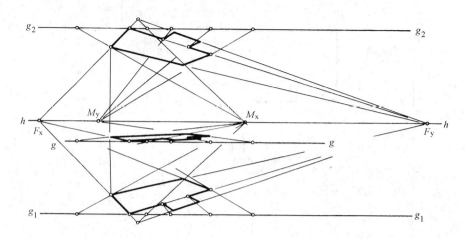

图 9-12　用量点法作透视平面图时，也可升高或降低基线

透视平面图就很清楚，各个交点的位置很明确。不论降低或升高基线，各层透视平面图的相应顶点总是上下对齐，位于同一条竖直线上的。

9.2.3　量点法作图举例

图 9-13（a）中，给出了一平顶小屋的平、立面图，现运用量点法求其两点透视图。图（a）中已选定了站点 s 和画面 pp，并求出了两个主向灭点和量点的位置。

此例由于选定的视高过小，于是在作图过程中，采取了升高基线的办法，即将基线升高为 g_1g_1，画出了该建筑物的透视平面图，如图 9-13（b）所示。

然后，根据选定的真实视高，在图（b）中的视平线的下方画基线 gg。透视平面图中，点 b_1 在 g_1g_1 上，表明小屋的墙角线 BB_1 位于画面上，其透视 $B°B_1°$ 即该墙角线自身，能反映其真高，故自点 b_1 向下作铅垂线，与 gg 相交于点 $B°$，在此铅垂线上，按墙的真高，自点 $B°$ 量得一段 $B°B_1°$，就是墙角线的透视。

再由透视平面图其他各顶点向下作铅垂线，定出各条墙角线的透视位置，再与真高线 $B°B_1°$ 和灭点 F_x、F_y 相配合，就能作出整个墙体的透视。

至于求作顶板的透视，比较方便的方法是利用透视平面图中，顶板边线与 g_1g_1 的交点 t_1 和 r_1，由 t_1 和 r_1 作铅垂线，在此铅垂线上量取顶板的真实高度 h_1 和厚度 h_2，得到点 $T_1°$、$T°$ 和 $R_1°$、$R°$；由此向相应的灭点 F_x 和 F_y 引直线，就可完成全部透视作图。

9.2.4　距点的概念

在求作一点透视时，建筑物只有一组主向轮廓线，由于与画面垂直而产生灭点，即心点 $s°$。这样画面垂直线的透视是指向心点 $s°$ 的。如图 9-14 所示，基面上有一垂直于画面的直线 AB，其透视方向即 $Ts°$，为了确定该直线上 A、B 各点的透视，可设想在基面上，自 A、B 各点作同一方向的 $45°$辅助线 AA_1、BB_1，与基线相交于 A_1 及 B_1。求这些辅助线的灭点，可平行于这些辅助线引视线，交画面于视平线上的点 D 而求得。A_1D、B_1D 与 $Ts°$ 相交，交点 $A°$、$B°$ 就是点 A 和 B 的透视。正由于辅助线是 $45°$的，则 $TA_1 = TA$，$TB_1 = TB$，因此，在实际

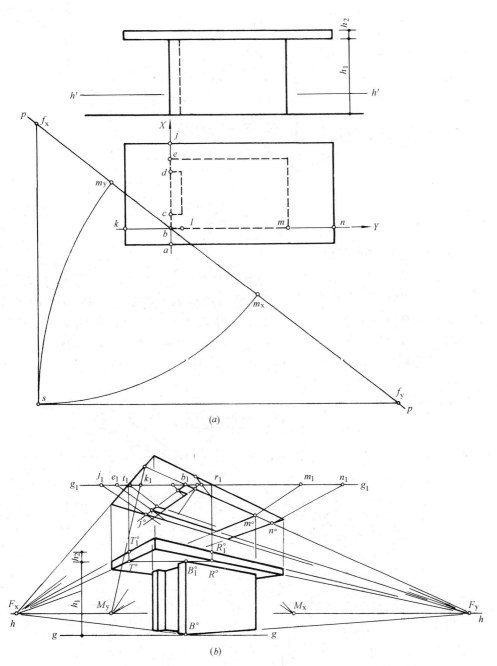

(a)

(b)

图 9-13　用量点法作建筑物的透视

作图时，并不需要在基面上画出这些辅助线，而只需按点 A、B 对画面的距离，直接在基线上量得点 A_1 及 B_1 即可。同时，从图中也不难看出：视线 SD 对视平线的夹角也是 $45°$ 的，点 D 到心点 $s°$ 的距离，正好等于视点对画面的距离。利用灭点 D，就可按画面垂直线上的点对画面的距离，求得该点的透视，因此，点 D 称为**距点**。它实际上是量点的特例。这样的距点可取在心点 $s°$ 的左侧，也可取在右侧。

129

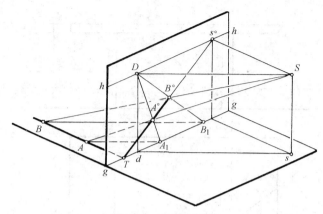

图 9-14　距点的概念

9.2.5　距点法作图举例

图 9-15 是运用距点法求作一点透视的实例。此处，为了使得作图更为清晰准确起见，采取了升高基线（即将基线升高到 g_1g_1）的办法来绘制的。图中是利用画面垂直线 ae 作为量度的基准线，将建筑物各部分对画面的距离全部移到 ae 线上。由于所取的距点 D 在心点 s° 左侧，点 b 在画面上，画面前的点 a，其距离量在 b_1° 左侧，而画面后各点 c 和 e 的距离，则量在 b_1° 的右侧。

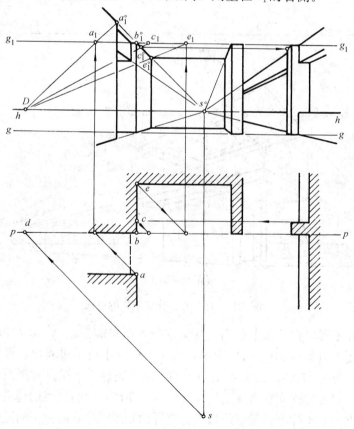

图 9-15　用距点法作一点透视

9.3　斜线灭点和平面灭线的运用

9.3.1　斜线灭点的求法

图 9-16 所示是一座双坡顶房屋。它的两个主向灭点 F_x 和 F_y 已经求得。它的山墙上有倾斜于基面的直线 AB、CD 等。现在欲求 AB 斜线的灭点，则自视点 S 引平行于 AB 的视线 SF_1，与画面的交点 F_1，就是 AB 方向的灭点。欲求斜线 CD 的灭点，就从视点 S 平行于 CD 引视线，与画面相交于 F_2，点 F_2 就是 CD 方向的灭点。

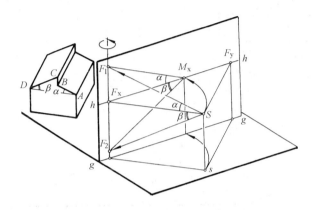

图 9-16　斜线灭点的概念和求法

由图中不难看出，视线 SF_1 有着与直线 AB 相等的倾角 α，即 $\angle F_1SF_x=\alpha$；同时也可看出 $\triangle F_1SF_x$ 平面是一平行于山墙面的铅垂面。因此，它与画面的交线 F_1F_x，必然是一条铅垂线，这就是说，斜线的灭点 F_1 和主向灭点 F_x 位于同一条铅垂线上。若使平面 F_1SF_x，以 F_1F_x 为轴旋转，而与画面重合。这样，SF_x 就必定重合于视平线上，而视点 S 则与量点 M_x 重合。同时，视线 SF_1 重合于画面，成为 M_xF_1，它与视平线的夹角仍为 α。由此可以得到求作斜线灭点的具体方法：由量点 M_x 作直线，与 hh 的夹角为 α，此直线与通过 F_x 的铅垂线相交，交点 F_1 就是斜线 AB 的灭点。同样方法，可求得 CD 方向的灭点 F_2。由图 9-16 中明显看出：AB 为上行直线，故其灭点 F_1 在 hh 的上方；而 CD 为下行直线，其灭点 F_2 在 hh 的下方。不论 AB 线或 CD 线，其基透视都是以 F_x 为灭点的，因而，AB 和 CD 的灭点 F_1 和 F_2 都在通过 F_x 的铅垂线上，从而求作灭点 F_1 和 F_2 时，必然是通过与 F_x 相应的量点 M_x 作重合视线 M_xF_1 和 M_xF_2 而求得的。

9.3.2　斜线灭点的运用

图 9-17 所示是利用图 9-16 中所示的斜线灭点的概念来解决房屋的透视作图的。作图过程中的前半部分与前述的视线法或量点法一样，只是在求作山墙斜线的透视时，利用了斜线的灭点。这样，就免去量取山墙顶点 B、C 的真高。当建筑物上，相互平行的斜线较多时，这样作图较为方便。

131

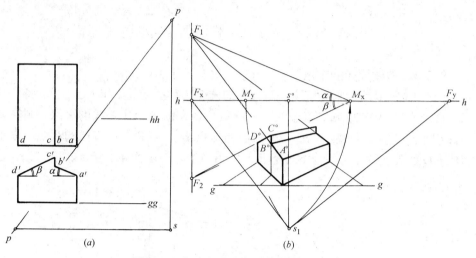

图 9-17　在两点透视中斜线灭点的运用

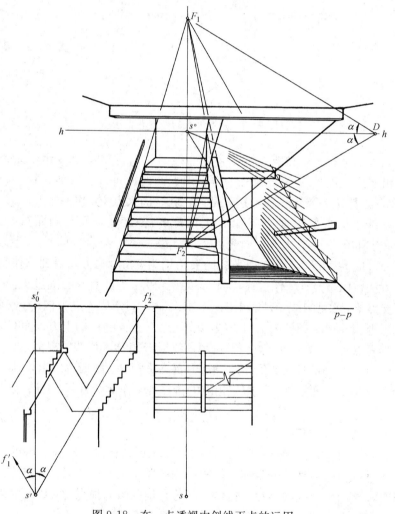

图 9-18　在一点透视中斜线灭点的运用

图 9-18 所示是楼梯间的一点透视。所有垂直于画面的直线，其透视均汇交于心点 s°；上、下楼梯段的斜线和扶手，其灭点为 F_1 和 F_2。这两个灭点可通过视平线上的距点 D，向上和向下作重合视线，使与 hh 的夹角 α 等于楼梯的坡度，并与过 s° 的铅垂线相交而求得。也可以从剖面图中直接量得斜线灭点对心点的距离，然后在画面上通过心点的铅垂线上定出 F_1 和 F_2。

9.3.3 平面灭线的运用

图 9-19 所示房屋的透视图中，按前述方法，求得两个主向灭点 F_x 和 F_y，

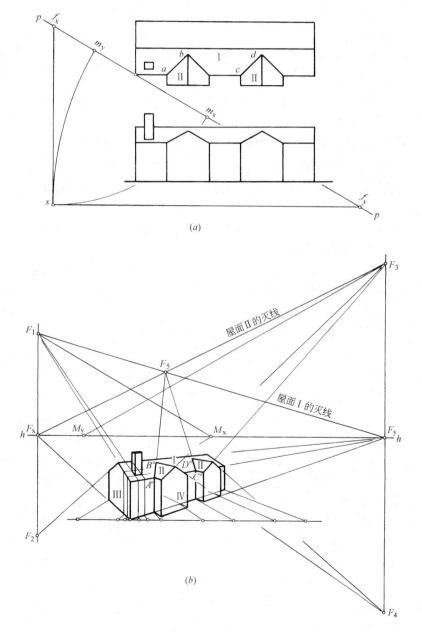

(a)

(b)

图 9-19 灭线的运用

133

以及山墙斜线的灭点 F_1、F_2、F_3 和 F_4。由图中显然可见，屋面 I 的檐口和屋脊的灭点是 F_y，两端斜线的灭点是 F_1，因此，连线 F_yF_1 就是屋面 I 的灭线。同理，连线 F_xF_3 是两个互相平行的屋面 II 的共有的灭线。屋面 I 和屋面 II 的交线（即天沟）AB 和 CD，其灭点既在灭线 F_yF_1 上，又应在 F_xF_3 上。因此，这两条灭线的交点 F_5，就是两个屋面交线 AB 和 CD 的灭点。利用灭点 F_5 可以方便地求得天沟的透视 $A°B°$ 和 $C°D°$。

9.4　网　格　法

在绘制某一区域的建筑群的鸟瞰图或一些平面布局相当复杂的建筑物的透视图时，通常是利用网格法来解决的。因为这些描绘对象，其透视轮廓不是向一个或两个灭点消失，而是多方向消失的。用前述各种方法绘制其透视图是很不方便的，甚至是不可能的。现在将要介绍的网格法就是将建筑物或建筑群的平面图纳入一个正方形的网格中来进行透视定位。具体绘制时，首先在建筑平面图或区域规划总平面图中，画上正方形网格，然后在画面上作出网格的透视，再按平面图中各个建筑物在网格格线上的位置，在透视网格内的相应的格线上，定出各个建筑物的透视位置，画出透视平面图；最后，再求出各部分的透视高度，这样，就可完成一幅透视图了。

在作图时，是画成一点透视还是两点透视的透视网格，需视具体情况而定。

9.4.1　一点透视的方格网

图 9-20（a）所示是一组建筑群的总平面图，其中房屋方向各不相同，道路布置也不规则，根据这样的具体情况，可按一点透视来画正方形网格比较方便。

（1）首先在总平面图（图 9-20a）上，选定位置适当的画面 pp，再按选定的方格宽度，画上正方形网格，使其中一组格线平行于画面，另一组垂直于画面。

（2）在画面（图 9-20b）上，按选定的视高，画出基线 gg 和视平线 hh（图中未画出 hh）。在 hh 上确定心点 $s°$，在 gg 上按格线间的宽度（图 b 中，将宽度放大了一倍），定出垂直画面的格线的迹点 1、2……（注意它们对心点的左右相对位置）。这些迹点与心点的连线，就是垂直画面的一组格线的透视。根据选定的视距，在心点的一侧，定出距点 D，这就是正方网格的对角线的灭点，连线 $0D$ 是对角线的透视，它与 $s°1$、$s°2$……纵向格线相交，通过这些交点作 gg 的平行线，就是另一组平行画面的格线的透视。从而得到方格网的一点透视。

（3）根据总平面图中，建筑物和道路在方格网上的位置，凭目估尽可能准确地定出它们在透视网格（图 b）中的位置，画出整个建筑群的透视平面图。

（4）建筑物上各个墙角线的透视高度，按下述方法量取，比较方便。如墙角线 $a°A°$，其真实高度相当于 1.2 格宽度，则在透视图（b）中，于 $a°$ 处作水平线，与相邻两格线交于 $c°$、$d°$ 两点，$c°d°$ 即 $a°$ 处 1 格的透视宽度，于是在 $a°$ 处的铅垂线上取 $a°A°=1.2×c°d°$，即得墙角线 aA 的透视。这是因为 aA 和 cd 在空间，对画面的距离相等，其透视的变形（缩短或伸长）程度是相同的。其他各个墙角线的透视高度均按此法求取。

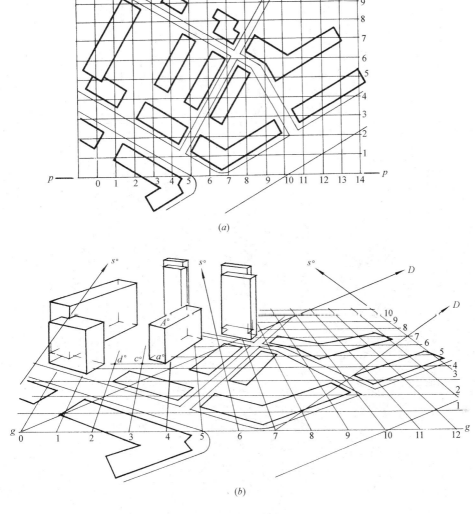

图 9-20 一点透视的方格网的运用

9.4.2 两点透视的方格网

在总平面图所示建筑群中，大部分或全部建筑物，纵横方向一致，排列整齐，则正方形网格的格线应与建筑物方向相平行。如果建筑物将画成两点透视，当然正方形网格也画成两点透视的网格。

（1）图 9-21 中，根据选定的视点、画面和视高，画出 hh（视高太大，图中未画出）和 gg，并作出两组格线的灭点 F_x 和 F_y，然后用全线相交法或量点法画出透视网格。此处是用纵横格线对画面（基线）的交点（即迹点）与各自相应的灭点相连，即获得透视网格。然后在透视网格中画出建筑群的透视平面图。透视高度则用集中真高线来解决。

（2）在绘制正方形网格的两点透视过程中，有一规律值得关注，即网格中，纵横线在画面线 pp 上的截距 a 和 b、心点 s° 对纵横格线的灭点 F_x、F_y 的距离

135

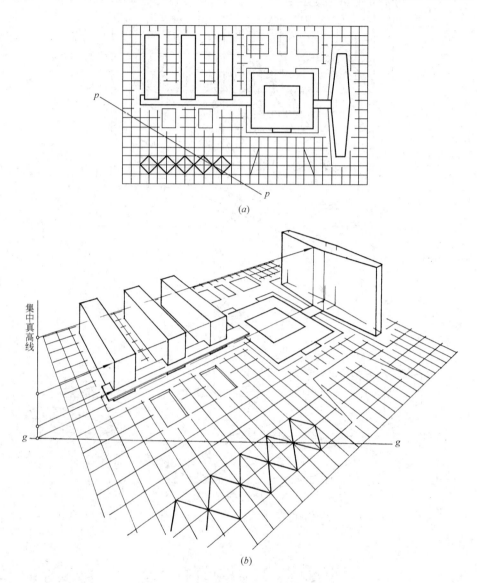

(a)

(b)

图 9-21　两点透视的方格网的运用

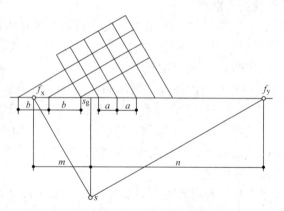

图 9-22　两点透视方格网截距和灭点的关系

m 和 n，如图 9-22 所示，这四者（a、b、m、n）之间存在着如下的数学关系（此处不作数学上的推导证明）：

$$a^2 : b^2 = m : n$$

现在用图解方法，来说明它们之间的互相求作问题。

① 如在画面的基线上确定了格线的截距 a 和 b，并在 hh 线上选定了两个灭点 F_x 和 F_y，求心点 s° 的位置（图 9-23a），或是确定了 a 和 b 以及 F_x 与 s°，求另一灭点 F_y 的位置（图 9-23b）。这时，就可按图 9-23（c）所示步骤来解决，即在一直线上，连续截取两段长度 a_0 及 b_0，使 $a_0 : b_0 = a : b$，以 a_0、b_0 的总长 $a_1 b_1$ 为直径画圆，在半圆弧上取中点 c，将 c 与 a_1、b_1 间的分点 c_1 连线，与另半圆弧交于 s_1，由 s_1 向直径 $a_1 b_1$ 作垂线，交于点 s_g，则点 s_g 对 a_1、b_1 两点距离之比 $m_1 : n_1$，即等于 $F_x s^\circ$ 和 $s^\circ F_y$ 长度之比 $m : n$。按此比例，就可以解决图 9-23（a）和（b）中所提出的问题。

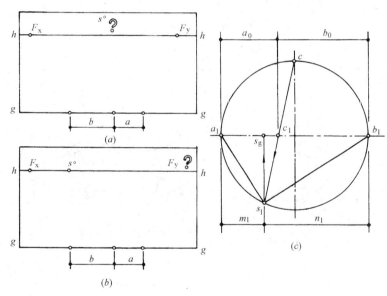

图 9-23　解决 F_x、s° 和 F_y 的相互关系

② 又如视平线上，已确定了 F_x、s°、F_y 三点的位置，而要求出正方形格线截距之比 $a_0 : b_0$（图 9-24a），或者仅选定了两截距之一，需求另一截距的大小（图 9-24b），这时，就可按图 9-24（c）所示步骤来解决，即在一水平直线上，连续截取 $a_1 s_g$ 及 $s_g b_1$，其长度之比等于 $F_x s^\circ$ 与 $s^\circ F_y$ 长度之比 $m : n$。以 $a_1 b_1$ 为直径画圆，与通过 s_g 所作铅垂线相交于点 s_1，将 s_1 与另一侧半圆弧的中点 c 相连，交 $a_1 b_1$ 于点 c_1，则点 c_1 对 a_1、b_1 两点距离之比即等于两截距长度之比 $a : b$，按此比例，就可以解决图 9-24（a）和（b）中所提出的问题。

③ 设图 9-25 中给出了两点透视的网格，如认为其纵横方向的格线，其距离均为一个单位长度，今欲求出在透视网格中的任何一个指定点上的一单位透视高度。如指定点正好是纵横格线的交点 c_1，我们就通过点 c_1 作水平线，与相邻的纵横格线分别交于点 a_1 和 b_1，以 $a_1 b_1$ 为直径画圆（图中左边的圆），在下半圆

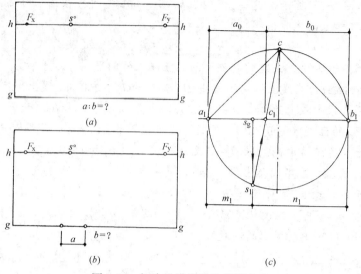

图 9-24　解决纵横格线的截距之比

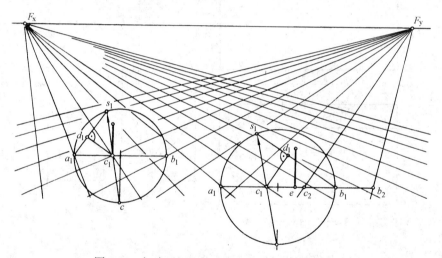

图 9-25　解决透视网格中任一点的单位透视高度

弧上取中点 c，连线 cc_1 与上半圆交于 s_1，连接 s_1 和 a_1（或连接 s_1 和 b_1）两点，由 c_1 向 s_1a_1（或 s_1b_1）作垂线 c_1d_1，c_1d_1 即为该点处的一单位透视高度的大小。

如指定点并不正好是格线的交点，而是格线间的点 e，则过点 e 作水平线与两个方向的相邻格线分别交得 a_1、c_1 和 c_2、b_2，就按 a_1c_1 和 c_2b_2 的长度，连续截取在同一水平线上（图中截取 c_1b_1 等于 c_2b_2），接着按前述方法，就可求出点 e 处的一单位透视高度的大小。

第10章　透视图的辅助画法

10.1　建筑细部透视的简捷画法

在运用前述各种方法画出建筑物主要轮廓的透视后，要善于将初等几何的知识灵活运用到透视作图中来，画出建筑细部的透视。这样，就能简化作图，提高效率。

10.1.1　几种作图方法

1. 直线的分段

在一条透视直线上，截取等长线段，或不等长但成定比的各线段，可以利用平面几何的理论，即一组平行线可将任意两直线分成比例相等的线段，如图 10-1 所示，$ab:bc:cd = a_1b_1:b_1c_1:c_1d_1$。

（1）在画面平行线上分段

若画面平行线就位于画面上，则其透视即直线自身，直线上的点将直线分成若干段的长度在透视图中仍保持不变，当然各线段间长度之比也不会改变。图 10-2 中，由于 $a°b°$ 与基线重合，所以透视 $A°B°$ 就是 AB 线自身，这样就可以按实际长度，直接将 $A°B°$ 分成两段。

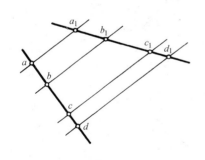

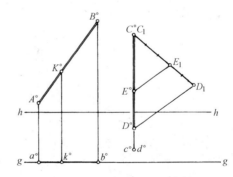

图 10-1　透视直线分段的根据　　　图 10-2　在画面平行线上分段

若画面平行线不在画面上，其透视长度虽有变化，但是，线上的点将该直线分成若干段的长度之比，在透视图中是不会改变的，因此还是可以直接按定比对画面平行线进行分段。图 10-2 中，由于基透视 $c°d°$ 重合成一点，可以看出 $C°D°$ 是一条铅垂线的透视，当然也是画面平行线。欲将该线段按 3：2 分成两段，就可任作一直线 C_1D_1，使 C_1 点与 $C°$ 点重合，以适当长度为单位，在 C_1D_1 线上截得 E_1、D_1 两点，使 $C_1E_1:E_1D_1 = 3:2$。将 D_1 和 $D°$ 相连，向 E_1 点作 $D_1D°$ 线的平行线，与 $C°D°$ 相交于点 $E°$，即为所求分点。

（2）在基面平行线上分段

图 10-3 所示，为基面平行线的透视 $A°B°$。要求将 $A°B°$ 分为三段，三段实长

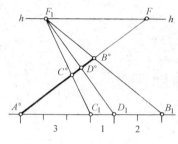

图 10-3　在透视直线上截取成
比例的线段

之比为 $3:1:2$，定透视图中的分点 C° 和 D°。首先，自 $A^\circ B^\circ$ 的任一端点如 A°，作一水平线，在其上以适当长度为单位，自 A° 向右截得分点 C_1、D_1 和 B_1，使 $A^\circ C_1 : C_1 D_1 : D_1 B_1 = 3:1:2$，连接点 B_1 和 B°，并延长使与 hh 相交于点 F_1。再从点 F_1 向分点 C_1 和 D_1 引直线，而与 $A^\circ B^\circ$ 交得点 C° 和 D°。由于直线 $F_1 C_1$、$F_1 D_1$ 和 $F_1 B_1$ 都汇交于 hh 上的同一灭点 F_1，所以它们实际上是互相平行的基面平行线的透视，从而将 $A^\circ B^\circ$ 和 $A^\circ B_1$ 分成三段，两条直线上的三段之比，相互间是"透视的"相等。但 $A^\circ B^\circ$ 有透视变形，因此不能在其上直接按长度之比定出分点 C° 和 D°。

（3）在一般位置直线上分段

对于一般位置线段的分段，可用以下两种方法：

方法一：先将线段的基透视按图 10-3 的画法进行分段，然后从各分点作垂线，与线段的透视相交，这些交点就将线段按定比分段了，图 10-4（a）就是这样解决的。

方法二：可对线段的透视直接进行分段，这时，线段的透视必须有明确的灭点。如图 10-4（b）所示，一般位置线段的透视 $A^\circ B^\circ$ 有确定的灭点 F_1，过此灭点任作一直线 $F_1 F_2$，作为直线 AB 所在平面的灭线。自点 A° 引直线 $A^\circ B_1$ 平行于灭线 $F_1 F_2$，这就是该平面上一条画面平行线的透视，在 $A^\circ B_1$ 上定一点 K_1，使 $A^\circ K_1$ 与 $K_1 B_1$ 之比等于所要求两分段长度之比，连 $B_1 B^\circ$ 直线，延长与 $F_1 F_2$ 交于 F_2 点，则 $K_1 F_2$ 与 $A^\circ B^\circ$ 的交点 K° 即所求的分点。

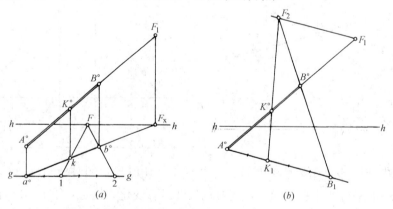

图 10-4　在一般斜线上按定比分段

（4）在基面平行线上连续截取等长线段

图 10-5 中，在基面平行线的透视 $A^\circ F$ 上，按 $A^\circ B^\circ$ 的长度连续截取若干等长线段的透视，定出这些线段的分点。

首先在 hh 上取一适当的点 F_1 作为灭点，连线 $F_1 B^\circ$，与过 A° 的水平线相交于点 B_1，然后按 $A^\circ B_1$ 的长度，在水平线上连续截取若干段，得分点 C_1、D_1、E_1……由这些点再向 F_1 点引直线，与 $A^\circ B^\circ$ 相交，得透视分点 C°、D°、E°……。如果还需连续截取若干段，则自点 D° 作水平线，与 $F_1 E_1$ 相交于 E_2，按 $D^\circ E_2$

的长度，在其延长线上连续截得几点 G_2、H_2、J_2、K_2……，再与 F_1 点相连，又可在 $A°F$ 上求得几个透视分点 $G°$、$H°$、$J°$、$K°$ 等。

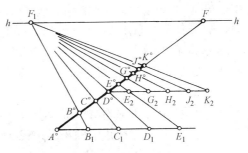

图 10-5　在透视直线上截取等长的线段

2. 矩形的分割

（1）利用矩形的两条对角线将矩形等分为两个全等的矩形。

图 10-6（a）和（b）所示都是矩形的透视图，要求将它分割成两个全等的矩形。首先作矩形的两条对角线 $A°C°$ 和 $B°D°$，通过对角线的交点 $E°$，作边线的平行线，就将矩形等分为二。显然，重复使用此法，还可继续分割成更小的矩形。

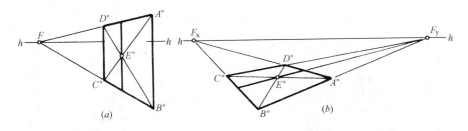

图 10-6　将透视矩形等分为二

（2）利用一条对角线和一组平行线，将矩形分割成若干个全等的矩形，或按比例分割成几个小的矩形。

图 10-7 所示是一矩形铅垂面，要求将它竖向分割成三个全等的矩形。首先，以适当长度为单位，在铅垂边线 $A°B°$ 上，自点 $A°$ 截取三个分点 1、2、3；连线 $1F$、$2F$ 与矩形 $A°36D°$ 的对角线 $3D°$ 相交于点 4 和 5，过点 4 和 5 各作铅垂线，即将矩形分割成全等的三个矩形。

图 10-8 所示矩形 $A°B°C°D°$，被竖向分割成三个矩形，其宽度之比为 3∶1∶2。作图方法与图 10-7 基本相同，只是在铅垂边线 $A°B°$ 上截取三段的长度之比为 3∶1∶2。

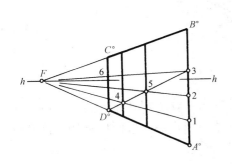

图 10-7　将透视矩形等分为三

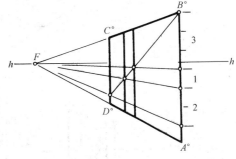

图 10-8　将透视矩形分割为成比例的三部分

3. 矩形的延续

按照一个已知的矩形的透视，延续地作一系列等大的矩形的透视，是利用这些矩形的对角线相互平行的特性来解决作图问题的。

图 10-9 中给出了一个铅垂的矩形 $A^\circ B^\circ C^\circ D^\circ$，要求延续地作出几个相等的矩形。首先作出两条水平线的灭点 F_x 及对角线 $A^\circ C^\circ$ 的灭点 F_1，要画第二个矩形，就画第二条对角线 $D^\circ F_1$ 与 $B^\circ C^\circ$ 边交于 E°，过 E° 作第二个矩形的铅垂边线 $E^\circ J^\circ$。以下的矩形，均按同样步骤求出。

如按上述方法作图，如果对角线的灭点 F_1 越出图板之外，这时，就可按图 10-10 所示作图，首先作出矩形 $A^\circ B^\circ C^\circ D^\circ$ 的水平中线 $E^\circ G^\circ$，连线 $A^\circ G^\circ$ 交 $B^\circ C^\circ$ 于点 J°；过 J° 作第二个矩形的铅垂边线 $J^\circ K^\circ$。以下的矩形均按同样步骤求出。

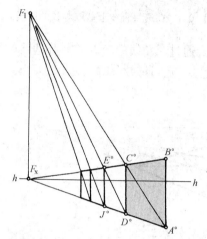

图 10-9　作一系列等大的矩形

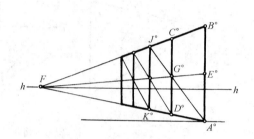

图 10-10　作等大连续的矩形

图 10-11 中给出了两点透视的矩形 $A^\circ B^\circ C^\circ D^\circ$，要求在纵横两个方向，延续作出若干个全等的矩形。首先定出两个主向灭点 F_x 和 F_y，对角线 $A^\circ C^\circ$ 与 $F_x F_y$ 相交于 F_1，F_1 即对角线的灭点，其他矩形的对角线均平行于 $A^\circ C^\circ$，消失于同一灭点 F_1，据此即可画出一系列连续的矩形。

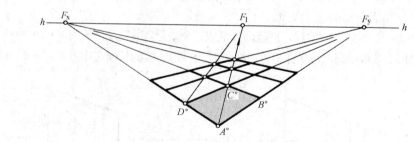

图 10-11　作等大连续的矩形

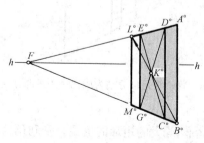

图 10-12　作对称的矩形

此法对于一般位置平面上的矩形以至平行四边形的连续作图，也同样适用。读者可自行作图验证之。

4. 作对称形

对称图形的透视作图，主要也是利用对角线来解决的。

图 10-12 中，给出了透视矩形 $A^\circ B^\circ C^\circ D^\circ$ 及 $C^\circ D^\circ E^\circ G^\circ$，求与 $A^\circ B^\circ C^\circ D^\circ$ 相对称于 $C^\circ D^\circ$

$E^\circ G^\circ$ 的矩形 $E^\circ G^\circ M^\circ L^\circ$。为此，首先作出矩形 $C^\circ D^\circ E^\circ G^\circ$ 的两条对角线的交点 K°，连线 $B^\circ K^\circ$，与 $A^\circ E^\circ$ 相交于点 L°，自 L° 作铅垂线 $L^\circ M^\circ$，则矩形 $E^\circ G^\circ M^\circ L^\circ$ 是与 $A^\circ B^\circ C^\circ D^\circ$ 相对称的矩形。

图 10-13 中，给出了一宽一窄、两个相连的矩形 $A^\circ B^\circ C^\circ D^\circ$ 与 $C^\circ D^\circ E^\circ G^\circ$。要求延续作出若干组宽窄相间的矩形。首先，按前例方法作出与 $A^\circ B^\circ C^\circ D^\circ$ 相对称的矩形 $E^\circ G^\circ M^\circ L^\circ$，并画出矩形的水平中线 $K^\circ F$，与铅垂线 $E^\circ G^\circ$、$M^\circ L^\circ$ 相交于 1、2 两点，连线 $B^\circ 1$ 及 $C^\circ 2$ 延长，与 $A^\circ L^\circ$ 交于 J°、U° 两点，由此各作铅垂线 $J^\circ N^\circ$ 和 $U^\circ T^\circ$，就得到一宽一窄两个矩形。按此步骤，可连续作出几组宽窄相间的矩形。

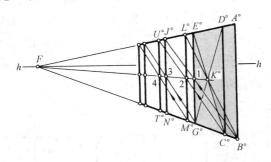

图 10-13 作宽窄相间的连续矩形

10.1.2 应用实例

（1）图 10-14（b）中，设已作出房屋主要轮廓的透视。现要求按立面图（a）给出的门窗大小和位置，在墙面 $A^\circ B^\circ C^\circ D^\circ$ 上画出门窗的透视。门窗的透视宽度，即按图 10-3 所示方法解决，将立面图（图 a）上各部分宽度移到过点 B° 的水平线上，得到 1、2、3……C_1 各点，连接 C_1 和 C°，并延长，使与 hh 相交于点 F_1。再从点 F_1 向 1、2、3……各点引直线，与 $B^\circ C^\circ$ 相交得 1°、2°、3°……点，由此作铅垂线，即为门窗左右边线的透视。

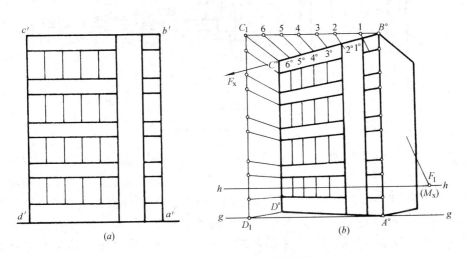

图 10-14 确定门窗的透视位置

如果 $A^\circ B^\circ$ 就是真高线，也就是说透视点 B° 就是点 B 本身，那么，灭点 F_1 就是与 F_x 灭点相应的量点 M_x。

143

$A^\circ B^\circ$ 既是真高线，那么就可把门窗的高度全部量取在 $A^\circ B^\circ$ 上，然后向灭点 F_x 引直线，就得到门窗上下边线的透视。如 F_x 位置较远，为方便起见，可通过点 C_1 作铅垂线 $C_1 D_1$，在其上定出门窗的高度，然后向 F_1 引直线与 $C^\circ D^\circ$ 交得各点，再与 $A^\circ B^\circ$ 上各高度点相连，就完成了门窗透视的全部作图。

（2）图 10-15（b）中给出了窗口的透视 $A^\circ B^\circ C^\circ D^\circ$，要求按立面图（图 a）所示比例连续作几个相同的窗口透视。首先，将 $A^\circ B^\circ$ 分成三段，其长度之比为 $1:3:1$，其上、下再延长二个单位，得到六个分点，从分点 1°、2°、3°、4° 向 $A^\circ D^\circ$、$B^\circ C^\circ$ 的灭点 F 引直线；连对角线 $A^\circ C^\circ$，与 $2^\circ F$、$3^\circ F$、$4^\circ F$ 相交于 5°、6°、7° 三点，由 5°、6°、7° 三点作铅垂线，就完成了第一个窗洞的透视；再作对角线 $8^\circ 9^\circ$，与 $3^\circ F$、$2^\circ F$、$A^\circ F$、$1^\circ F$ 交于 10°、11°、12°、13° 等四点，由这四点作铅垂线，就画出了第二个窗洞的透视。再作对角线 $14^\circ 15^\circ$，就能完成第三个窗洞的透视。其余的窗洞，均依此法完成。

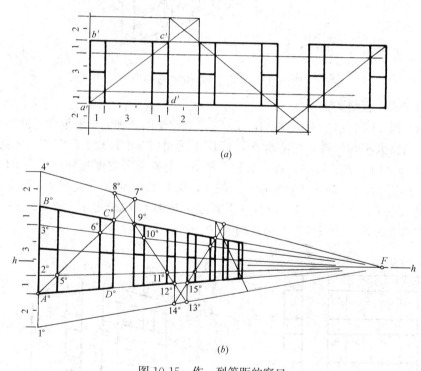

(a)

(b)

图 10-15　作一列等距的窗口

（3）图 10-16（a）所示室内透视图中，已作出了一块隔断板的透视 $A^\circ B^\circ C^\circ D^\circ$，第二块的边线为 $E^\circ G^\circ$，与第一块上下错开一段距离，要求连续画出若干块隔断板的透视。在图（b）中，利用图 10-12 及 10-13 所示方法画出了几块隔断板的透视。图（a）中已给出了楼梯的两个踏步的透视，在图（b）中则利用图 10-7 所示方法完成了楼梯的其余几步踏步的透视。图（a）中绘出了隔断下部台座的分格大小，图（b）中则按图 10-5 所示方法完成了全部的分格。图（a）中绘出了地面分格的一格大小，图（b）中利用图 10-11 所示方法完成了地面的分格。

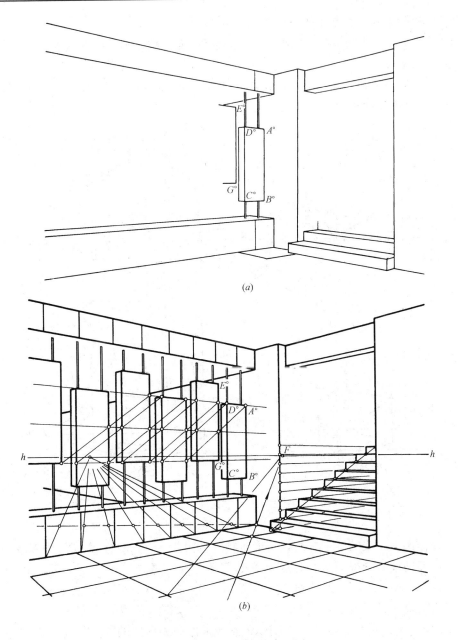

图 10-16　简捷画法综合运用

10.2　受图板限制时的透视画法

透视图的绘制过程中，灭点往往远在图板之外，使得引向该灭点的直线无法直接画出，有时，甚至量点或距点也越出图板外，使作图遇到困难。这时，可考虑采用下述几种画法来解决。

10.2.1　辅助灭点法

如图 10-17 所示，当一个主向灭点 F_x 落在图板之外，为求该主向墙面的透视，可过墙角点 a 另作下列两种辅助直线之一：

（1）如果辅助线 ae（图 10-17a）垂直于画面，则该辅助线的透视 $a°e°$，就应指向心点 $s°$；

（2）如果辅助线 ak（图 10-17b）就是另一主向直线 ad 的延长线，则其透视 $a°k°$ 就应指向主向灭点 F_y。

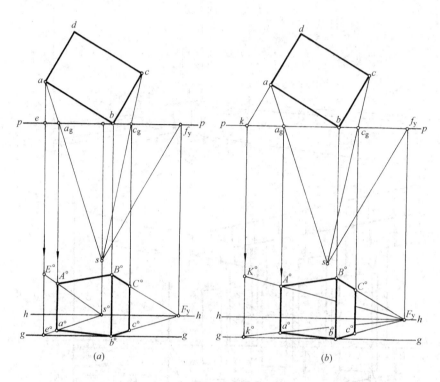

图 10-17　用辅助灭点法解决一个主向灭点不可达
(a) 利用心点；(b) 利用另一个主向灭点

在作出辅助线的透视之后，再通过视线的投影 sa 与 pp 的交点 a_g 作铅垂线，与上述辅助线的透视相交，交点 $a°$ 就是墙角点 a 的透视。至于 $a°$ 处墙角线的透视高度，显然不能用 b 处墙角线作真高线，而要在图（a）中的 $e°$ 处或图（b）中的 $k°$ 处另立一条真高线，配合心点 $s°$ 或灭点 F_y 求得墙角线的透视 $A°a°$。

图 10-18 表明利用心点 $s°$ 作辅助灭点，求作一座房屋的两点透视。为求平面图上点 d 的透视，过点 d 作垂直于 pp 的辅助线 $d1$，其透视 $d°1°$ 指向心点 $s°$，自 d_g 作铅垂线与 $d°1°$ 相交，交点 $d°$ 就是点 d 的透视。连线 $c°d°$ 就是 cd 的透视。de 线的透视 $d°e°$ 仍利用灭点 F_x 来求得。至于求作点 k 的透视，同样利用过点 k 并垂直于 pp 的辅助线 $k2$ 来解决。

图 10-19 表明利用落于图板范围内的一个主向灭点 F_y，求作一房屋的两点透视。首先将平面图中所有 Y 方向的轮廓线延长与 pp 相交于点 1、2 和 3，这些直线 $1a$、$2b$、$3c$ 以及 ek 的透视均汇交于灭点 F_y，再由视线的投影对 pp 的交点 a_g、b_g、c_g 等点处作铅垂线，就可交得透视点 $a°$、$b°$、$c°$……，从而完成全部的透视作图。

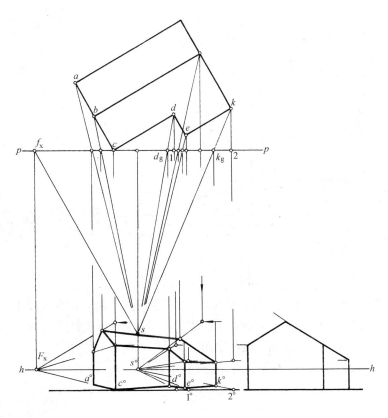

图 10-18 以心点为辅助灭点作两点透视

10.2.2 分距点和分量点

（1）在绘制一点透视时，画面垂直线的透视长度通常利用距点 D 来确定。但是在图 10-20 中，由于视距 $\overline{Ss^{\circ}}$ 较大，致使距点 D 越出图板之外，或沿基线 gg 截量的长度 l 较大也超出图板范围，给作图造成不便。这时，可按视距的 1/2（或更小，如 1/3、1/4），在视平线上，自心点 s° 起，截得点 D_2，同时，在基线 gg 上从 a° 点起，量取长度 l 的 1/2，可在图板内得 b_2 点，连线 D_2b_2 与 $s^{\circ}a^{\circ}$ 相交于点 b°。$a^{\circ}b^{\circ}$ 线的真实长度就等于 l。点 D_2 称为**分距点**。用分距点作图的正确性，读者不难自行证明。

（2）同样，在绘制两点透视时，可利用**分量点**来解决透视长度

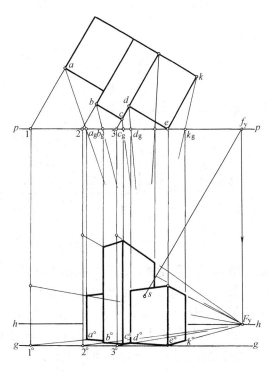

图 10-19 利用一个可达的主向灭点作两点透视

147

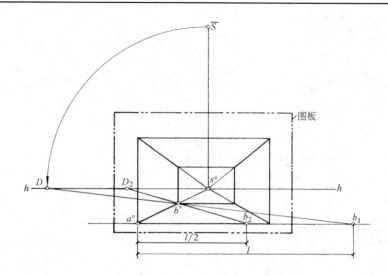

图 10-20　分距点的利用

问题。图 10-21 所示，有一消失于灭点 F_y 的直线，其一端点 $a°$ 在画面上。欲在此直线上自 $a°$ 点起截取一段 $a°b°$，其真实长度为 l。如借助原来的量点 M_y，而 M_y 落于图板之外，同时截取原长度 l 也超出图板。这时，就可以取 $F_y M_y$ 的中点作为分量点 M_{y2}，在基线上按 $l/2$ 量得点 b_2，连线 $M_{y2} b_2$ 与 $a°F_y$ 相交，即得点 $b°$。

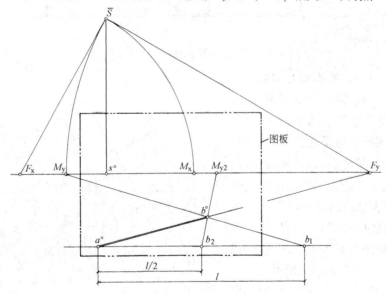

图 10-21　分量点的利用

10.2.3　利用缩小图形解决原图问题

图 10-22（a）中，已知视距为 d 和一条消失于板外灭点 F_x 的直线 $A°B°$，现在要从 $A°$ 点作一条垂直于 AB 的水平线 AC 的透视。

由于已知的灭点 F_x 位于板外，无法直接求得其共轭灭点 F_y（此共轭灭点 F_y 可能也在板外）。此时，可以用化大图为小图的办法来解决。其作图步骤：

（1）连接点 $A°$ 和心点 $s°$，在 $s°A°$ 线上取 $1/2$（或 $1/3$）的分点 $A_2°$。

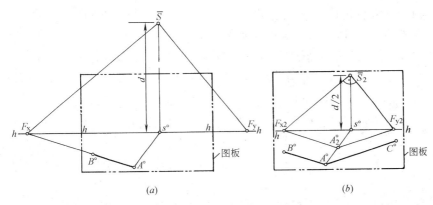

图 10-22 利用缩小图形解决原图问题

（2）自 $A^°_2$ 点作 $A^°B^°$ 线的平行线，与视平线 hh 交于点 F_{x2}。

（3）在过 $s^°$ 的竖直线上截取视距 d 的 $1/2$ 的长度，得点 $\overline{S}_2$，将 $\overline{S}_2$ 和 F_{x2} 两点连成直线。

（4）自点 $\overline{S}_2$ 作 $\overline{S}_2F_{x2}$ 线的垂直线，与 hh 线相交于点 F_{y2}。连接 F_{y2} 和 $A^°_2$ 两点。

（5）自点 $A^°$ 作 $F_{y2}A^°_2$ 线的平行线 $A^°C^°$，即为所求。

10.2.4 在透视图中的平行二直线间引平行线

图 10-23 中所示三例，其已知条件完全相同，都是设定 $l^°_1$ 和 $l^°_2$ 为平行二直线，今欲通过已知点 $a^°$，引一直线平行于原有的二直线。由于平行二直线的灭点远在图板之外，向该灭点引平行线，将不可能直接进行，但可通过各种几何关系来解决，下文将介绍几种比较简明易行的方法。

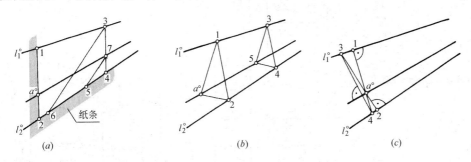

图 10-23 在透视的平行二直线间引平行线

（1）根据平面内引自一点的射线定将平行二直线分割成相同分比的原理，就得到如图（a）所示的作图步骤：过 $a^°$ 作一直线，与 $l^°_1$ 和 $l^°_2$ 线分别交于点 1 和 2，在适当处另作 12 线的平行线，与 $l^°_1$ 和 $l^°_2$ 线分别交于点 3 和 4，在 $l^°_2$ 线上截取线段 45，使其长度等于 $2a^°$；接着截取线段 56，使其长度等于 $a^°1$，连接 6 和 3 点，自点 5 作 63 线的平行线，与 34 线相交于点 7。连线 $a^°7$ 即为所求。

（2）根据平面内过一点的射线上可作出相似图形的原理，得到图（b）所示的作图步骤：过点 $a^°$ 任作一三角形 $a^°12$，使 1、2 两点分别在 $l^°_1$ 和 $l^°_2$ 线上。再另作一相似三角形 3 4 5，使其各边与 △12a° 各相应边平行，同时 3、4 两点分别位于 l_1' 和 l_2' 线上。则连线 a°5，即为所求。

（3）根据三角形三条高线相交于一点的原理，可得到图（c）所示的作图步骤：过点 a° 分别作 l_1' 和 l_2' 的垂线 a°1 和 a°2，并使之延长，与 l_2' 和 l_1' 分别相交于 4 和 3 两点，连接 4 和 3 两点。过点 a° 作 34 线的垂直线，即为所求。

如果 l_1' 和 l_2' 之一为视平线，以上三种画法仍然可用。

10.3　辅助标尺法和辅助框线法

绘制透视图时，灭点远在图板之外的情况是经常遇到的，而依赖灭点，则图幅又往往过大。既然如此，就要设法找到一种完全摒弃灭点不用，而且能在幅面有限的画面上作出尽可能大的透视图的画法。下文将介绍两种符合这种要求的作图方法。

10.3.1　辅助标尺法

图 10-24（a）所示，在选定了站点 s，画面线 pp 和视高之后，首先在平面图中，通过建筑物各转角点引视线的 H 面投影，与 pp 相交于 a、b、c……各点，这就确定了建筑物各个墙角线在透视图中的左、右相对位置；然后在 pp 上适当地取两个点，如 a 和 t，将 a 和 t 看作是画面上两条铅垂线 AA、TT 的 H 面投影，由此向上引到立面图上，画出 AA 和 TT 的 V 面投影 a'a' 和 t't'。就以画面上的这两条线 AA 和 TT 作为辅助标尺。在立面图中，通过建筑物各个投影点

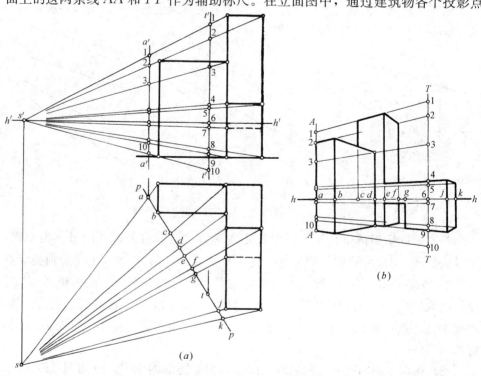

图 10-24　用辅助标尺法作透视图

引出视线的投影，与辅助标尺的投影 $a'a'$ 和 $t't'$ 均相交，交点按 1、2、3……次序编号。

　　然后，在画面上首先作视平线 hh，如图 10-24（b）所示，将平面图中 pp 线上的 a、b……各点，用纸条移到视平线 hh 上，得 a、b、c……等点。过 a 和 t 两点各引铅垂线 AA 和 TT，作为辅助标尺；再从立面图中，将 $t't'$ 和 $a'a'$ 上各点 1、2、3……移到 AA 和 TT 上（注意它们相对于 hh 的高低均不改变）；将两标尺上的各相应点连接起来；再自视平线 hh 上的各点 a，b，c 作线，就是建筑物上各个墙角线在透视图中的左右位置。其长度则根据平、立面图来确定，如墙角线 d，由立面图中，知道 d 线的长度是在 3-3 和 9-9 两线之间，则透视图中墙角线 d 的上、下两点也分别在 3-3 和 9-9 线上。按此方法，就可定出各条墙角线的透视，最后，再将有关各点连接起来，即得所求建筑物的透视图。

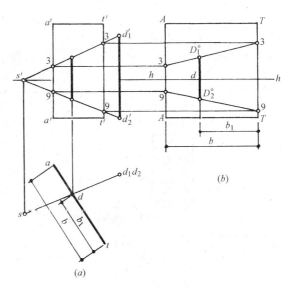

　　这种画法的根据，从图 10-25 的分析中不难理解。图 10-25 中，at 是铅垂的画面 $AATT$ 的 H 面投影，AA 和 TT 是它的两条铅垂边线，AA 和 TT 的真实

图 10-25　辅助标尺法的作图根据

距离，就是 at 的长度（$=b$）。为求画面后一条铅垂线 D_1D_2 的透视，首先在 H 面投影中，连接 s 和 d_1，即视线的 H 面投影，sd_1 和 at 相交于点 d，这就确定了 D_1D_2 的透视位置，它与 TT 边相距 b_1。为了求作 D_1D_2 上端点 D_1 的透视，可设想包含视线 SD_1 作正垂面，D_1 的透视就在此正垂面与画面的交线上，此交线可由画面的铅垂边线 AA、TT 对此正垂面的交点来确定，这两个交点在 V 面投影中已经得到，即 3 和 3，这两个交点在视点之上的高度也已确定。因此，在透视图（图 b）中，按距离 b 作铅垂线 AA 和 TT。按两个点 3 对视平线的高度，在 AA 和 TT 分别截得点 3 和 3；按距离 b_1 在视平线上量取一点 d，过点 d 的铅垂线，与连线 3-3 相交，即得 D_1 点的透视 D_1°。同理，可求出下端点的透视 D_2°，$D_1^\circ D_2^\circ$ 就是 D_1D_2 线的透视。

10.3.2　辅助框线法

　　在图 10-24 所示的画法中，如果画面上所作的两条竖直线（AA 和 TT）的位置欠佳，还可能使作图时所占幅面较大，这时可设想在画面上再加上两条水平线，与原来的竖直线构成一个矩形画框。随后的作图仍和图 10-24 相接近。现以图 10-26 为例，作具体说明。

　　图 10-26（a）中给出了建筑物的平、立面图，并给定了视点及画面的位置，求作该建筑的透视图。首先作一矩形画框，其 V 面投影为 $p_1'p_2'p_3'p_4'$，其 H 面投

151

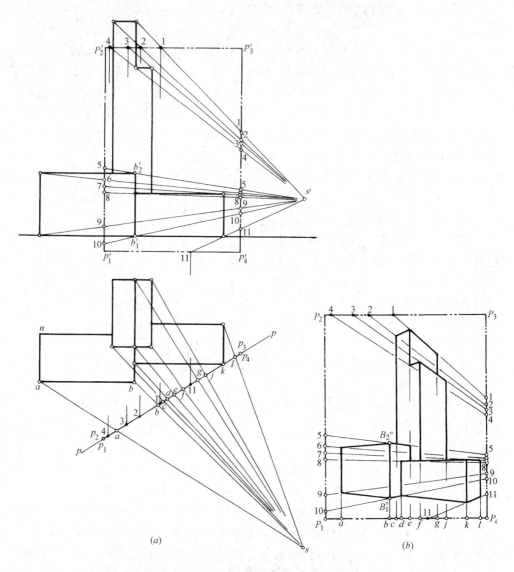

图 10-26　用辅助框线法作透视图

影与 pp 线重合，即 p_2（p_1）p_3（p_4）。然后，在图（b）中画出画框的实形 $P_1P_2P_3P_4$，其水平边线的长度，由平面图量取过来，其竖直边线由立面图中量取过来。

在图（a）中，自站点 s 向建筑平面各顶点（估计在透视图中看不到的顶点，如 n 点就可免去）引视线与画面的 H 面投影 pp 相交于 a、b、c⋯⋯l 等点，将这些点移到图（b）中的 P_1P_4 线上，注意不能改变这些点对 P_1 和 P_4 的距离。

在图（a）中，自视点的 V 面投影 s' 向建筑立面有关各顶点引视线，与矩形 $p_1'p_2'p_3'p_4'$ 各边线相交于 1 和 1、2 和 2⋯⋯11 和 11 各点。将框线上各点不改变其相互距离移到图（b）中矩形的相应的框线上。水平线 $p_2'p_3'$ 上的 1、2、3 和 4 点在 V 面投影中不能反映它们相互间的真实距离，必须下投到

152

H 面投影 $p_2 p_3$ 线方能表现其真实距离，然后再转移到图（b）中的 $P_2 P_3$ 线上。$p'_1 p'_4$ 线上的点 11 同样也必须通过上述步骤才能转移到图（b）中的 $P_1 P_4$ 线上。

在图（b）中，将矩形框线四边上的各相应点 1 和 1、2 和 2……11 和 11 连成一系列直线。然后再自 $P_1 P_4$ 线上的 a、b……l 等引竖直线，就是建筑物上各墙角线的透视位置，其长度则根据图（a）中的平、立面图来确定。如墙角线 B 的长度由立面图中看出是在 5-5 线和 10-10 线之间的一段，则透视图中墙角线 B 的上、下两端点 B_2° 和 B_1° 也分别在 5-5 和 10-10 线上。按此方法求出其余各墙角线的透视。最后，再将有关各点连接起来，即完成此建筑物的透视作图。

第 11 章　曲线、曲面的透视

11.1　平面曲线和圆的透视

11.1.1　平面曲线的透视

平面曲线的透视一般仍为曲线。如平面曲线就在画面上，则透视就是该曲线本身；当曲线所在平面与画面平行时，则其透视与该曲线本身相似；如曲线所在平面通过视点，则透视成一段直线。

平面曲线如不平行于画面，其透视形状将有所变化。求作平面曲线的透视，可有以下两种方法：

方法 1：在曲线上选取一系列足以确定该曲线透视形状的点，求出这些点的透视，再以曲线将它们光滑地连结起来，即所求曲线的透视。

为了求出曲线上所选各点的透视，总是借助于通过各点所作两个不同方向的辅助直线，由它们的全线透视相交，其交点就是曲线上所选点的透视位置，然后连以光滑曲线，即为所求。

通过曲线上各点所引的两个不同方向的直线，相互间可以是正交的，也可不是正交的。只要两个不同方向直线的透视能清晰明确地定出交点位置即可。

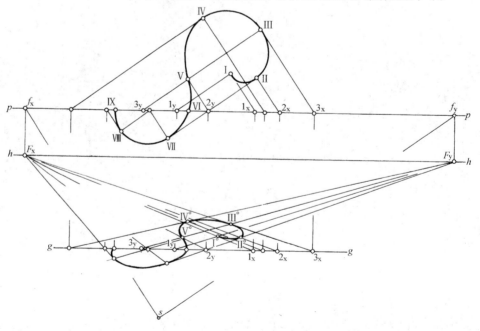

图 11-1　利用两组主向直线的交点作曲线的透视

　　图 11-1 所示，是基面上一曲线的透视作图过程。首先在曲线上选定一系列的点，如Ⅰ、Ⅱ……等点。在画面的视平线 hh 上如已存在两个主向灭点 F_x 和 F_y，就可以通过Ⅰ、Ⅱ……各点分别作两个主向辅助直线，这些辅助线与 pp 线相交于 1_x、1_y、2_x、2_y……等点，由此下投到基线 gg 上，就是这两组辅助线的画面迹点。由这些迹点向相应的灭点引出两组辅助线的全线透视，这就形成了一个透视网格。曲线上各点的透视，就由这透视网格中相应的两根辅助线的交点所确定，然后以光滑曲线将这些交点顺次连接起来，从而求得此曲线的透视。

　　图 11-2 所示曲线，与图 11-1 相同。为求其透视，所用的两组辅助直线，与前者不同。其中一组直线是 45°方向的平行线，其灭点为距点 D，另一组直线相交于站点 s，其透视是画面上的铅垂线。从这两组直线所形成的透视网格中，同样可以求得该曲线的透视。

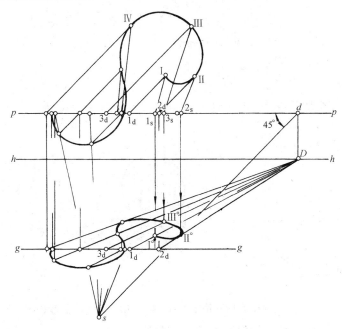

图 11-2　利用 45°线和过站点的直线相交，作曲线的透视

　　图 11-3 所示还是与前相同的曲线。为求其透视，所用的两组辅助直线中，一组为消失于灭点 F_x 的平行线，另一组是消失于心点 $s°$ 的画面垂直线。从这样的透视网格中也可以求得该曲线的透视。

　　由以上三个例图看出，透视作图所利用的透视网格，其两组辅助直线虽各不相同，但共同之处是曲线的透视通过透视网格格线的交点。

　　方法 2：将平面曲线纳入一个由正方形（或矩形）组成的网格内，曲线不一定通过网格格线的交点。此时，先将正方形网格的透视画出来，然后，按原曲线与网格格线的交点位置，目估定出各交点在透视网格的相应格线上的位置，再用光滑曲线连接这些交点，就得到所求曲线的透视。

　　图 11-4 所示，是两个相同的平面曲线，其中一个位于基面上，另一个位于铅垂面上。它们的透视都是利用正方形网格求得的。

155

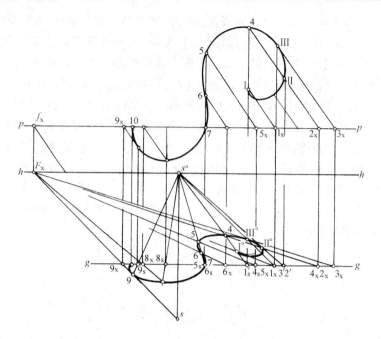

图 11-3 利用一组主向直线和画面垂线相交，作曲线的透视

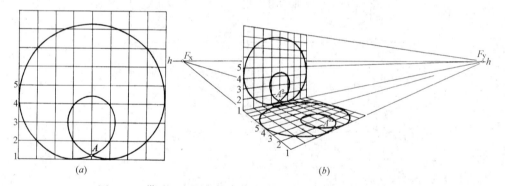

图 11-4 借助正方形网格求作水平面和铅垂面上的曲线透视

图 11-5 所示是位于一般斜面上的平面曲线。图 11-5（a）以 H、V 投影给出了该曲线相对于画面、视点的位置以及视平线的高度。为了求作该曲线的透视，在平面图中画出了一个正方形网格，覆盖在曲线的 H 面投影上。并求得网格格线的灭点和量点的位置，如 f_x、f_y 和 m_x。图 11-5（b）示出了具体作图过程。为了作图清晰准确，采取了降低基线的办法，画出了网格及曲线的基透视（如非必要，可不画曲线的基透视）。然后借助斜线的灭点 F_1，画出曲线所在的斜面上的网格的透视，从而求得该曲线的透视。此处应注意到，在此斜面上的网格，已不是正方形，而是长方形网格。

由以上几个例图看出：平面曲线上原已存在的特殊点如交点、尖点和反曲点，在透视图中仍然是交点、尖点或反曲点。比如图 11-1 中的曲线上原有反曲点 V，在透视图中 V° 点仍为反曲点。图 11-4 中，曲线自身有交点 A，其透视 $A°$ 仍为曲线透视上的交点。图 11-5 中的曲线原有尖点 A、B 和 C，它们的透视仍表现为尖点。

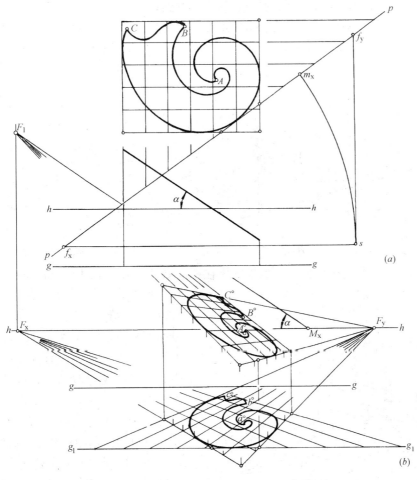

图 11-5 用正方形网格求一般斜面上的曲线透视

11.1.2 圆周的透视性质

圆周也是平面曲线，其透视同样具有前文所述的性质，即当圆周就位于画面上，其透视就是圆周本身；当圆周所在平面与画面平行，则其透视仍然是一圆周，只是透视圆周的半径，较圆周的原半径放大或缩小；如圆周所在平面恰好通过视点，其透视则蜕化成一直线线段。除了这些特殊情况外，圆周的透视总是一个二次曲线，即椭圆、抛物线或双曲线，也包括圆。

为了阐述圆周透视成为二次曲线的各种情况，必须强调图 7-2 中引入的所谓"消失面"的概念。消失面 N 是一通过视点 S 并平行于画面 P 的平面。位于消失面上的任何点与线，其透视均在画面的无限远处。也就是说，在画面的有限幅面内是不存在它们的透视。消失面 N 与基面 G 的交线 nn，平行于基线 gg。nn 线称为**消失线**。消失线 nn 及其上的所有点，同样位于画面的无限远处。圆周的透视将成为什么样的二次曲线，需视圆周与消失面的相对关系而定。具体有以下四种不同情况：

（1）圆周与消失面不相交，如果圆周在基面 G 上，就不与消失线 nn 相交，如图 11-6 所示，自视点 S，向圆周上所有点引视线，就形成了以视点为顶点，

157

以视线为素线的斜椭圆锥面。此时，所有的视线，即素线（或延长后）都与画面P相交，全部交点的集合，成为斜圆锥面的截交线，通常是一个椭圆（特殊情况下可成为圆），这就是圆周的透视。

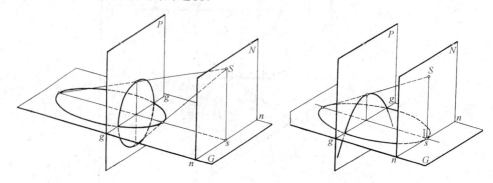

图 11-6　圆的透视成椭圆　　　　　　图 11-7　圆的透视成抛物线

（2）圆周与消失面相切，如果圆周在基面G上，则与消失线nn相切，如图11-7所示，切点Ⅰ恰与站点s重合（也可能不重合）。此时，由视线形成的斜椭圆锥面上有一条素线SⅠ平行于画面P，画面对该斜圆锥面的截交线，成为抛物线，这就是圆周的透视。也就是说，圆周对nn线的切点Ⅰ，其透视在画面上的无限远处，故而圆周的透视是一抛物线。

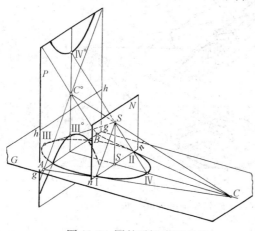

图 11-8　圆的透视成双曲线

（3）圆周与消失面相交于两点，如果圆周就在基面G上，则与消失线nn相交，如图11-8所示，圆周与消失线nn相交于点Ⅰ和Ⅱ，此时，由视线形成的斜圆锥面上有两条素线即SⅠ和SⅡ平行于画面P，画面对该圆锥面的截交线是双曲线。这是因为交点Ⅰ和Ⅱ的透视在画面上的无限远处，故而，圆周的透视成为双曲线。在消失面两侧的圆弧被投射成两支双曲线。在圆周与消失面（此处为消失面上的消失线nn）的两个交点Ⅰ和Ⅱ处，作圆周的两条切线，相交于点C。切线CⅠ和CⅡ延长与画面（此处为画面的基线gg）相交于A、B两点。C点的透视C°成为双曲线的中心，而切线CA和CB的透视C°A和C°B，则成为双曲线的渐近线。由于人眼只能向前方观看，所以视点背后（即消失面外侧）的弧线ⅠⅥⅡ位于虚空间内，是眼睛看不到的，当然它的透视、另一支双曲线是不必画出来的。

（4）圆周所在平面与画面不平行的情况下，如前所述，该圆的透视也可能仍保持为圆。但必须满足一定的条件，方能实现。

当视点与圆周的相对位置确定之后，画面必须处于什么样的位置，圆在该画面上的透视才能保持为圆？通过图11-9进行分析，就可以找到答案。在图11-9

158

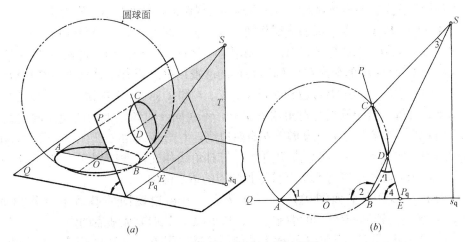

图 11-9 圆的透视仍为圆的条件

（a）中，自视点 S 向圆所在平面 Q 作垂线，垂足为 s_q，包含此垂线和圆心 O 作辅助平面 T。画出在 T 平面上的正投影，如图 11-9（b）所示。圆 O 的 T 面投影积聚成直线 AB。A、B 两点是圆周上离视点最远和最近的两个点。将 A、B 两点与视点 S 连接成△SAB。此三角形实际就是由视点 S 和已知圆组成的椭圆锥面的 T 面投影。△SAB 的三个顶角的大小为∠1、∠2 和∠3。包含已知圆 O 任作一圆球，其 T 面投影是通过 A、B 两点的圆。此圆与 SA、SB 两视线相交于 C、D 两点，过 C、D 两点引直线，并延长与 AB 线相交于 E，得∠4。直线 CE 就是所要确定的画面 P。此平面 P 与球面必然相交成圆，其 T 面投影积聚成线段 CD。这就是圆 O 的透视。在 P 面的任何平行平面上，圆 O 的透视总保持为圆。这样的画面有何特征呢？其一是画面与圆所在面的交线 P_q 垂直于 s_q 与 O 两点的连线；其二是画面 P 与圆所在面 Q 的夹角∠4＝∠2－∠1。由图 11-9（b）中不难看出：四边形 ABDC 内接于圆，平面几何就曾指出过，圆的内接四边形的任何一个外角等于它的内对角。在图 11-9（b）中∠EDB＝∠1，而∠2＝∠EDB＋∠4，因此∠4＝∠2－∠1。

11.1.3 圆的透视成椭圆时的画法与分析

（1）为了画出圆的透视椭圆，通常利用圆周的外切正方形的四边中点以及对角线与圆周的四个交点。作图时，首先用前述的任何一种方法（诸如建筑师法、全线相交法或距点法…）画出正方形的透视，进而定出四边的中点以及对角

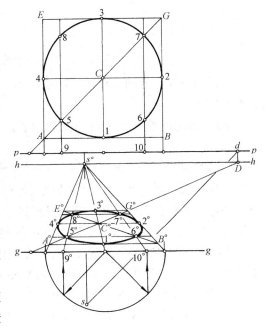

图 11-10 水平圆的透视画法

159

线上的四个交点，最后将这八个点光滑地连接成椭圆，这就是圆周的透视。

图 11-10 所示是水平圆的透视作图。为了方便起见，此处使圆外切正方形的一对对边 AB 和 EG 平行于画面。首先用距点法作出外正方形的透视 $A°B°G°E°$：对角线 $A°G°$ 和 $B°E°$ 的交点 $C°$，即圆心 C 的透视；过点 $C°$ 作基线的平行线和指向心点 $s°$ 的直线，与四边形各边相交得 $1°$、$2°$、$3°$ 和 $4°$ 四点，即圆周与正方形的四个切点的透视。至于圆周与对角线的交点，不在同一对角线上的两交点的连线，如 58 和 67，必然平行于正方形的左右两边线，并与基线相交于 9、10 两点。在透视图中，通过 $9°$、$10°$ 向心点引直线，与对角线相交，就得到 $5°$、$6°$、$7°$ 和 $8°$ 四点。以光滑曲线连接这八个点就得到圆周的透视椭圆。

如果不依赖于平面图确定 9、10 两点，可在透视图的基线下方作出如图 11-10 所示的辅助图线，也可确定 $9°$、$10°$ 两点，从而完成随后的作图。

图 11-11 所示是位于铅垂平面上的圆周的透视作图。与前例相同，也是利用外切正方形，确定圆周上八个点的透视，从而画出圆的透视椭圆。

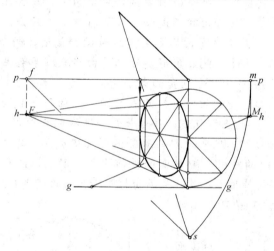

图 11-11　铅垂面上的圆的透视

（2）圆周透视成椭圆的画法、已如前述，现在要进一步分析圆周透视成椭圆时的变形特点。

① 圆心的透视绝不是透视椭圆的中心，由图 11-10 及图 11-11 中都能明显看出。

② 图 11-12 中，一系列水平圆周均透视成椭圆，但只有圆心的透视位于过心点的竖直线上，圆的外切正方形透视成等腰梯形时，透视椭圆的长轴才能处于水平位置，如果左右稍有偏离，则透视椭圆的长轴将相应倾斜，长轴的长度也将逐渐变长。偏离愈远，长轴就愈长，短轴则相应缩短。

同样，处于铅垂面上的圆周，其透视也成椭圆，如图 11-13 所示。只有圆心的透视位于视平线上，圆外切正方形透视成等腰梯形时，透视椭圆的长轴才能处于铅垂方向。如果圆心的透视高于或低于视平线，则透视椭圆的长轴也将相应倾斜。

（3）在求作圆的透视椭圆时，如果首先将透视椭圆的共轭轴、长短轴确定下来，对准确地画出透视椭圆，不无好处。

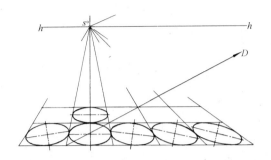

图 11-12　水平圆透视成椭圆，其长、短轴的变化

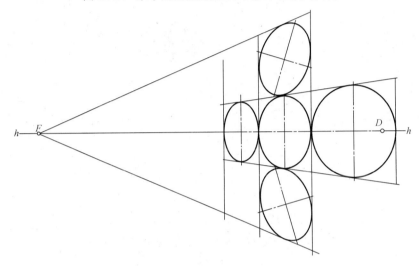

图 11-13　铅垂圆透视成椭圆，其长、短轴的变化

图 11-14 示出了求作透视椭圆的共轭轴的空间直观情况。设基面 G 上有一圆周 O。由视点 S 将此圆周投射到画面 P 上得到的透视是一椭圆。为了确定此透视椭圆的一对共轭直径的方向，设想自消失线 nn 上的某一适当点 T 向圆周 O 作切线 TA 和 TB。由于 T 点在消失线上，所以 T 点的透视在画面的无限远处。相交于 T 点的两条切线，它们的透视必然变成相互平行的两直线，并通过两切线对基线的交点 1 和 2。画面上这一对平行线的方向一定是与视线 ST 平行的。这就是共轭方向之一。将 A、B 两切点连接成 AB 线段，这正是与切线相共轭的"直径"。将 AB 线延长与消失线 nn 相交于 R 点，自 R 点向圆 O 作切线 RD 和 RE，切点 D 与 E 的连接 DE 延长必然通过点 T。R 点与 T 点一样，其透视在无限远处，切线 RD 与 RE 的透视也变成平行二直线。这一对平行线的方向与视线 SR 平行，并通过切线 RD 和 RE 对基线的交点 3 和 4。这样，线段 AB 与 DE 的透视 $A°B°$ 与 $D°E°$ 就是透视椭圆的共轭轴。

至于如何具体在画面上确定透视椭圆的共轭轴呢？可先细阅图 11-14，设想将基面 G 按箭头所示方向绕基线旋转到与画面重合；同时，使视点 S 也按箭头所示方向绕视平线 hh 旋转到与画面重合，如图 11-15 所示。这样，全部作图都可在画面上进行。

161

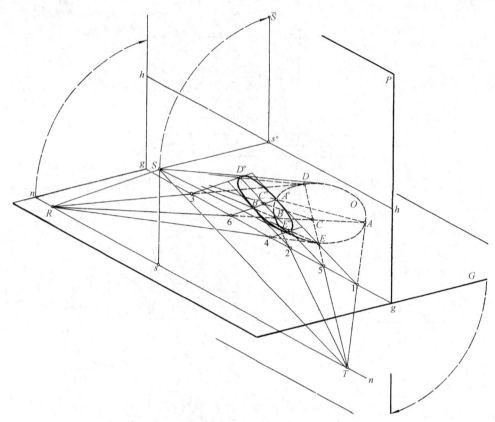

图 11-14 圆透视成椭圆，其共轭轴的空间分析

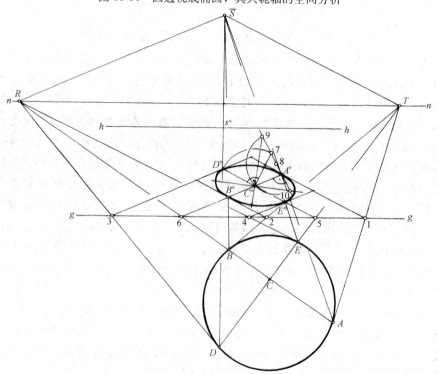

图 11-15 圆透视成椭圆，其共轭轴和长、短轴的具体求作

有了透视椭圆的共轭轴 $A^\circ B^\circ$ 和 $D^\circ E^\circ$，就可以求出椭圆长、短轴的方向和长度。过 C° 点作 $D^\circ E^\circ$ 的垂线，在此垂线上，截取线段 $C^\circ 7 = C^\circ D^\circ$，将 7、$A^\circ$ 两点连成线段，并取其中点 8，以 8 点为心，$8C^\circ$ 为半径作圆弧，与 $7A^\circ$ 的延长线相交于 9 和 10 两点，点 9 与 C° 连线即短轴位置，点 10 与 C° 连线即长轴位置。

11.2　圆柱和圆锥的透视

11.2.1　圆柱和圆锥透视的基本画法

圆柱和圆锥都是直纹单曲面，其透视作图都比较简单。对圆柱和圆锥台，首先作出两端底圆的透视，然后再画出与两透视底圆公切的轮廓素线，即完成透视作图。对圆锥来说，只需由锥顶的透视向底圆的透视作相切的轮廓素线即可。

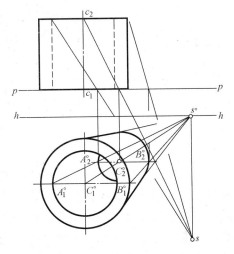

（1）图 11-16 所示，是一垂直于画面的圆管透视作图。圆管的前口端面位于画面上，故其透视就是它自身。后口圆周在画面后，并与画面平行，故其透视仍然是一圆，但半径略为缩小。为此，先作出后口圆心 C_2 的透视 C_2°，再求出后口两同心圆的水平半径的透视 $A_2^\circ C_2^\circ$ 和 $C_2^\circ B_2^\circ$，分别以 $A_2^\circ C_2^\circ$ 和 $C_2^\circ B_2^\circ$ 为半径，以 C_2° 为圆心作两同心圆，就得到圆管后口内外圆周的透视（图中仅将可见部分画出）。最后，作

图 11-16　圆管的透视

出圆管外壁的轮廓素线，从而完成圆管的透视图。

图 11-17 中，按给出的柱径 D 和柱高 H 画出了两个直立正圆柱的透视。其

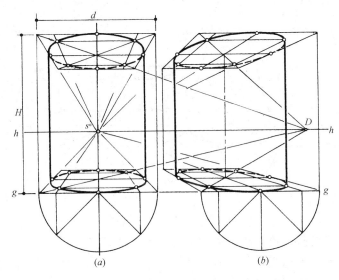

图 11-17　铅垂圆柱的透视

上、下底圆的透视,都是按图 11-10 所示的方法画出的,然后作两透视底圆的公切素线,即得圆柱的透视。底圆的不可见部分可画成虚线,也可不画。

仔细观察图 11-17,有两个问题值得注意:其一,在透视图中,柱面的可见部分小于半个柱面,后面不可见部分则大于半个柱面;其二,正前方的圆柱体,其透视左右对称,看来比较自然,而偏前方的柱体,其透视则由于左右不对称,看来有失真的感觉。如果不是直立圆柱体,此种失真现象,不致如此强烈。图 11-18 所示,是一横卧于 G 面上的圆柱体,首先按图 11-11 所示方法画出柱体前、后底圆的透视,然后作两底圆透视的公切素线,从而完成透视作图。此图没有明显的失真感觉。

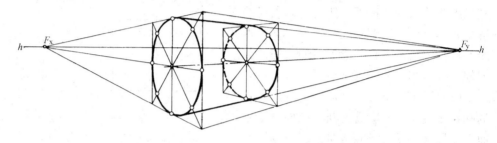

图 11-18　横卧的圆柱体的透视

(2) 图 11-19 中画出了两个圆锥和两个圆锥台。本图的作图过程,有了前一阶段学习的基础,自不难分析解决,不再赘述。此处需要指出的是,靠近视中线的圆锥和锥台,其透视形象看来比较自然,偏离视中线较远的圆锥和锥台,由于其透视左右明显不对称,因此,给人的视觉印象,有强烈的失真感觉。这现象与前述的圆柱体的透视是一致的。

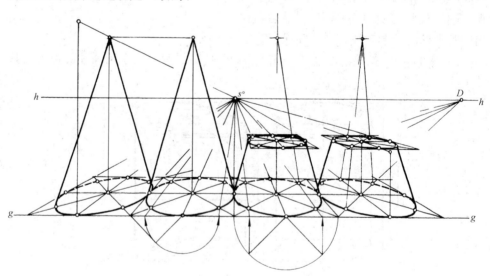

图 11-19　圆锥和圆锥台的透视形象

11.2.2　由柱面、锥面组成的建筑形体的透视示例

(1) 求作圆拱的透视,与圆柱一样,关键在于求作圆拱前、后口圆弧的透视。当在拱内作其透视时,两个透视圆弧间无需作公切的轮廓素线。

图 11-20 所示为圆拱门的透视作图。此例主要是解决拱门前、后两个半圆弧的透视作图。作半圆弧的透视完全可以参照图 11-11 所示方法解决，就是将半圆弧纳入于半个正方形中，作出半个正方形的透视，就得到透视圆弧上的三个点 1°、3°、5°；再作出两条正方形的对角线与半圆弧交点的透视 2° 及 4°，将这五点光滑连接起来，就是半圆弧的透视。

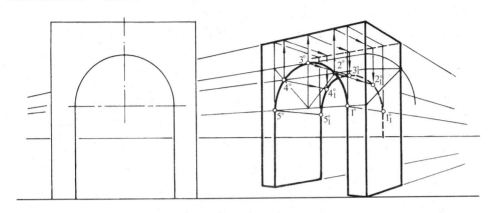

图 11-20 圆拱门的透视

后口半圆弧的透视，可用同法画出。图中是用过前半圆上已知五点所引的拱柱面的素线，并利用素线在拱门顶面上的基透视所确定的长度，而求得相应的五点，顺次连成的。

（2）图 11-21 所示是由两个半径相等的半圆拱组成的正交的十字拱，两拱的轴线在同一高度上，其中一个拱面垂直于画面，是正向拱，其素线和轴线的透视消失于心点 s°；另一拱面的轴线和素线平行于画面，其透视平行于视平线，这是侧向拱。

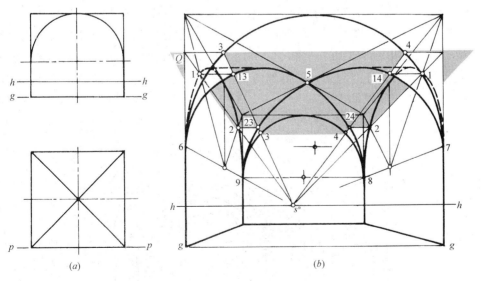

图 11-21 十字拱的透视

对于正向拱的前、后口半圆弧的透视，参照图 11-16 所示方法即可画出，对于侧向拱的左、右口半圆弧的透视，参照图 11-11 所示方法即可画出。

165

为了作出两个拱面交线的透视，可假想用水平面为辅助平面，如平面 Q，与两个拱面分别相交；与侧向拱交得素线 1-1、2-2，与正向拱交得素线 3-3、4-4。这些素线相交得到的四个交点 13、14、23、24，就是两个拱面的交线上的点；同法，可再求出若干这样的点。此外，顶面正方形上两对角线的交点 5，也是两拱面交线上的点，而拱口四个半圆弧的切点 6、7、8 和 9 则是两个圆拱面交线的起讫点。将这些点顺次圆滑地连接起来，即得到十字拱的透视。

（3）图 11-22 所示是正交的高低拱的透视图。正向拱的柱面半径比侧向拱的半径大，但两者的轴线却位于同一高度上。

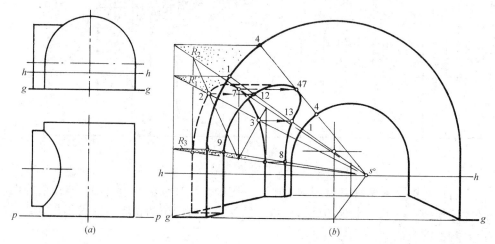

图 11-22　高低正交拱的透视

大、小拱面交线的作图，仍和图 11-21 一样，用水平面 R_1 与正向拱交得素线 1-1，与侧向拱交得素线 23，这些素线相交于点 12 和 13；再作水平面 R_2，与正向拱交得素线 4-4，而与侧向拱面相切于素线 7，这两条素线相交于点 47。至于高于 R_2 的水平截面，因不与侧向拱相交，所以就无效了。最低的有效水平截面，是通过两拱面轴线的平面 R_3，利用 R_3 求得点 8 和 9。将 8、13、47、12、9 等五个点光滑地连接起来，就得到两个拱面交线的透视。R_3 面以下是两拱平面部分的交线，所以是直线。

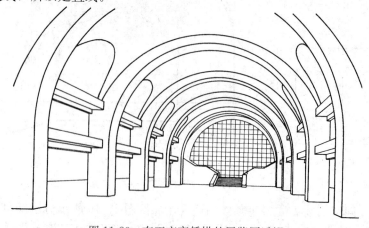

图 11-23　有正交高低拱的展览厅透视

图 11-23 所示，就是具有正交高低拱面的展览厅的室内透视图。

（4）图 11-24 所示是覆盖于正六边形上的屋面的透视作图，此屋面由六个共一锥顶的椭圆锥面组成。其平、立面图及视点、画面的位置由图 11-24（a）给出，其透视图放大一倍画出，如图 11-24（b）所示。图中画出了两个屋顶的透视，一个高于视平线，一个低于视平线。

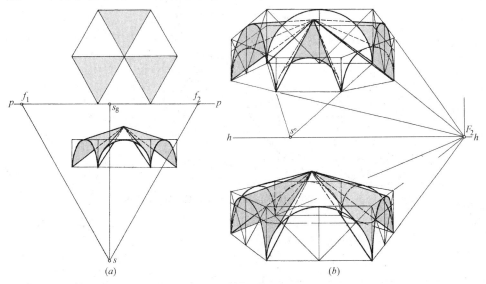

图 11-24　锥面组成的屋顶的透视作图

11.3　回转体和球体的透视

11.3.1　回转体的透视

求作曲线回转体的透视，通常先画出回转面上若干个纬圆的透视，然后光滑地作出这些纬圆透视的包络曲线，即为回转面透视的轮廓线。

（1）当回转体的轴线垂直于画面，则回转面上的所有纬圆均平行于画面，其透视仍保持为圆。在此情况下，回转体的透视作图十分简单，只要画出回转面上若干个纬圆的透视，即一系列透视圆周。然后光滑地作出这些透视圆周的包络曲线，从而完成回转体的透视作图。

图 11-25 所示是回转体的透视作图过程。图中给出了站点 s、画面位置线 pp，回转体只画出了右半个的平面图。请注意，画面叠置于平面图上，给出了视平线 hh 以及回转体轴线的画面投影 c'。由图中显而易见，回转轴线是垂直于画面的。自心点 s° 引线过点 c'，并予以延长，就是回转轴线的透视。在回转体上选取一系列纬圆，求出这些纬圆圆心的透视 C_1°、C_2°…C_7°，以及相应半径的透视长度。然后画出这些纬圆的透视。最后，作出这些透视圆周的包络曲线。从而完成全部透视作图。

（2）如果回转体轴线不垂直于画面，则其表面的所有纬圆，其透视将成为椭圆（甚至成为抛物线或双曲线。此时，回转体的透视将严重畸变失真，此处不举例）。通常只有利用若干个纬圆的透视椭圆，作包络线的办法来完成回转体的透视作图。

167

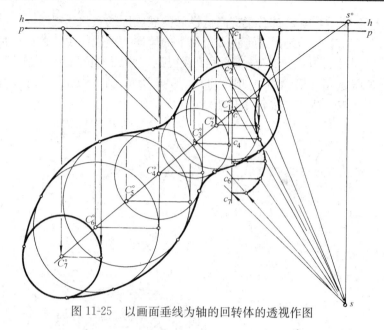

图 11-25   以画面垂线为轴的回转体的透视作图

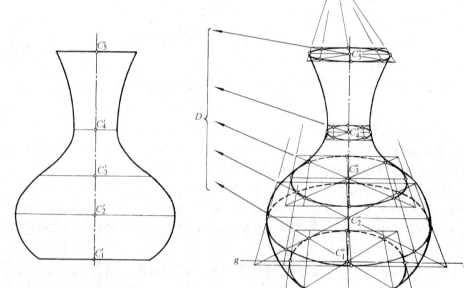

图 11-26   曲线回转面的透视

图 11-26 中给出了瓶状回转体的立面图。设画面正好通过回转体的轴线，根据选定的视高，视距，在画面上引出视平线 hh 和基线 gg；并在视平线上确定心点 $s°$ 和距点 D，按图 11-10 所示八点法，先画出几个选定的纬圆（如底圆 C_1、顶圆 C_5、喉圆 C_4、赤道圆 C_2 等）的透视椭圆，最后，光滑地作出这些透视椭圆的包络曲线，从而完成瓶状回转体的透视。

11.3.2 球体的透视

球体的透视性质类似于圆周的透视性质。球体的透视同样可以成为任何一种二次曲线，即圆、椭圆、抛物线或双曲线。因为引自视点并与球面相切的所有视线形成一个圆锥面，而圆锥面与画面相交，其截交线总是某一种二次曲线。只有当球心位于中心视线上时，球的透视才成为圆。当球面与消失面 N 相切时，其透视为抛物线；与消失面相交时，其透视成双曲线。如视点就在球面上或球面内，则谈不上求作球体透视的问题。在一般情况下，球的透视是椭圆。

球体实际上是曲线回转体，在其表面上总是存在一组与画面平行的圆周，所以就将这一系列圆的透视画出来，仍然是一组圆周，然后光滑地作出它们的包络曲线，这就是球体的透视。这包络曲线通常是一椭圆，如图 11-27 所示。

但是，将椭圆作为圆球的透视轮廓，仍为人们的视觉所难于接受的。因此，当所绘对象中，遇有圆球时，应尽可能使切于圆球的视锥的轴线，与中心视线位于同一铅垂面或同一水平面上，并使视锥轴线与中心视线的夹角尽可能小些，这样画出来的透视椭圆，如图 11-28 中的 C_1°、C_2° 和 C_3° 所示，其长轴处于铅

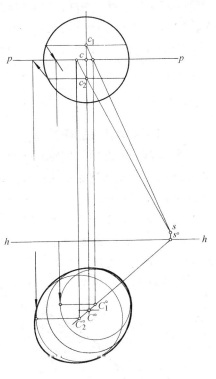

图 11-27 圆球透视的一般画法

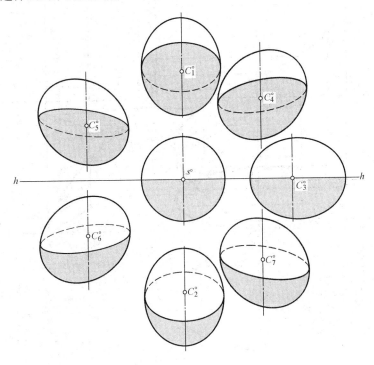

图 11-28 不同位置的圆球的透视

169

垂的或水平的位置，而且透视椭圆的长、短轴的长度相差甚小，看上去还比较顺眼。既然如此，就可将球的透视近似地画成圆了。否则如 C_4°、C_5°……所示，作为圆球的透视来看，就显得很不真切自然了。

11.4　螺旋线和螺旋面的透视

11.4.1　螺旋线的透视

当画面为平面时，空间曲线的透视理所当然成为平面曲线。为了求作空间曲线的透视，一般说是首先画出该空间曲线上一系列点的透视，然后将它们光滑地连接成曲线，即为所求。但在具体作图时，往往是将空间曲线的两个正投影图（比如 H 面和 V 面投影）的透视，作为基透视先求出来，然后根据这两个基透视，再作出空间曲线上一些选定点的透视，最后将这些透视点连成光滑的曲线，就是空间曲线的透视。

螺旋线是最常用的、按一定规律形成的空间曲线。现以圆柱螺旋线为例，说

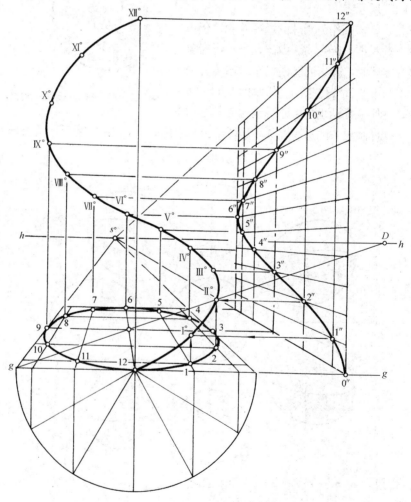

图 11-29　螺旋线的透视

明它的透视求作方法。

图11-29中根据圆柱螺旋线的平、立面图，并选定了视点 S 和画面 P 的位置（图中未画出），作视平线 hh、基线 gg，并在视平线上定出心点 $s°$ 和距点 D。然后，求出螺旋线的平面图与侧立面图的透视，为了省事起见，可以只画出均布于螺旋线上的一系列点的平、立面图的透视位置，而不必连接成曲线。由透视平面图中的 1、2、3……各点作竖直线，由透视侧立面图中的 $1''$、$2''$、$3''$…各点作水平线，相应的竖直线与水平线相交于 Ⅰ°、Ⅱ°、Ⅲ°…各点；最后，将这些点顺次光滑地连接起来，就得到螺旋线的透视。

空间曲线的透视和平面曲线的透视有着不尽相同的性质。平面曲线自身如果具有反曲点、交点、尖点等特殊点，这些特殊点的透视，仍然成为平面曲线透视图上的特殊点、相互间是对应的。由前面列举的图11-1，图11-4和图11-5中都能反映这些特性。对于空间曲线的透视则是另一种情况。比如圆柱螺旋线原本是连续的、并不存在反曲点、交点和尖点这些特殊点的空间曲线，但在透视成为平面曲线时，则可能出现反曲点、重影点和尖点等"假象"。图11-29中，螺旋线的透视出现了反曲点；图11-30中，螺旋线的透视出现了重影点 A；图11-31中，螺旋线的透视则出现了尖点 $T°$。

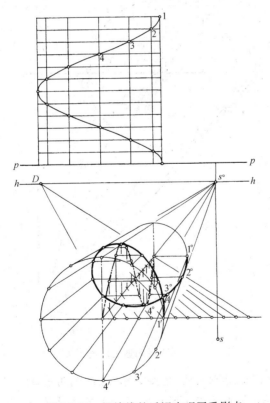

图 11-30　螺旋线的透视出现了重影点

11.4.2　螺旋面的透视

螺旋面的类型较多，今以建筑设计中常见的平螺旋面为例，说明螺旋面的透

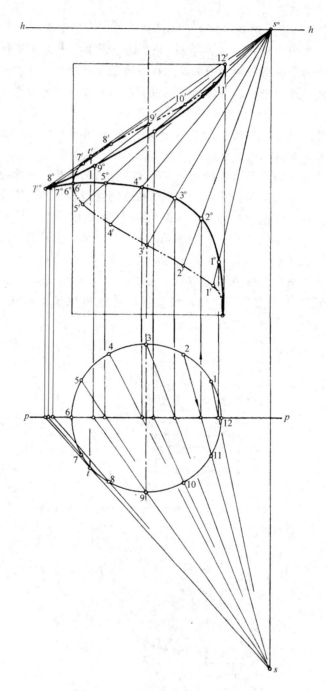

图 11-31　螺旋线的透视出现了尖点

视画法。平螺旋面的直线素线均垂直于轴线，素线的另一端点总是位于圆柱螺旋线上。如果以一共轴的圆柱面与螺旋面相交，其交线是另一条有着不同半径而保持相同螺距的螺旋线。

图 11-32（a）中给出了平螺旋面的平面图和正立面图。可以看出，此螺旋面上有着两个半径不等而螺距相同的螺旋线 A 和 B，所有素线均与螺旋线的轴

线 C 正交。根据选定的画面和视点，放大一倍求作该螺旋面的透视，如图 11-32 (b) 所示。

图 11-32 (b) 中，首先画出平螺旋面的两个基透视，即平面图和侧立面图的透视。请注意，在侧立面图的透视中，仅画出了外螺旋线 A。与前面的图 11-29 相同，由这两个基透视中相应的点分别引竖直线和水平线，相交得到螺旋线上相应点的透视，譬如，过 a_3 的竖直线和过 a_3'' 的水平线相交，得 A_3° 点，即外螺旋线上点 A_3 的透视。过 A_3° 点向轴线 C° 上的点 C_3° 引直线，与过 b_3 的竖直线相交得点 B_3°，$A_3^\circ B_3^\circ$ 即螺旋面上的一条水平素线。按同样步骤，即可画出其余各条水平素线的透视，如 $A_2^\circ B_2^\circ$、$A_4^\circ B_4^\circ$……；最后，将 A_1°、A_2°、A_3°……等点光滑地连接起来，即得到外螺旋线 A 的透视，将 B_1°、B_2°、B_3°……等点光滑连接起来，就是内螺旋线 B 的透视，从而完成全部透视作图。当然，如果仅仅画出内、外两道

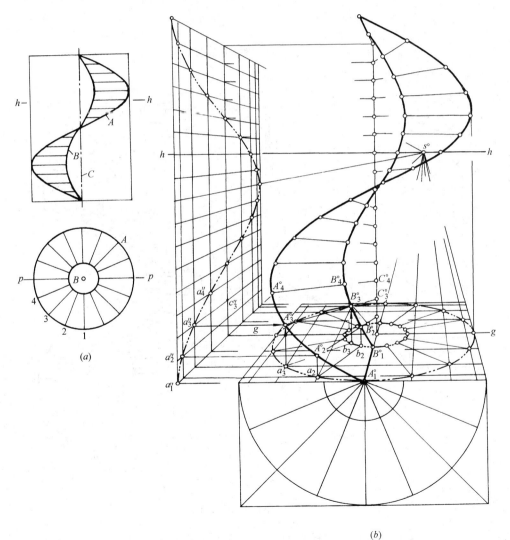

(b)

图 11-32 平螺旋面的透视

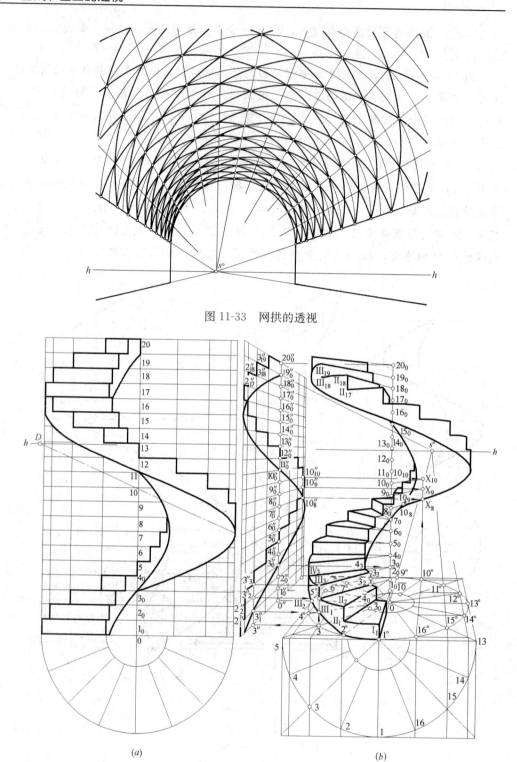

图 11-33 网拱的透视

图 11-34 螺旋楼梯的透视

螺旋线和上、下两端的水平素线的透视，而将中间的各条素线的透视省却不画，亦未尝不可。

174

11.4.3　具有螺旋线或螺旋面的建筑形体的透视示例

（1）图 11-33 所示是一网拱屋架的透视图。网拱上每一条曲线都是圆柱螺旋线。两组螺旋线相互间的交点，纵横方向都排列得很整齐，纵向都排列在圆柱面的素线上；横向都排列在各个半圆周上。而所画的透视图是一点透视。因此，图中各条素线的透视都汇交于心点 $s°$，各个半圆周的透视仍为半圆周，只是它们的半径有了近大远小的变化。我们只要画出若干素线的透视和一系列半圆周的透视。它们相互间交织成一柱面上的网格。将这些网格的对角顶点连接起来，就得到由两组圆柱螺旋线组成的网拱屋架的透视图。

（2）图 11-34 所示是一螺旋楼梯的透视作图。图 11-34（a）中给出了螺旋楼梯的侧立面图，按选定的视高和画面的位置，首先画出螺旋楼梯的平面图和侧立面图的透视，如图 11-34（b）所示。注意侧立面图的透视中，只画出了外圆柱面上的螺旋线以及踏步的外圆弧线和铅垂棱线。而楼梯平面图的透视是完整画出的。参照图 11-32 的方法，不难完成螺旋楼梯的透视作图。具体的步骤，请自行分析解决。

第 12 章 以倾斜平面为画面的透视画法

本篇前几章中所论及的透视画法都是以铅垂平面为画面的。在第八章中也曾提到：当人居高临下俯视低处房屋或抬头仰望高层建筑和山坡上的房屋时，如视线的俯角或仰角过大，以致超过 30°，在此情况下，绘制其透视图，就应采用倾斜平面作画面，以免透视产生视觉难以接受的畸变形象。

12.1 一些新概念

在以倾斜平面为画面的透视体系中，将出现一些新的概念。现在通过图 12-1 所示空间情况阐明这些新概念，有助于读者顺利地掌握具体的透视画法。

图 12-1 中，G 为基面，P 为倾斜画面，G 面与 P 面的交线为基线 gg，θ 为画面对基面的倾角。S 为视点，其 G 面正投影 s 为站点。

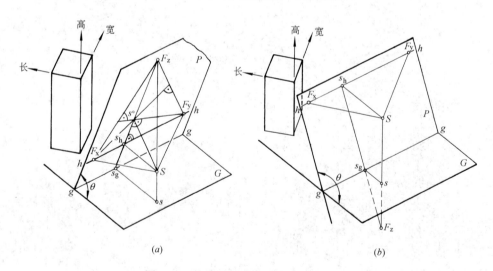

图 12-1 仰望三点透视和俯瞰三点透视

在画面的另一侧有一直立于基面上的四棱柱。过视点 S 引三条视线分别平行于四棱柱的三组主向棱线，而与画面 P 相交于 F_x、F_y 和 F_z 三点。这就是该四棱柱的三个主向灭点。视线 SF_x 和 SF_y 是两条水平线，由这两条水平视线组成的平面是视平面，它与画面的交线就是视平线 hh，即灭点 F_x 和 F_y 的连线。由于画面是倾斜的，故而视平线 hh 与基线 gg 的距离，并不反映视高，而是大于视高 Ss。

F_z 是四棱柱上一组铅直棱线的灭点。当画面的倾角 θ 小于 90°，即画面前倾，灭点 F_z 在视平线 hh 的上方，如图 12-1 （a）所示。当画面的倾角 θ 大于 $90°$，即画面后倾，灭点 F_z 就在视平线的下方，如图 12-1 （b）所示。

在前倾的画面上作出的透视，称为**仰望透视，**在后倾的画面上所绘的透视，称为**俯瞰透视。**

F_x、F_y 和 F_z 是立体上三个互相垂直的主向直线的灭点，可以说三灭点彼此间是共轭的。将三个灭点连成的三角形 $\triangle F_xF_yF_z$ 称为**灭点三角形。**灭点三角形的三条边线 F_xF_y、F_yF_z 和 F_zF_x 实际上是立体的三个主向平面的灭线，所以 $\triangle F_xF_yF_z$ 也可称之为**灭线三角形。**

在图 12-1 （a）中，过视点 S 作一垂直于基面 G、又垂直于画面 P 的平面，也就是垂直于 P、G 两面交线 gg 的平面 Ss_gF_z 称为**主垂面。**主垂面与 P 面的交线通过灭点 F_z，并垂直于基线，与基线交于点 s_g，此交线称为**主垂线。**主垂面与 G 面的交线 ss_g 也垂直于基线，但其长度并不反映视距。

由视点 S 向画面 P 引垂线，其垂足就是心点 $s°$。**此心点位于主垂线 F_zs_g 上，但不在视平线上。**$s°$ 点同时就是 $\triangle F_xF_yF_z$ 的三条高线的交点。$s°S$ 为视距。

主垂线与视平线的交点 s_h，实际就是基面上所有垂直于 gg 线的直线及其平行线的灭点。

在图 12-1 中，无论画面前倾或后倾，而立体的平面图都是对基线斜交的。此时作出的透视都具有三个灭点，所以这种透视图称为**三点透视。**

如果画面虽然是倾斜的，但是立体上有一组水平的主向线是与画面平行的，如图 12-2 所示。在此情况下，透视图中仅形成两个灭点，其一是 F_z，另一灭点是视平线上的 s_h。这样的透视图按理论讲是两点透视，但画面是倾斜的，仍属斜透视，所以，称之为**两点斜透视图。**图 12-3 就是这样的例子。由此可见，斜透视图中一般为三点透视，但也有两点透视。

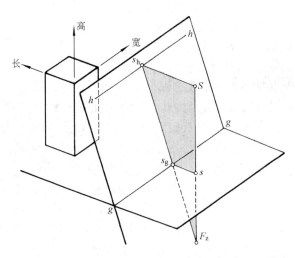

图 12-2　倾斜画面上的两点透视

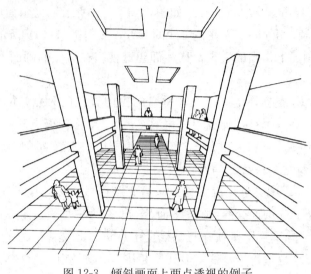

图 12-3　倾斜画面上两点透视的例子

12.2　视线迹点法

视线迹点法是以正垂面或侧垂面为画面，利用画面的具有积聚性的投影，可以方便地求得引向建筑物上各顶点的视线的画面迹点，然后将这些视线的迹点顺次连接，就得到该建筑物的斜透视图。下文通过几个例图作具体阐述。

12.2.1　以正垂面作画面，求作斜透视图

图 12-4 中给出了具有坡顶的四棱柱的 H 面和 V 面投影。由 H 面投影中看到棱柱旋转了一个角度 α，V 面投影则与这样的 H 面投影相对应。视点 S 以其投影 s、s' 给定。画面为正垂面 P，以其迹线 P_v、P_h 给定。由 P_v 看出，画面对视点 S 来说是前倾的，倾角为 θ。将 H 面看作基面，P_h 就是基线。

自 s' 作水平线，与 P_v 相交于 h'_1、即视平线的 V 面投影。视平线的 H 面投影为 $h_1 h_1$。

由站点 s 作棱柱两组水平棱线的平行线，与 $h_1 h_1$ 相交于 f_x 和 f_y 两点，即两组水平主向直线的灭点 F_x 和 F_y 的 H 面投影。

再由 s' 作竖直线，与 P_v 相交于点 f'_z，即铅垂棱线的灭点 F_z 的 V 面投影。

以上作图，仅仅是确定了基线、视平线以及三个主向灭点的两面投影，并不能反映它们之间真实的相对位置。为此，需将画面 P 连同其上的基线、视平线以及三个主向灭点一起绕其基线 P_h 旋转成侧平面位置，然后，按照由两面投影求 W 面投影的办法可得到画面上的基线 gg、视平线 hh 和三个灭点 F_x、F_y、F_z。

接着，开始作棱柱的透视图。由 H 面投影中看到 a 就在 P_h 上，通过 45° 线，求得其透视 $A°$ 在基线 gg 上。由 $A°$ 作三条棱线分别消失于三个灭点。在 V 面投影中，由 s' 向 b'、d'、$a'_1 \cdots d'_1$ 各点引视线，与 P_v 相交就得到这些视线的画面迹点的 V 面投影，再随画面旋转，并投影到 W 面上，就得到各视线迹点在画面上的确切位置。然后，顺次将它们连接起来，就是所求的斜透视。由于画面向视点一侧倾斜，故此透视为仰望三点透视。

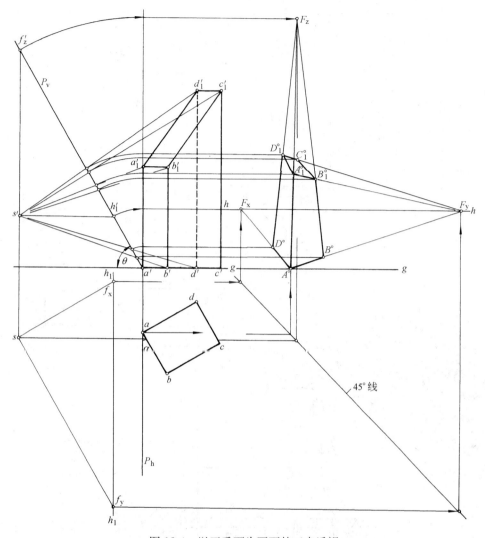

图 12-4   以正垂面为画面的三点透视

12.2.2   以侧垂面作画面、求作斜透视图

图 12-5 通过 H 面和 W 面投影给出了四棱柱形的建筑物以及视点的位置，并选定侧垂面 P 作画面。由 W 面投影中看出此画面后倾、视点较高，故所求透视为俯瞰三点透视。其具体作图步骤与前例基本相同。略有不同的是：①侧垂画面是绕其水平迹线 P_h 旋转成正平面位置，然后向 V 面投影就得到所求透视。②此建筑物的平面图上没有任何一点在基线上，因此无法确定第一个透视点，只好借助任一底边，如 ab，使之延长与 P_h 相交于 e 点，上投到 gg 上，得到它的透视 $e°$。$e°$ 与灭点 F_x 的连线，就是 ab 边的全线透视。然后，如前例一样，用视线迹点法求 ab 线两端点的透视 $A°$ 和 $B°$，按此方法，求得其余各顶点的透视，从而完成整个透视图的求作。

12.2.3   以侧垂面为画面，作两点斜透视

图 12-6 通过 H 面和 W 面投影给出了一门式建筑物以及视点的位置，并选

179

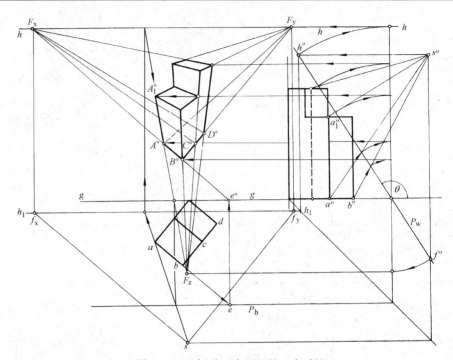

图 12-5 以侧垂面为画面的三点透视

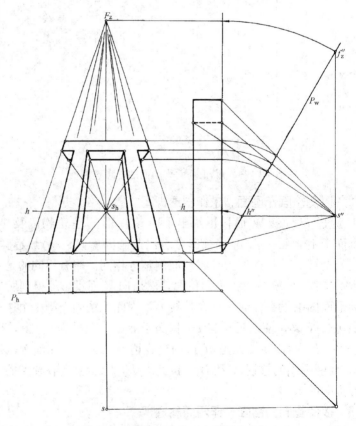

图 12-6 侧垂面上的两点斜透视画法

定侧垂面作画面。从图中看出，此建筑物有一组水平的主向直线平行于画面，另一组水平的主向直线的灭点是视平线和主垂线的交点 s_h，铅垂线的灭点仍然是 F_z。因此，画出的透视图是两点斜透视。具体作图步骤和前两例一样。

12.3 全线相交法与建筑师法

12.3.1 全线相交法

利用全线相交法作斜透视与第九章中在铅垂面上作两点透视的画法基本相同。首先，用全线相交法画出透视平面图，在此基础上，再将各部分的透视高度立起来，从而完成整个建筑物的透视。

图 12-7（a）中给出了建筑物的平、立面图，视点以其 H 面投影 s 及视高 H_0 给定，画面以其 H 面迹线 P_h（即基线）及倾角 θ 给定。今求该建筑物的斜透视图。

（1）当前的画面 P 是一般位置平面。为了确定画面上三灭点的位置，视平线与基线的距离，这里借助变换投影面法来解决。设想作一过视点 S 的辅助投影面 V_1，使之垂直于基面 H 和画面 P，则新的投影轴过站点 s 并垂直于 P_h（即基线），得交点 s_g，过点 s_g 作直线，与 ss_g 线成 θ 角，就是画面的有积聚性的新投影 P_{v1}。由视点的新投影 s_1'' 作 ss_g 线的平行线，与 P_{v1} 相交于 h_1'' 点，由此引 P_h 的平行线，就是视平线的 H 面投影 h_1h_1。自站点 s 引平面图两个主向的平行线，与 h_1h_1 相交于 f_x 和 f_y 两点。$s_1''s$ 与 P_{v1} 两线延长相交于 f_z''。现在，就可以在图 12-7（b）中作视平线 hh，按平面图上 f_x、s_h 和 f_y 三点的相对距离，在 hh 线定出 F_x、s_h 和 F_y，自 s_h 点作竖直线，即主垂线，在此直线上，按 $h_1''f_z''$ 长度，定出灭点 F_z，按 $h_1''s_g$ 长度，定出基线 gg。

（2）在图 12-7（a）中，将平面图的诸直线延长，与 P_h 线相交于 4、2…5 点，将这些点，不改变其对 s_g 的距离，移到图 12-7（b）中的基线 gg 上。过 4、2 两点引直线至灭点 F_y，过 1、3 和 5 点向灭点 F_x 引直线，这些直线就是平面图上两组主向直线的全线透视，它们交织成网，从网格中自可定出透视平面图来。

（3）自灭点 F_z 向透视平面图的各顶点引直线，就是建筑物上各铅垂棱线的全线透视，至于各铅垂线的透视高度，可通过用 12-7（a）中的新投影来解决。自点 a 向 ss_h 作垂线，在此垂线上取 a_1'' 和 a_2'' 点，使与 ss_h 的距离等于 A_1 和 A_2 的实际高度，自 s_1'' 向 a_1'' 和 a_2'' 引视线，与 P_{v1} 交于 a_1 和 a_2。将此二点不改变其对 s_g 的距离，移置图 12-7（b）中的主垂线 s_hF_z 上，过 a_1 和 a_2 点，作水平线，与 $F_zA°$ 相交于 $A_1°$ 和 $A_2°$，从而定出 A_1 和 A_2 的透视高度。按此作图步骤，就不难将整个建筑物的俯瞰三点透视画出来。

12.3.2 建筑师法

图 12-8（a）中，给出了建筑物的平、立面图。以前例的方式给定了视点和画面的位置。现在用建筑师法来求此建筑物的斜透视图。

（1）以与前例相同的方法，在图 12-8（b）中作出了画面上的视平线 hh、基线 gg 以及三个灭点 F_x、F_y 和 F_z。

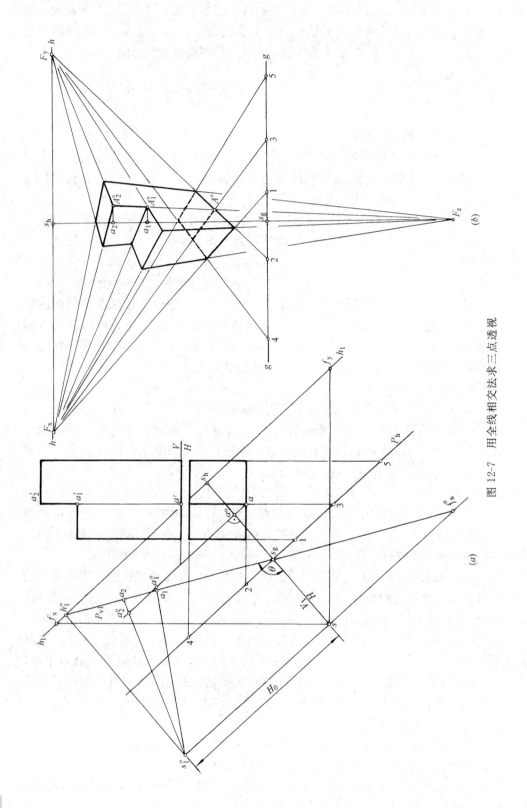

图 12-7　用全线相交法求三点透视

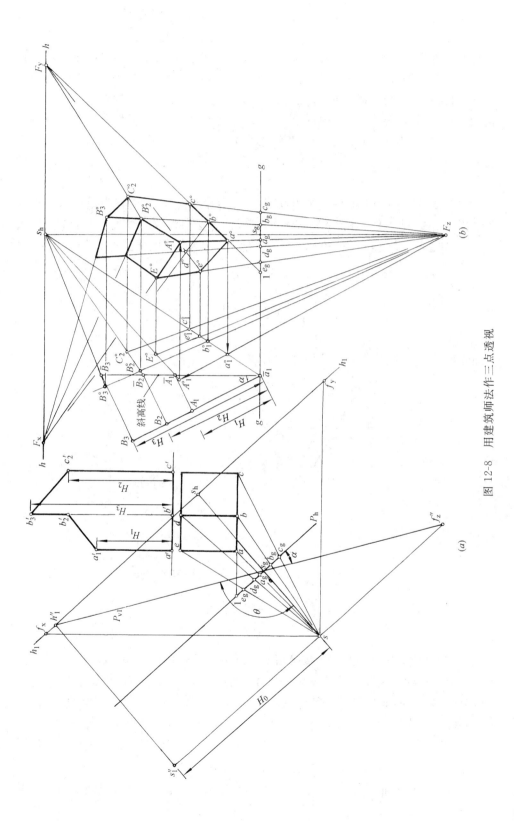

图 12-8 用建筑师法作三点透视

183

（2）将平面图上的直线 ac 延长，与 P_h（即基线）相交于点 1。不改变点 1 偏离 s_g 的距离，将点 1 移到图 12-8（b）中的基线 gg 上，连线 $1F_y$ 是 ac 线的全线透视。至于 $1F_y$ 线上的透视点 $a°$、$b°$ 与 $c°$ 如何确定，可先来考察一下空间一铅垂线 Cc 的全线透视是如何确定的。不难想象到，它的全线透视就是视点 S 引向 Cc 线的铅垂的视线平面 SCc 与画面的交线。视线平面的基面投影 sc 与基线 gg 的交点 c_g 显然是视线平面与画面的一个共有点。而灭点 F_z 则是另一共有点。于是，c_gF_z 线就是视线平面与画面的交线，也就是 cC 的全线透视。c_gF_z 与 $1F_y$ 的交点 $c°$ 就是平面图上顶点 c 的透视。按此方法就可求得透视点 $b°$、$a°$，进而得到 $e°$、$d°$。

（3）透视平面图上的各透视点 $a°$、$b°\cdots e°$ 求得之后，就要解决通过这些点的铅垂棱线的透视高度。本例采用集中斜高线的方法求得各铅垂线的上端端点的透视。现在通过图 12-9 所示空间情况，弄清楚集中斜高线的概念。

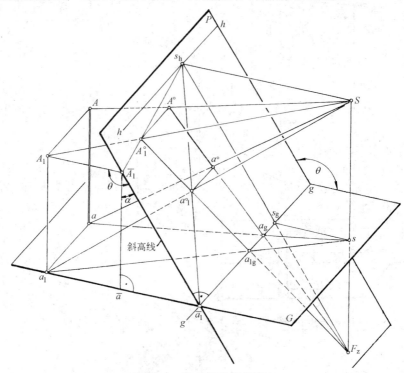

图 12-9　集中斜高线的概念

图 12-9 中，将铅垂线 Aa 按平行于基线的方向，移到 A_1a_1 的位置。移动的轨迹 AA_1 和 aa_1 既然平行于基线，因而其透视 $A°A_1°$ 和 $a°a_1°$ 显然也平行于基线。而 Aa 和 A_1a_1 都是铅垂线，故有同一灭点 F_z，透视 $A°a°$ 和 $A_1°a_1°$ 都指向灭点 F_z。

由点 a_1 作垂直于基线的直线 $a_1\overline{a}_1$，由 A_1 点作 $a_1\overline{a}_1$ 的平行线 $A_1\overline{A}_1$，这平行的两条直线对画面的迹点为 $\overline{a}_1$ 和 $\overline{A}_1$。$a_1\overline{a}_1$ 和 $A_1\overline{A}_1$ 共有一灭点 s_h，因而其透视 $\overline{a}_1 a_1°$ 和 $\overline{A}_1A_1°$ 都指向灭点 s_h。

自点 $\overline{A}_1$ 作铅垂线 $\overline{a}\,\overline{A}_1$，与 $a_1\overline{a}_1$ 线交于点 $\overline{a}_1$。$\overline{a}\,\overline{A}_1=a_1A_1$，都反映了 aA 的真高：$\angle a\,\overline{A}_1 a_1=\alpha=\theta-90°$。$\overline{A}_1\overline{a}=\overline{A}_1\overline{a}_1\times\cos\alpha$，$\overline{A}_1\overline{a}_1=\overline{A}_1\overline{a}/\cos\alpha$，$\overline{A}_1\overline{a}_1$ 线可

称之为斜高线。此斜高线在画面上是基线的垂线。

图 12-8 中求作建筑物上各铅垂线的透视高度，就可以运用图 12-9 中所示的几何关系来解决。首先在基线 gg 上适当处取一点 $\bar{a}_1$，作基线的垂线，这就是集中斜高线。过点 $\bar{a}_1$ 作一直线与集中斜高线成夹角 α。在此直线上按各点真高 H_1、H_2、H_3 截得 A_1、B_2 和 B_3 点，通过这几点作 $\bar{a}_1B_3$ 的垂线，与集中斜高线相交于点 $\bar{A}_1$、$\bar{B}_2$ 和 $\bar{B}_3$。由这几点以及 $\bar{a}_1$ 点向 s_h 引直线。现在，就可以求作建筑物上各铅垂线的透视高度了。比如，要确定 aA 的透视高度，可由 a° 点作水平线，与 $\bar{a}_1 s_h$ 线相交 a_1°；线 $F_z a_1^\circ$ 与 $s_h \bar{A}_1$ 线相交于点 A_1°，由 A_1° 作水平线，与 $F_z a^\circ$ 的延长线相交于点 A_1°，$a^\circ A_1^\circ$ 线就是 aA 线的透视高度。其他各铅垂线的透视高度也都按此步骤解决，从而完成整个建筑物俯视三点透视。

12.4　量　点　法

图 12-10（a）中，给出了建筑物的平、立面图，以前二例的方式指定了视点与画面的位置，今采用量点法来求此建筑物的斜透视图。

（1）按前例的方法，在图 12-10（b）中求出画面上的视平线 hh、基线 gg 以及三个灭点 F_x、F_y 和 F_z。与第九章中用量点法作两点透视一样，在视平线上定

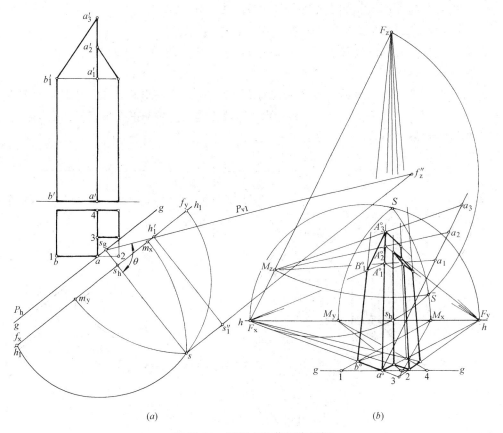

（a）　　　　　　　　　　　　　　　　　　　　（b）

图 12-10　用量点法作三点透视

出与灭点相应的量点 M_x 和 M_y。

（2）借助量点画出该建筑物的透视平面图。

（3）建筑物上各铅垂棱线的透视均消失于灭点 F_z。这些铅垂线的透视高度，在本例中也利用量点法来解决。

连线 F_xF_y（即视平线 hh）是水平面的灭线，同样，连线 F_xF_z，也是灭线。是建筑物上所有侧平墙面的灭线。由图中看出，点 a 在基线上，也就是在画面上。在图 12-10 (b) 中，过其透视 $a°$ 作直线 $a°a_3$，与灭线 F_xF_z 平行，这就是墙面 $aABb$ 的画面迹线。在此迹线上，自 $a°$ 点起，按立面图上 A_1、A_2 和 A_3 的高度，截得点 a_1、a_2 和 a_3。在灭线 F_xF_z 上求出与 F_z 相应的量点 M_z。自点 a_1、a_2 和 a_3 向量点 M_z 引直线，与 $a°F_z$ 线相交于点 $A°_1$、$A°_2$ 和 $A°_3$，这就解决了 A_1、A_2 和 A_3 点的透视高度。自 $A°_1$ 点向灭点 F_x 引直线，与 $b°F_z$ 线相交于 $B°_1$，就得到了墙角棱线 bB 的透视。其余的作图已在图 12-10 (b) 中明示，读者可自行研读，不难理解。

12.5　基线三角形法

12.5.1　基线三角形与灭线三角形

建筑物的平、立、侧面图分别画在 H、V、W 三个相互垂直的投影面上。三个投影面的交线 OX、OY、OZ 则相应平行于建筑物长、宽、高三个基本向度。如要画建筑物的三点透视，则画面必与 H、V、W 三个投影面均斜交，而成一般位置平面，如图 12-11 (a) 所示。

由图中看出，画面 P 的位置由它与 H、V、W 三个投影面的交线 P_xP_y、P_yP_z、P_zP_x 所确定。这三条交线，分别称为**水平基线、侧面基线**和**正面基线**。这三条基线两两相交于 X、Y、Z 轴上，形成了一个三角形 $\triangle P_xP_yP_z$，称为基线三角形。

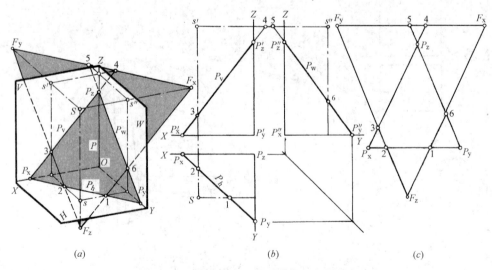

(a)　　　　　　　　　　(b)　　　　　　　　　　(c)

图 12-11　利用基线三角形求作灭点的方法

(a) 空间情况；(b) 正投影图；(c) 画面

图 12-11 (a) 中，s、s'、s'' 是视点 S 的三面正投影。投影线 Ss、Ss'、Ss'' 是分别平行于三个基本方向的视线，它们与画面 P 的交点 F_x、F_y、F_z 就是这三个基本方向的灭点（即主向灭点）。将这三个灭点连接成三角形 $F_xF_yF_z$，称为**灭线三角形 (或称灭点三角形)**。因为视线平面 $s'Ss''$ 和 H 面平行，所以，这两个平面与画面的交线 F_xF_y 与 P_xP_y 必然相互平行；同样分析，可知 $F_yF_z /\!/ P_yP_z$，$F_zF_x /\!/ P_zP_x$，这就是说灭线三角形与基线三角形的各边是对应平行的。这两个三角形各边相交于点 1、2……6 诸点。据此分析，就可得到求作三个主向灭点的方法。

在图 12-11 (b) 所示正投影图中，画面的三条基线的实长，以及 1、2……6 诸交点在基线上的位置，都是如实反映的。因此，就可按图 12-11 (b) 中所反映的基线实长，画出基线三角形 $P_xP_yP_z$，如图 12-11 (c) 所示。再根据图 12-11 (b)，在图 12-11 (c) 的基线三角形上，定出 1、2……6 诸点的位置（仅需定三个点），通过这些点，相应地作三条基线的平行线，它们的交点 F_x、F_y、F_z，就是所求的三个主向灭点。

12.5.2　几个实例

(1) 图 12-12 (a) 中，给出了一碑型建筑物的平、立面图，求它的俯瞰三点透视。

首先，在平、立面图上确定视点的位置 $S(s, s')$ 以及画面的基线 P_nP_y 和 $P'_xP'_z$，并根据平面三条迹线之间的关系求出 $P''_yP''_z$。同时，明确定出基线三角形与灭点三角形的交点 1、2……。再按图 12-11 所示方法，画出 $\triangle P_xP_yP_z$ 和 $\triangle F_xF_yF_z$，如图 12-12 (b) 所示。

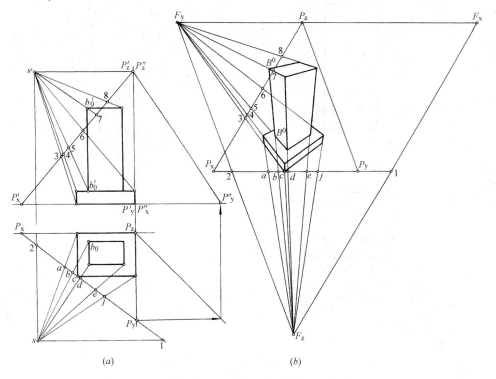

(a)　　　　　　　　　　　(b)

图 12-12　三点透视的简易画法

接着求作建筑物的透视。在图 12-12（a）中，自点 s 向建筑物平面图各顶点引视线，与基线 P_xP_y 交于 a、b、c……各点；自点 s' 向立面图各顶点引视线，与基线 $P'_xP'_z$ 交于 3、4、5……各点。将这些点不变其相互距离，同时也不改变它们对 P_x、P_y、P_z 三点的距离，用纸条移到图 12-12（b）中相应的基线上。然后，由灭点 F_z 向 P_xP_y 上的 a、b、c……各点引直线，由灭点 F_y 向 P_xP_z 上的 3、4、5……各点引直线，这就确定了建筑物上 X 方向和 Y 方向棱线的全线透视。至于这些棱线的透视长度的两端点，则通过图 12-12（a）中，平、立面图的对应关系来解决。如 b 线，由平面图看出是 b_0 线的透视，由立面图看出过 b'_0 线两端的视线是 $s'5$ 和 $s'7$，因此，在图 12-12（b）中，F_zb 线的透视长度是处在 F_y5 和 F_y7 之间。按此方法将 Y 方向和 Z 方向的各棱线的透视画出后，再利用灭点 F_x（若 Y 和 Z 方向的棱线的透视画得足够多时，也可不用灭点 F_x），画出 X 方向各棱线的透视，就完成了整个建筑物的透视。

由图 12-12（b）看出，利用灭点作三点透视，灭点三角形在图纸上所占面积很大，而建筑物本身的透视却很小。如欲在小面积图纸上画出较大的透视图，就应尽可能不用灭点。以下将介绍利用画面上的基线平行线作为辅助线，来解决不使用灭点的作图问题。

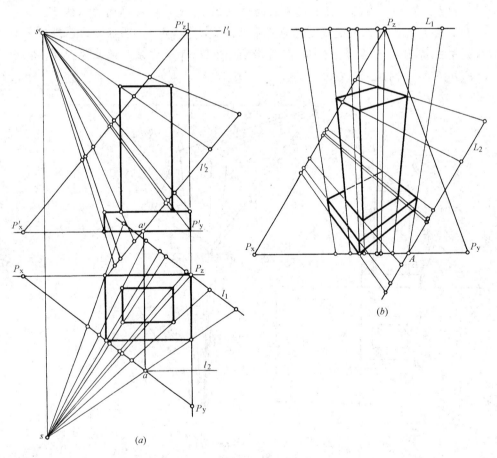

（a）

（b）

188

图 12-13　不用灭点作三点透视

（2）图 12-13 中，辅助线 L_1（l_1，l_1'）是一条通过基线三角形顶点 P_z，并平行于基线 P_xP_y 的直线。而辅助线 L_2（l_2，l_2'）却是一条通过 P_xP_y 上的选定点 A，并平行于 P_xP_z 的直线。在图 12-13（a）中，自点 s 向平面图各顶点所引视线，不仅与 P_xP_y 相交，而且与 l_1 线相交，将这些交点移至图 12-13（b）中，再将 P_xP_y 上各点与 L_1 线上各相应点连线，无疑，这些直线必然指向图 12-13（b）中并未画出的灭点 F_z。同样，在图 12-13（a）中，自 s' 向立面图各顶点所引视线，与 $P_x'P_z'$ 和 l_2' 线均相交，将这些交点移至图 12-13（b）中，再将 P_xP_z 上各点与 L_2 线上各相应点连线，这些直线必然指向图 12-13（b）中并未画出的灭点 F_y。然后，按图 12-12 的作图方法，定出 Y 和 Z 方向的各条棱线的透视长度，最后画出 X 方向的直线的透视，就完成了全部作图。

（3）前二例均为俯瞰三点透视。对于仰望三点透视，其作图方法与前例完全一致，只是必须想象清楚画面 P 的空间位置，以及基线三角形与灭点三角形的相对关系，作图步骤切不可乱。

图 12-14 所示是仰望三点透视中，画面和三个灭点的空间情况。画面 P 的基线三角形，其顶点 P_z 是向下的。视点 S 位于 H 面的下方（当然也可以在 H 面的上方）。自视点 S，平行于三个基本方向引视线 Ss''、Ss'、Ss，它们对画面的交点 F_x、F_y、F_z，就是三个主向灭点。同图 12-11 一样，可以证明灭点三角形和基线三角形各对应边是相互平行的。

图 12-15（a）中，给出了建筑物的平、立面图，求该建筑物的仰望三点透视。

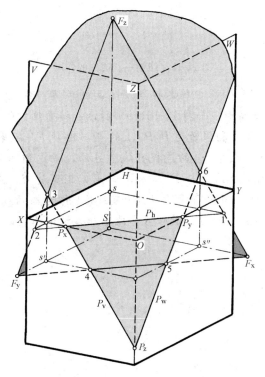

图 12-14　仰望三点透视中的画面

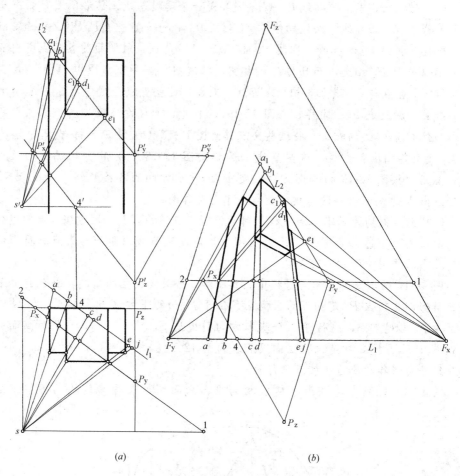

(a)　　　　　　　　　　　　　　(b)

图 12-15　仰望三点透视的作图

　　首先，在图 12-15（a）中确定视点及画面的位置。据此，在透视图中画出基线三角形和灭点三角形，如图 12-15（b）所示；接着画建筑物的透视。考虑到图中灭点 F_z 较远，于是利用通过 P_xP_y 上的点 4 的 F_xF_y 直线作为辅助线 L_1 和 P_xP_y 配合，解决通向灭点 F_z 的透视直线。另外，考虑到图 12-15（a）中，自 s' 向立面图各顶点所引视线，与 $P'_xP'_z$ 相交各点，距离过密，影响到作图的准确度，于是利用过点 P_y，并平行于 P_xP_z 的直线 L_2 作为辅助线，因为 L_2 在立面图中的投影 l'_2 与各视线的交点，其位置和距离非常清楚明确，从而有助于提高透视作图的准确性。

第 13 章　透视图中的阴影

绘制透视阴影是指在已画成的建筑透视图中，按选定的光线直接求作阴影的透视，而不是根据正投影图中的阴影来画出它的透视。

在透视图中直接求作落影所采用的光线有两种，即平行光线和辐射光线。而平行光线又可根据它与画面的相对位置不同分为两种：一是平行于画面的平行光线，可称之为**画面平行光线**；另一种是与画面相交的平行光线，可称之为**画面相交光线**。平行光线往往用于室外透视，辐射光线则多用于室内透视。

上篇中归纳出来的落影规律，在求作透视阴影的过程中，有些仍能保持并可加以利用；有些虽能保持，但在利用时必须结合透视投影的消失规律；有些则完全不起作用。具体表现将结合后面列举的实例予以说明。

13.1　画面平行光线下的阴影

13.1.1　光线的透视特性

图 13-1 中，光线 L 平行于画面 P，光线在基面上的正投影（即 H 面投影）l 则与基线 gg 平行。光线的透视 $L°$ 则与光线自身保持平行，从而也就反映了光线对基面的实际倾角。光线的基透视 $l°$ 则平行于基线 gg，也就是平行于视平线 hh。光线可从右上方射向左下方，也可从左上方射向右下方，而且倾角大小可根据需要选定，在本书中均以 $45°$ 为例。

平行画面的平行光线主要用于两点透视图中求作落影，在一点透视与三点透视中则不宜使用。

本章是讨论在已有的透视图上直接

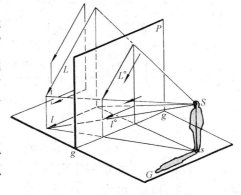

图 13-1　与画面平行的光线

求作阴影的问题，为了叙述简明起见，对"形体的透视"和"阴影的透视"等用词，在不致引起误解的情况下，就略去"透视"二字。同时，对点和直线的透视直接以字母标记，略去其右上角的"°"，点和线的落影则用顶部加横杠"—"的相同字母标记。

13.1.2　点的落影

一点在承影面上的落影仍为一点，该落影实际就是通过此点的光线与承影面的交点。

1. 点在基面上的落影

图 13-2 （a）为空间一点的透视 A 和基透视 a，图中没有画出任何承影面的透视，事实上，视平线以下的部分就是基面 G 的透视。现在就是求点 A 在基面上的落影。首先过点 A 引光线的透视 L（45°），但在透视图中仅有光线的透视 L 是无法确定该光线与基面的交点，为此，还需过 a 作光线的基透视 l（// hh）；L 和 l 相交，交点 $\overline{A}$ 就是点 A 在基面（即地面）上的落影（图 13-2b）。

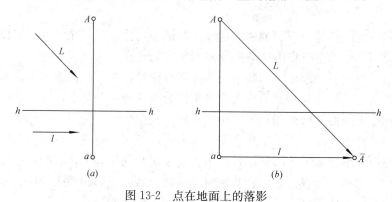

图 13-2 点在地面上的落影

2. 点在铅垂面上的落影

图 13-3 所示是空间点 A（a）和一铅垂面 1234，铅垂面的底边 12 就在基面

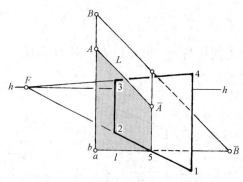

图 13-3 点在铅垂面上的落影

上。求点 A 在此铅垂面上的落影。设想包含过点 A 的光线和 Aa 线作一辅助光平面，该光平面与基面的交线 $a5$ 为光线的基透视 l；该辅助平面与承影面的交线是过点 5 的铅垂线，因辅助光平面与承影面均为铅垂面的缘故。光线 L 首先与过 5 的铅垂线相交于 $\overline{A}$，且 $\overline{A}$ 位于承影面 1234 范围内，所以 $\overline{A}$ 点是点 A 在铅垂的承影面上的落影。如果点 A 铅垂上移至点 B，过点 B 的光线与过点 5 的铅垂线相交于承影面 1234 范围之外，说明点 B 在该承影面内不存在它的落影。过点 B 的光线继续延长，与 $a5$ 线相交于 $\overline{B}$ 点，表明点 B 的落影是在 G 面上。

3. 点在一般斜面上的落影

如图 13-4 所示，求空间一点 A 在一般斜面 $CDEK$ 上的落影，斜面的一边 CD 就在基面上。设想包含过点 A 的光线和 Aa 线作一辅助光平面，该光平面与基面相交于 $a\mathrm{I}$，与斜面相交于 $\mathrm{I}\,\mathrm{II}$。过 A 点的光线 L 与 $\mathrm{I}\,\mathrm{II}$ 线相交，

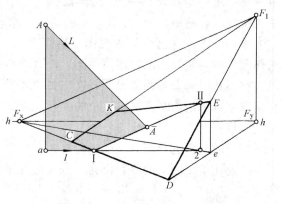

图 13-4 点在一般斜面上的落影

交点 $\overline{A}$ 就是点 A 在一般斜面上的落影。

13.1.3　直线的落影

直线在承影平面上的落影，一般仍是直线。直线的落影实际上就是通过直线上所有点引出的光线，组成一光线平面（简称光平面）与承影平面的交线。

1. 画面平行线的落影

包含画面平行线的光平面是平行画面的，此光平面与任何承影平面的交线，即画面平行线的落影，当然也是与画面平行的。

（1）铅垂线的落影

图 13-5 中，有一铅垂线 AB，其端点 A 落于基面上的影 $\overline{A}$ 已按图 13-2 所示方法求出。另一端点 B 是铅垂线对基面的交点，它在基面上的落影 $\overline{B}$ 即其自身。这样，连线 $\overline{A}\overline{B}$ 就是铅垂线在基面上的落影了。显然可见，此落影在透视图中处于水平位置。这是因为过铅垂线的光平面是与画面平行的，此光平面与基面的交线，即所求的落影，当然是与基线相平行，其透视也就与基线平行了。

图 13-6 中的承影面是一铅垂面。铅垂线 AB 的落影，不难参照图 13-3 画出。AB 线的落影，一部分在基面上，处于水平位置；另一部分则在铅垂的承影面 1234 上，这两段落影在承影面的底边 12 上相交，成为折影点。这表明与上篇归纳的落影相交规律仍然相符。同时要看到，直线 AB 与承影面均垂直于基面，因此相互间是平行的。从而 AB 线在铅垂面上的一段落影 $K\overline{A}$ 与 AB 线本身平行，在透视图中仍表现平行，因为两者都平行于画面。

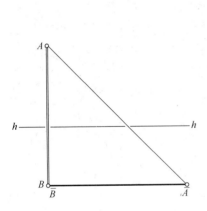

图 13-5　铅垂线在地面上的影

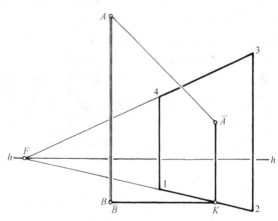

图 13-6　铅垂线在铅垂面上的影

图 13-7 中，有两根铅垂线 AB 与 CD 和一个一般斜面。AB 线的落影，参照图 13-4 不难画出。落影的一部分 $\overline{B}1$ 在基面上，另一部分 $1\overline{A}$ 在斜面上，这两段落影在斜面与基面的交线上相交，而成为折影点。此处应注意到，落影 $1\overline{A}$ 是斜面上的一段直线，如果它有灭点，其灭点一定在斜面的灭线 F_xF_1 上。可是落影 $1\overline{A}$ 又是过铅垂线 AB 所引出的光平面内的一段直线，而光平面是平行于画面的，落影 $1\overline{A}$，当然也平行于画面，就不会形成灭点，因此，落影 $1\overline{A}$ 与灭线 F_xF_1 只能是相互平行的。明确看到这一特性，则不难依据灭线画出落影 $1\overline{A}$ 了。同样，CD 线在斜面上的一段落影 $2\overline{C}$ 当然也平行于 F_xF_1。于是，两条铅垂线在同一斜

193

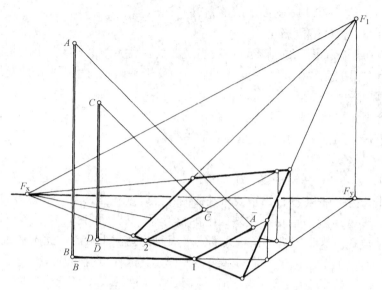

图 13-7　铅垂线在一般斜面上的影

面上的落影是相互平行的。

（2）平行于画面的斜线的落影

图 13-8 中，有一斜线 AB，根据它的基透视 $ab /\!/ hh$ 看出，这是一条平行于画面的斜线。欲求 AB 线在基面、铅垂面和一般斜面上的落影。设想包含 AB 线作一光平面，此光平面是与画面平行的。光平面与基面的交线必然与 ab 重合。因此，AB 线在基面上的一段落影 $\overline{A}1$，与 ab 同在一条直线上。点 1 是折影点，落影由点 1 折向铅垂面上，在铅垂面上的落影是一段竖直线 12。点 2 也是一个折影点，由此，AB 的落影又折向斜面上。考虑到此交线是斜面上与画面平行的直线，一定是平行于斜面的灭线的。因此，先将灭点 F_x 和 F_1 连成灭线，然后

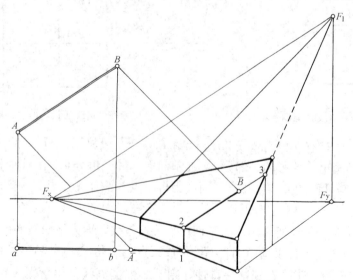

图 13-8　画面平行线在各种平面上的影

过点 2、并平行于灭线 $F_x F_1$ 引出交线 23，再从 B 点引光线，与 23 线相交于点 $\overline{B}$，线段 $2\overline{B}$ 就是 AB 线在斜面上的落影。如果从透视图中看出，AB 线平行于灭线 $F_x F_1$，就表明 AB 线是与承影斜面平行的。因此，AB 线与其落影 $2\overline{B}$ 也是互相平行的，在透视图中可以直接反映出这种平行关系。其他任何直线，只要与画面和承影面同时平行，其落影均有此特性。

综合以上各例，可以得出如下结论：

画面平行线（包括铅垂线和斜线）不论是在水平面、铅垂面或其他任何斜面上的落影，也仍然是一条画面平行线，因此，落影与承影面的灭线一定是互相平行的。落影的平行规律在透视图中可以直接反映出来。作图时如能利用这一规律，将得到很大便利。

2. 画面相交线的落影

包含画面相交线的光平面总是一般倾斜平面，此光平面与任何承影面的交线，即画面相交线的落影，此落影与画面也一定是斜交的。

（1）水平线的落影

通过图 13-9 着重说明水平线在各种位置承影面上的落影作图。图中直线 AB 是一垂直于画面的水平线，因其透视 AB 与基透视 ab 均消失于心点 $s°$。直线 AB 既然是水平线，它在基面上的落影必然与 AB 线本身平行，也消失于心点 $s°$。自点 A 的落影 $\overline{A}$ 向心点 $s°$ 引直线，与 CD 直线相交于点 1，$\overline{A}1$ 是 AB 线在基面上的一段落影，点 1 是折影点。AB 线的落影通过点 1 即折向平面 $CDEK$。该平面为铅垂面，其灭线是过灭点 F_x 的铅垂线。包含 AB 线所作的光平面，其灭线是通过 AB 线的灭点 $s°$ 引出的 45° 线，这两条灭线的交点 V_1，就是 AB 线在 $CDEK$

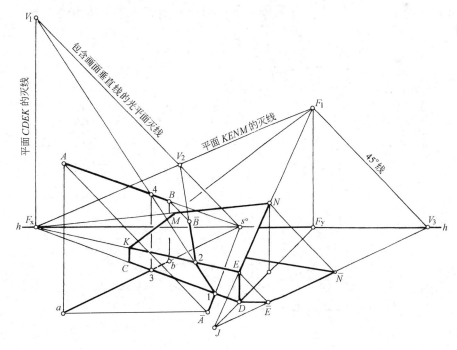

图 13-9 水平线在各种平面上的影

面上的落影的灭点。自折影点 1 引线至 V_1，与 EK 边相交于点 2，12 线就是 AB 线在 $CDEK$ 平面范围内的一段落影，点 2 也是折影点。作图时，如果认为 V_1 点太远，占用图幅太大，也可以利用 AB 线与 $CDEK$ 面的交点 4 来求作落影 12。基透视 ab 与底边 CD 相交于点 3，由此向上引垂线，与透视 AB 相交于点 4，点 4 就是 AB 线与 $CDEK$ 面的交点。由折影点 1 向点 4 引直线，同样可得到落影 12。由折影点 2，AB 的落影即折向一般斜面 $EKMN$。此斜面的灭线是两灭点 F_x 和 F_1 的连线。包含 AB 线的光平面的灭线 $s°V_1$ 和斜面灭线 F_xF_1 相交于点 V_2，V_2 就是 AB 线在斜面上的落影的灭点。由折影点 2 向 V_2 引直线，与过点 B 的光线相交于点 $\overline{B}$。$2\overline{B}$ 线就是 AB 线在斜面上的一段落影。折线 $\overline{A}1\text{-}12\text{-}2\overline{B}$ 就是水平线 AB 在三个不同位置但彼此相交的平面上的落影。

　　图 13-9 中 DE、EN、NM 是三条直线，它们都落影于基面上。铅垂线 DE 的落影是水平的线段 $D\overline{E}$。MN 线在空间是水平线，它在基面上的落影与 MN 线本身平行，消失于同一灭点 F_x。EN 在空间是一般斜线，其灭点是 F_1。包含 EN 线的光平面的灭线是通过 F_1 点的 45° 线，而视平线 hh 是基面 G 的灭线，两灭线的交点 V_3，即 EN 线在基面上落影 $\overline{EN}$ 灭点。如灭点 V_3 离得太远，超出了图面，可以弃而不用。改用其他作图法，如将 EN 线延长，求出它与基面的交点 J。EN 线的落影 $\overline{EN}$ 必然通过 J 点。有时利用这样的交点求直线的落影，也可能带来方便。

　　（2）一般位置斜线的落影

　　图 13-10 中的承影面与图 13-9 相同，只是空间直线为一般斜线 AB，其灭点为 F_2（f_2）。本图着重说明一般斜线在三个不同的承影面上的落影。欲求 AB 线在基面上的落影，当然可以先求出它的两端点在基面上的落影，然后相连而得到。但本图中，仅作出 A 点在基面上的落影 $\overline{A}$，随后通过 AB 线的灭点 F_2 作

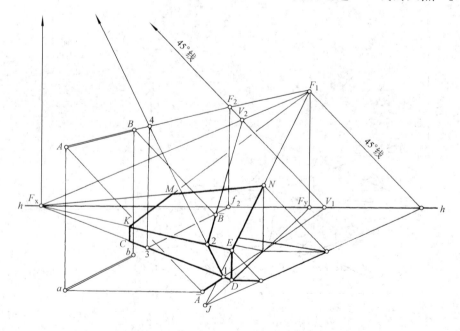

图 13-10　一般斜线在各种平面上的影

45°线，这就是包含 AB 线所作光平面的灭线，与视平线 hh（即基面的灭线）相交，交点 V_1 就是 AB 线在基面落影的灭点。$\overline{AV_1}$ 连线与 CD 线相交于点 1，$\overline{A1}$ 即 AB 线在基面上的一段落影。通过点 1，落影即折向铅垂面 $CDEK$ 上。此处是将 AB 线与 $CDEK$ 面的交点 4 求出来，连线 14 与 EK 边相交于 2 点，12 线即 AB 线在铅垂面上的一段落影。通过点 2，落影即折向一般斜面 $EKMN$ 上。斜面的灭线为 F_xF_1，包含 AB 线的光平面的灭线是 F_2V_1，两者的交点 V_2 就是 AB 线在斜面落影的灭点。连线 $2V_2$ 点与通过点 B 的光线相交于点 $\overline{B}$，$2\overline{B}$ 就是 AB 线在斜面上的一段落影。折线 $\overline{A1}$-12-2$\overline{B}$ 就是一般斜线在三个位置不同但彼此相交的平面上的落影。

综合以上两例，可以得出如下结论：

画面相交线，不论是在水平面、铅垂面或一般斜面上的落影，通常总是一条画面相交线。因此，落影的透视也有其灭点。

由于直线的落影是包含该直线的光平面与承影面的交线。因此，光平面的灭线和承影面的灭线，两者的交点就是两平面交线（即落影）的灭点。在画面平行光线下，包含画面相交线所引光平面的灭线，是通过该直线的灭点引出的光线平行线。

在求作画面相交线的落影前，就将落影的灭点求出来，这对求作落影大为有利。当然，如果落影的灭点太远，也是不方便的，需视具体情况，灵活运用。

13.1.4 平面图形的阴影

（1）平面图形的落影，就是平面图形各边线落影的集合。

图 13-11 所示是两个矩形的铅垂面在基面上的落影。

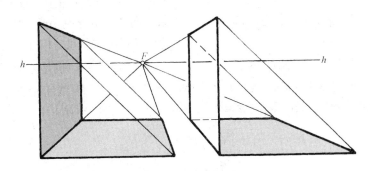

图 13-11 平面图形的阴影

（2）平面的一侧为阴面，另一侧则为阳面。在透视图中平面被人眼见到的一侧是阴面还是阳面，也需加以判别。某些情况比较容易判明，如图 13-11 是两个铅垂平面，画面平行光线来自左上方，显然平面的左侧为阳面，右侧为阴面。左边的平面，见到其右侧，是阴面，而右边的平面，见到的是其左侧，故为阳面。

图 13-12 和图 13-13 中，各有一个三角形平面，从它们的透视图上不容易判别其阴阳。当求出它们的落影后，就能清楚地看到：图 13-12 中三角形的透视 ABC 和落影 $\overline{A}\,\overline{B}\,\overline{C}$ 三顶点的顺序是一致的，故 ABC 表现为阳面。而图 13-13 中，DEF 和 $\overline{D}\,\overline{E}\,\overline{F}$，两者顺序相反，故 DEF 为阴面的透视。此处，要注意图 13-12 与图 13-13 中，三角形的基透视表现为阴或阳，可不予置理。

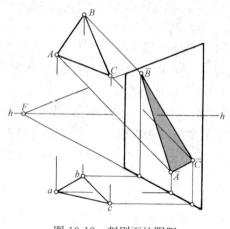

图 13-12　判别面的阴阳

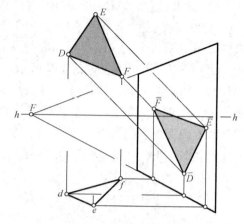

图 13-13　判别面的阴阳

（3）当平面与光线平行时，在一承影平面上的落影成一直线线段，平面的两侧均为阴面，如图 13-14 所示，五边形就是如此。

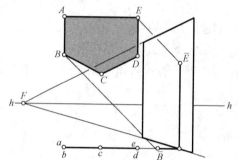

图 13-14　平行于光线的平面的阴影

（4）平面图形若平行于承影平面，如图 13-15 所示，平面五边形 $ABCDE$ 和承影面 P 是相互平行的，该五边形在 P 面上的落影 $\overline{A}\,\overline{B}\,\overline{C}\,\overline{D}\,\overline{E}$ 仍保持原来的形状，并且对应边彼此平行。但这样的特性在透视图中不能直接表现出来，而产生了透视变形。如 BC 边与其落影 $\overline{B}\,\overline{C}$，在空间是相互平行的，但在透视图中是汇交于同一灭点 F_1。同样，CD 边与其落影 $\overline{C}\,\overline{D}$，也是汇交于同一灭点 F_2。F_1 和 F_2 的连线，通过灭点 F，并垂直于视平线。F_1F_2 线正是五边形平面和承影面 P 的灭线。图中未画出灭点 F_1 和 F_2，请读者自行补画出来。

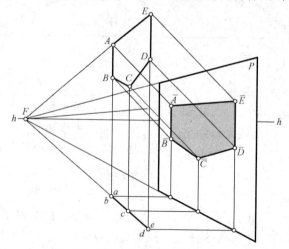

图 13-15　平面图形在其平行平面上的影

13.1.5 建筑形体阴影作图示例

（1）图 13-16 中是一带有雨篷和壁柱的门洞，求其阴影

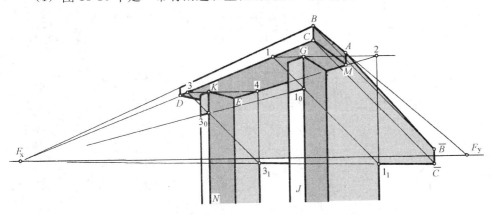

图 13-16 门洞的阴影

图中，由于没有画出门洞的下半部，所以，无法利用光线在基面上的基透视。但是，可以作出光线在雨篷底面上的基透视，它仍然是一条水平线。据此，也能作出落影。

过壁柱棱线的端点 G 作水平线与雨篷阴线 CD 交于点 1，自点 1 作光线 11_0，水平线 $1G$，就是光线 11_0 在雨篷底面上的基透视。点 1 的落影 1_0 正好在棱线 GJ 上。过影点 1_0 向 F_x 作直线，这就画出了雨篷阴线 CD 在壁柱正面上的落影；光线的投影 $1G$ 延长，与墙面相交于 EM 线上的点 2，过点 2 作铅垂线，即壁柱阴线 GJ 在墙面上的落影；该影线与光线 11_0 相交于点 1_1，此处，点 1_1 和 1_0 是落影的过渡点，点 1_1 是 CD 线和 GJ 线的落影的重影点。过 1_1 向 F_x 作直线 $\overline{C}3_1$，即阴线 CD 在墙面上的落影，该影线与过点 C 的光线交于 $\overline{C}$，过 $\overline{C}$ 作铅垂线，与过点 B 的光线交于 $\overline{B}$，$\overline{B}\,\overline{C}$ 即 BC 的落影；连线 $\overline{B}A$ 即 BA 的落影。

雨篷及壁柱 KN 在门洞内的落影，不难按上述步骤求出，不再详述。

（2）图 13-17 所示是台阶的阴影作图

在求作台阶左侧挡墙的阴线 BC、CD 在各层踏步面上的落影时，是充分利

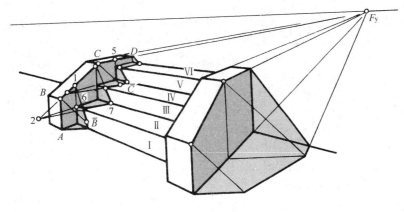

图 13-17 台阶的阴影

用了影线必然通过阴线对承影面的交点这一规律，这样作图是比较方便的。

点 B 的落影 $\overline{B}$ 求出后，欲求阴线 BC 在 I 面上的一段落影，可设想使 I 面扩大，而与 BC 交于点 1，连线 $\overline{B}1$ 上的一段 $\overline{B}6$，就是 BC 在 I 面上的落影；再使 II 面扩大，而与 BC 的延长线交于点 2，连线 26 延长后，在 II 面范围内的一段 67，就是 BC 在 II 面上的落影。

BC 及 CD 在其他各个平面上的落影，均可依此法分析、作图。

（3）图 13-18 中，求作小屋的阴影

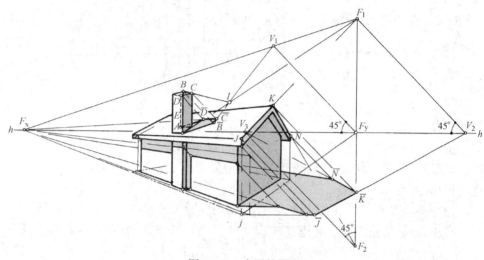

图 13-18　小屋的阴影

此例首先阐述烟囱在坡屋面上的落影作图。先引出坡屋面的灭线 F_xF_1，烟囱的铅垂阴线 AB 在屋面上的落影 $A\overline{B}$ 是和灭线 F_xF_1 平行的，过 B 引光线与 $A\overline{B}$ 交于 $\overline{B}$；然后，再求出包含 BC 的光平面的灭线，此灭线应通过 BC 的灭点 F_y，并与视平线成 45°角，此光平面的灭线，与屋面灭线 F_xF_1 交于 V_1，点 V_1 就是 BC 在屋面上落影 $\overline{BC}$ 的灭点，连线 $\overline{B}V_1$，与过点 C 的光线交于 $\overline{C}$，$\overline{B}\,\overline{C}$ 就是落影；如果，求出 BC 线对屋面的交点 I，BC 线在屋面上的落影 $\overline{BC}$ 将通过交点 I，这样也可不必借助 V_1 点来求落影 $\overline{BC}$。烟囱口阴线 CD 与屋面平行，其落影 $\overline{CD}$ 与 CD 本身消失于同一灭点 F_x；至于铅垂阴线 DE 的落影 $\overline{DE}$，和 $A\overline{B}$ 一样，平行于灭线 F_xF_1。

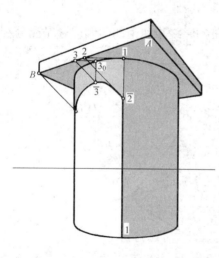

图 13-19　方盖盘在圆柱上的落影

其次，再说明一下屋面斜线 JK 和 KN 在基面上的落影。JK 的灭点是 F_1，KN 的灭点是 F_2，过 F_1 和 F_2 分别作光线的平行线，与视平线分别交于 V_2 和 V_3；V_2 和 V_3 分别是 JK 和 KN 的落影的灭点，故落影 $\overline{JK}$ 指向 V_2，落影 $\overline{KN}$ 指向 V_3。

200

其余作图不再赘述。

（4）图 13-19 中求方盖盘在圆柱面上的落影

光线在盖盘底面上的基透视为水平线。首先，作水平线与圆柱上底圆相切，由切点 1 作素线 11，即圆柱面的阴线。盖盘阴线 AB 将落影于圆柱面上，过阴线 AB 上某一点 3 作水平线，即过点 3 的光线的基透视，与底圆交于点 3_0，由 3_0 作素线，与过点 3 的光线交于 $\overline{3}$，即点 3 在柱面上的影点；图中点 2 的影正落于 11 素线上，即 $\overline{2}$；再求出若干个影点，即可连成 BC 在圆柱面上的落影曲线。

13.2　画面相交光线下的阴影

13.2.1　光线的透视特性

（1）光线与画面相交，光线的透视则汇交于光线的灭点 F_L，其基透视则汇交于视平线 hh 上的基灭点 F_l，F_L 与 F_l 的连线垂直于视平线。

画面相交光线的投射方向，有两种不同的情况：

① 光线自画面后向观者迎面射来，如图 13-20 所示。此时，光线的灭点 F_L 在视平线的上方，光源如果是太阳的话，F_L 点就是太阳的透视位置。

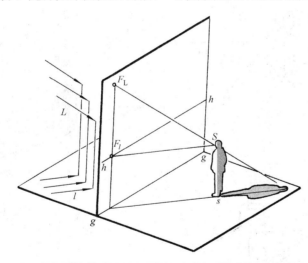

图 13-20　迎面射来的光线

② 光线自观者身后射向画面，如图 13-21 所示，光线的灭点 F_L 则在视平线的下方。

（2）在上述两种不同方向的光线照射下，立体表面的阴面和阳面，还会产生如下的变化（图 13-22）：

图（a）和（c）中，光线灭点在立体两个主向灭点 F_x 和 F_y 的外侧，则透视图中，两个可见的主向平面，一为阳面，一为阴面。

图（b）和（d）中，光线灭点位于两个主向灭点 F_x 和 F_y 之间，在透视图中，两个可见的主向平面，在图（b）中，均为阳面，而在图（d）中，则均为阴面。

201

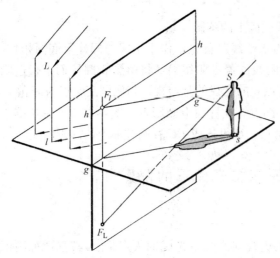

图 13-21　射向画面的光线

在透视阴影作图中，一般采取图（a）和（b）所示形式，图（c）也可采用，但图（d）则很少采用。

13.2.2　各类直线的落影

1. 画面平行线在各种承影平面上的落影

画面平行线是没有灭点的，但由于光线斜交画面，在透视图中有灭点。所以，通过画面平行线引出的光线平面是与画面斜交的，在透视图中将产生光平面的灭线，此灭线通过光线的灭点 F_L，并与画面平行线相平行。

光平面的灭线与承影面的灭线的交点，就是该画面平行线在此承影面上的落影的灭点。

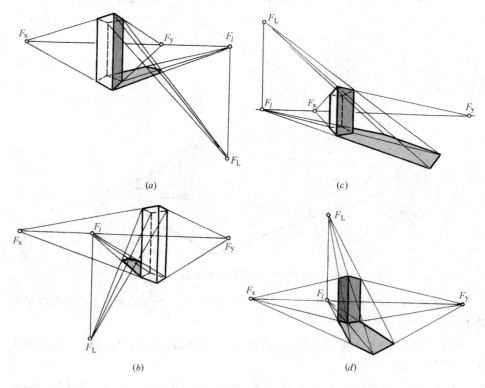

(a)

(c)

(b)

(d)

图 13-22　不同光线下阳面和阴面的变化

（1）图 13-23 中给出了光线的灭点 F_L 及基灭点 F_l，求铅垂线 AB 在基面、铅垂面以及斜面上的落影。

铅垂线 AB 的下端点 B 就在基面上，其影 $\overline{B}$ 与 B 点自身重合。铅垂线在基

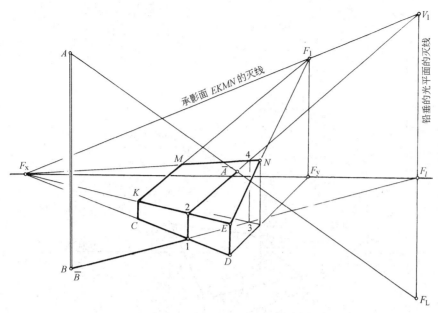

图 13-23　铅垂线在各种平面上的影

面上的落影应自影点 $\overline{B}$ 引向光线基灭点 F_l。影线 $\overline{B}F_l$ 与铅垂面的基面迹线 CD 相交于点 1。点 1 是折影点。由此，AB 线的落影就折到铅垂面上。铅垂线 AB 在铅垂面上的落影 12 仍是铅垂方向。点 2 也是折影点。由此，AB 线的落影又折到一般斜面 $EKMN$ 上。在斜面上这一段落影，可设想为通过 AB 线的光平面和斜面的交线。过 AB 线的光平面的灭线是光灭点 F_L 与其基灭点 F_l 连成的铅垂线 $F_L F_l$。斜面的灭线是 $F_x F_1$。两灭线 $F_L F_l$ 和 $F_x F_1$ 相交于点 V_1。V_1 点就是铅垂线在此斜面上的落影的灭点。自折影点 2 向 V_1 点引直线与过点 A 的光线 AF_L 相交于点 $\overline{A}$。线段 $2\overline{A}$ 就是 AB 线落于斜面上的影。其他铅垂线如果也落影于此斜面上，也一定指向灭点 V_1。若灭点 V_1 太远，就可以将斜面边线 MN 与光平面的交点 4 求出来，连线 24 与光线 AF_L 相交于点 $\overline{A}$，$2\overline{A}$ 线就是所求的一段影线。

（2）图 13-24 中给出了光线的灭点 F_L 及基灭点 F_l，求画面平行线 AB 在基面、铅垂面以及斜面上的落影。

过光灭点 F_L 引 AB 线的平行线 $F_L V_2$，这就是包含 AB 线的光平面的灭线。灭线 $F_L V_2$ 与视平线 hh（即基面以及所有水平面的灭线）相交于点 V_1。点 V_1 就是 AB 线在基面上落影的灭点。将 AB 和 ab 延长相交于点 J，这是 AB 线的基面迹点。将迹点 J 和灭点 V_1 连成直线，与光线 BF_L 相交于点 $\overline{B}$，与 CD 线相交于点 1，$\overline{B}1$ 线段就是 AB 线在基面上的一段落影。点 1 是折影点，由此，落影将折到铅垂面上去。铅垂面 $CDKE$ 的灭线是过灭点 F_x 的竖直线，与光平面灭线相交于点 V_2，V_2 点是 AB 线在铅垂面上落影的灭点。连线 $1V_2$ 与 EK 边相交于点 2。12 线是 AB 线的一段落影。此处，如觉得灭点 V_2 太远，也可不必画出。另求点 A 在铅垂面上的落影 3。点 3 与点 1 相连，同样可得到 AB 线的一段落影 12。由折影点 2，落影又折到斜面上去。斜面的灭线 $F_x F_1$ 与光平面的灭线 $F_L V_1$

203

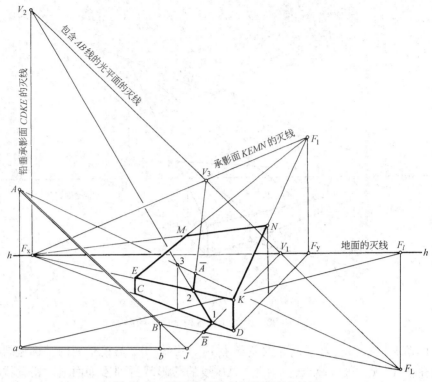

图 13-24　画面平行线在各种平面上的影

相交于点 V_3。V_3 点是 AB 线在斜面上落影的灭点。连线 $2V_3$ 与光线 AF_L 相交于点 $\overline{A}$，$2\overline{A}$ 线是 AB 线在斜面上的一段落影。从而完成 AB 线在三个承影面上的落影。

2. 画面相交线在各种承影平面上的落影

画面相交线在透视图中是有灭点的。此灭点与光灭点的连线就是包含画面相交线所作光平面的灭线。光平面的灭线与承影面的灭线的交点，就是该画面相交线在此承影面上落影的灭点。

(1) 图 13-25 给定了光灭点 F_L 及基灭点 F_l，求消失于灭点 F 的水平线 AB 在基面、铅垂面以及斜面上的落影。

过点 A 作光线，其透视 AF_L 与基透视 aF_l 相交于点 $\overline{A}$，即点 A 在基面上的落影。AB 线既然是水平线，其灭点 F 在视平线上。AB 线在基面上的落影，与其自身平行，当然也消失于灭点 F。连线 $\overline{A}F$ 与铅垂面的迹线 CD 相交于点 1。$\overline{A}1$ 线就是 AB 线在基面上的一段落影。点 1 是折影点，由此，落影折到铅垂面 $CDEK$ 上去。铅垂面的灭线是过灭点 F_x 的竖直线 F_xV_1，包含 AB 线的光平面是 FF_L，这两条灭线的交点 V_1，应该是 AB 线在铅垂面上落影的灭点。但是，灭点 V_1 位置过远，无法利用，只好另觅蹊径。其方法之一就是求出 AB 线与铅垂面的交点 3；方法之二就是求出点 A 在铅垂面上的落影 4。将折影点 1 与交点 3 或影点 4 相连，都可以得到 AB 线在铅垂面上的一段落影 12。点 2 是折影点，由此，落影将折到斜面上。斜面的灭线 F_xF_1 与光平面的灭线 F_LF 相交于 V_2

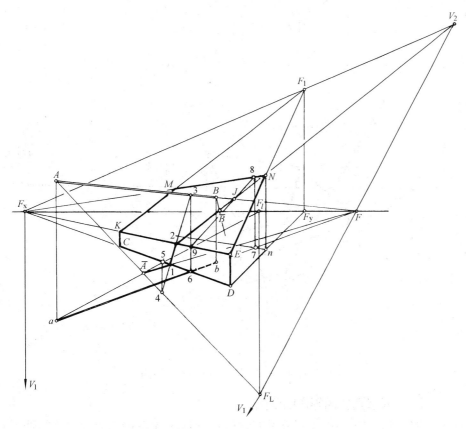

图 13-25　水平线在各种平面上的影

点，V_2 点就是 AB 线在斜面上落影的灭点。将折影点 2 与灭点 V_2 相连，就可以得到所求的一段落影。如灭点 V_2 太远，可采取其他方法解决。比如求 AB 线对斜面的交点，使 AB 的基透视 ab 与 CD 相交于点 6，由此作竖线与 EK 线交于点 9；ab 线继续延长，与 nF_x 交于点 7，由此作竖直线，与 MN 线相交于点 8。8、9 两点的连线与 AB 线相交于点 J。点 J 就是 AB 线与斜面的交点，AB 线在斜面上的落影必然通过交点 J。交点 J 与折影点 2 的连线，与光线 BF_L 相交于点 $\overline{B}$。$2\overline{B}$ 线就是所求的一段落影。从而完成了 AB 线在三个不同的平面上的落影。

（2）图 13-26 给出了光灭点 F_L 和 F_l，求消失于灭点 F 的斜线 AB 在三个不同的承影平面上的落影。

首先求出 AB 线在基面迹点 M。包含 AB 线的光平面灭线 FF_L 和视平线 hh 相交于 V_1 点。V_1 点与 M 点的连线，与光线 AF_L 相交于点 $\overline{A}$，与铅垂面的 CD 边相交于点 1。$\overline{A}1$ 线就是 AB 线在基面上的一段落影。由折影点 1，落影折到铅垂面上。铅垂面的灭线是通过灭点 F_x 的竖直线 F_xV_2，F_xV_2 与光平面灭线 FF_L 相交于 V_2 点。灭点 V_2 与折影点 1 相连，与 EH 边相交于 2 点，12 线是 AB 线在铅垂面上的一段落影。由 2 点，落影折向斜面，斜面的灭线 F_xF_1 与光平面灭线 FF_L 相交于点 V_3。点 V_3 与折影点 2 相连，与光线 BF_L 相交点 $\overline{B}$。$2\overline{B}$ 就是 AB 线在斜面上的一段落影。这样，就完成了 AB 线在三个不同平面上的落影。

205

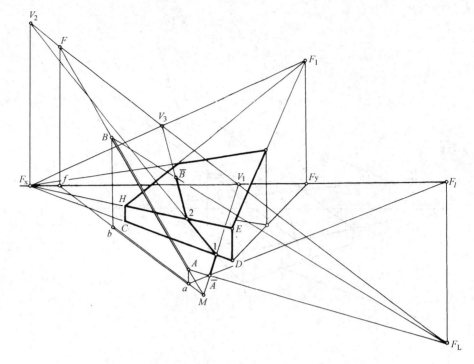

图 13-26　一般斜线在各种平面上的影

13.2.3　建筑形体阴影作图示例

（1）图 13-27 中，给出了房屋的透视，选取了光线的灭点 F_L 及其基灭点 F_l，求阴影。

首先作平屋顶的落影，由于考虑到本图视平线甚低，平屋顶的基透视也未画出，因此，无法利用光线在基面上的基透视。为此，利用光线在平屋顶底面上的基透视来作图，此基透视同样是指向基灭点 F_l 的。自点 A 向 F_l 引光线的基透

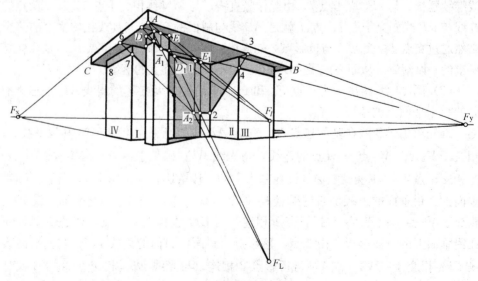

图 13-27　房屋的阴影

视，与墙面上边线交于点 1，由点 1 作铅垂线，与过点 A 之光线 AF_L 交于点 $\overline{A}_2$，即点 A 的落影（虚影）。屋顶边线 AB 与墙面 I 平行，故它在墙面 I 上的落影 $\overline{A}_2 2$ 指向 F_y；将墙面 II 的上边线延长，与阴线 AB 交于 3，连线 32 与 II 墙角线交于 4，24 线即 AB 在 II 墙面上的落影；自点 4 向灭点 F_y 引直线 45，即 AB 在墙面 III 上的落影；将墙面 I 的顶边延长，与 AC 交于 6，连线 $6\overline{A}_2$ 与墙面 I 转角棱线交于 7，$7\overline{A}_2$ 即 AC 在墙面 I 上的落影；由 7 向 F_x 引直线 78，即 AC 在墙面 IV 上的落影。

自柱顶 D 和 E 两点，向 F_l 引直线，与墙面 I 上边线交于点 D_1 和 E_1，由此作铅垂线，即立柱在墙面 I 上的落影，此落影到墙脚线上即折向立柱柱脚。

屋顶在立柱上部的落影，不再详述。

（2）图 13-28 所示是一附有烟囱的小屋，在选定的光线下，求其阴影。

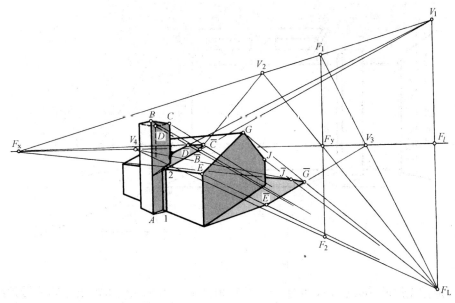

图 13-28　附有烟囱的房屋的阴影

此例着重说明直线落影的灭点，就是通过该直线的光平面灭线和承影平面灭线的交点。

① 包含铅垂线（如 AB）的光平面是铅垂面，其灭线即 F_lF_L，而屋面的灭线是 F_xF_1，两灭线的交点 V_1 就是 AB 线在屋面上落影 $2\overline{B}$ 的灭点。

② 包含水平线（如 BC）的光平面灭线，就是该水平线的灭点 F_y 与光线灭点的连线 F_yF_L。它与屋面灭线 F_xF_1 的交点 V_2，就是水平线 BC 在屋面上落影 $\overline{BC}$ 的灭点。

③ 包含山墙斜线 EG 的光平面灭线，就是 EG 的灭点 F_1 与光线灭点的连线 F_1F_L。它与基面的灭线（即视平线）的交点 V_3，就是 EG 在基面上的落影 $\overline{EG}$ 的灭点。

④ 包含山墙斜线 GJ 的光平面灭线，即连线 F_2F_L，它与视平线的交点 V_4，就是 GJ 在基面上落影 $\overline{GJ}$ 的灭点。

如将这些灭点求出，有助于控制直线落影的透视方向，并使作图得以简化。不过，有时这种灭点相距过远，甚至越出图板，而不便于利用。

（3）图 13-29 中所示是一敞开的面向院落的室内透视，光线迎面射来，求其阴影。

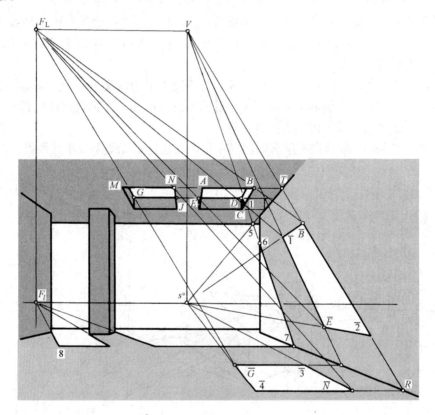

图 13-29　室内的阴影

通过光线的基灭点 F_l，可求出立柱在地面上的落影，也可求出左侧墙转角线在基面上的落影；至于求檐口线以及屋顶板上的方洞在地面及右侧墙上的落影，必须先画出它们的基透视位置，才可能利用 F_L 和 F_l 来解决，但这样做较麻烦。

现在设想通过像 AB、DE 这样的基线平行线作光平面，这种光平面一定是平行于基线的，其灭线也必然平行于视平线，并通过光线灭点 F_L。所以，通过 F_L 作水平线，即所求光平面的灭线，而侧墙面的灭线是通过心点 $s°$ 的铅垂线。这样两条灭线的交点 V，就是 AB 等平行线在侧墙面上落影的灭点。

将直线 MN、AB 延长，和右侧墙交于点 T，连线 VT 在右侧墙上延长，与墙脚线相交于点 R，过 R 作水平线 $R\overline{4}$，则 TR、$R\overline{4}$ 是 MN 和 AB 在侧墙及地面上的落影方向；自 F_L 向 B 点引光线，与 TR 交于 $\overline{B}$，即 B 的落影；自 F_L 向 N 引光线，与 $R\overline{4}$ 交于 $\overline{N}$，即 N 的落影。

同样方法，可求得 GJ、ED 在侧墙和地面上的落影方向，并作出点 G 和 E 的落影 $\overline{G}$ 和 $\overline{E}$。

通过 $s°$ 向 $\overline{B}$、$\overline{E}$、$\overline{N}$ 和 $\overline{G}$ 引直线，就画出了方洞的落影 $\overline{B}\,\overline{1}\,\overline{E}\,\overline{2}$ 和 $\overline{N}\,\overline{3}\,\overline{G}\,\overline{4}$。

由 $\overline{1}$ 引光线，返回到 BC 上得点 1，三角形 $1CD$ 是一块落影。

至于求作檐口线的落影，先将右侧墙上边线延长，与檐口线交于点 5，自 V 向 5 引直线并延长，使与侧墙脚线交于点 7，由 7 作水平线 78，直线 67 和 78 即檐口线的落影。

（4）图 13-30 所示是一圆拱形门洞的一点透视，按选定的光线灭点 F_L 和 F_l，求阴影。

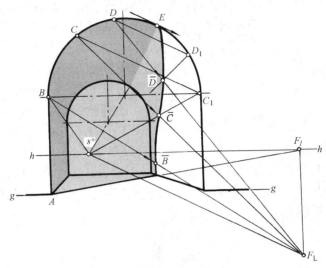

图 13-30 拱门的阴影

此拱形门洞的阴线是其前口一段铅垂线 AB 及圆弧 $BCDE$。AB 的落影不难画出，现在的问题是求作圆弧的落影。

设想，包含拱面的任何一条素线都能作一个光平面，则光平面的灭线就是 $s°F_L$。

设想拱门的前口就在画面上，上述光平面与画面的交线，是与灭线 $s°F_L$ 相互平行的。

首先，作一平行于 $s°F_L$ 的直线，与前口弧线相切于点 E，这是前口圆弧阴线的起点，也是影线的端点。

其他的影点将这样求作：包含素线作光平面，也就是平行于 $s°F_L$ 作一直线如 DD_1，这就是光平面与画面的交线，它与拱门前口线交于 D 和 D_1 两点，点 D 的影一定落在素线 $D_1s°$ 上，自点 D 作光线 DF_L，与素线 $D_1s°$ 交于 $\overline{D}$，点 $\overline{D}$ 就是点 D 的落影。同样方法，可求出阴点 C 的落影 $\overline{C}$，最后将这些影点光滑地连成曲线，即圆弧阴线的落影。

13.3 辐射光线下的阴影

13.3.1 光源的确定，落影的基本作图

在透视图中，求作辐射光线照射下的阴影，首先要确定辐射光线的光源，即

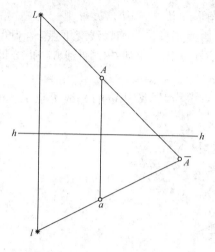

图 13-31　点在辐射光线下的影

发光点的透视与基透视。所有光线的透视，必须引自发光点的透视；光线的基透视，必须引自发光点的基透视。

图 13-31 中给出了两个点 L 和 A 的透视和基透视。其中 L（l）为发光点，求点 A（a）的落影。图中，除了基面可作为承影面外，没有其他的承影平面。现在就是求作空间点 A（a）在灯光 L（l）的照射下，在基面上的落影。自 L 点向 A 点引直线为光线的透视，自 l 向 a 引直线为光线的基透视。LA 线与 la 线相交于点 $\overline{A}$，就是空间点 A 在基面上的落影。

图 13-32 中，给出了几根立竿（即铅垂线）的透视，求这些立竿在灯光 L（l）的照射下落影。立竿 AB 的下端点 B 就在基面上，其影 $\overline{B}$ 即其自身，只要作出 A 的影 $\overline{A}$。连线 $\overline{A}\overline{B}$ 即 AB 线的落影。同样，可求得其余几根立竿的落影。由图中显然可见，所有立竿的影，延长均通过发光点的基透视 l。

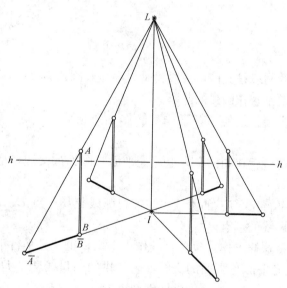

图 13-32　一组铅垂线的影

图 13-33 中所示是一般斜线 AB，在灯光 L 的照射下，落于基面上的影 $\overline{A}\overline{B}$。图中如将 AB 线延长，与基面交于 M 点，AB 线的落影 $\overline{A}\overline{B}$ 延长也必然通过交点 M。

13.3.2　发光点和落影的讨论

（1）发光点的基透视 l 通常置于视平线 hh 的下方，因为 hh 下方就是基面 G 的透视。如果发光点基透视 l 就在视平线 hh 上，这说明发光点处于空间的无限远处。自无限远处的发光点引出的全部光线相互间是平行的，这正是第二节中所讨论的内容。如果发光点的透视 L 和基透视 l，从铅垂画面的透视（即一点或两点透视）图中消失不见，这说明发光点位于消失面 N 上。此时光线的透视相互平行，光线的基透视也相互平行。图 13-34 所示是两根立竿在这样的光线照射下，落于基面上的影。此例图中的光线，不要误认为平行光线。

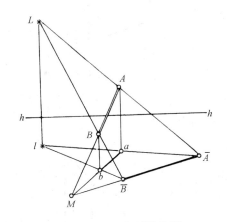

图 13-33　一般斜线的影

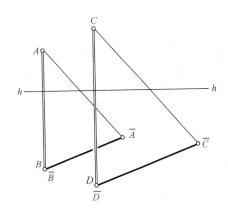

图 13-34　发光点在消失面 N 上

　　发光点的基透视 l 还可能出现在视平线 hh 的上方，这表明发光点位于虚空间。图 13-35 所示是三根立竿，在这样的光线照射下，落于基面上的影。在此例图中，这些立竿在基面上的落影，是愈远愈分离，而不要误以为愈远愈靠拢。

　　（2）在灯光照射下，一点落于基面上的影，就是过该点的光线的透视和其基透视延长相交的交点，正如图 13-31 所示那样，但交点必须在视平线的下方。同样，在求作立竿落于基面上的影，顶端的影也必须在视平线的下方，如图 13-32 所示那样。可是以下列举的几个例图中出现的情况，该如何解释呢？

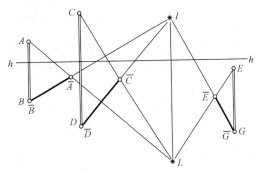

图 13-35　发光点在虚空间

　　图 13-36（a）中，光线的透视 LA 和基透视 la 的交点 $\overline{A}$，位于视平线的上方，这表明空间点 A 比发光点 L 高，通过点 A 的光线 LA 按其正常的投射方向延长是不可能与基面相交的。如果逆向延长，可以在基面上得到一个交点，这就是第五章中提到的所谓"逆影"，而且位于虚空间。现实空间里，逆影是不存在的，透视图中不必画出。如果在光线 LA 的投射途中安放一个铅垂面 P，那么就可以求得点 A 在 P 面上真实存在的落影 $\overline{A}_{\mathrm{p}}$，如图 13-36（$b$）所示。

　　图 13-37（a）和（b）中，LA 和 la 都是相互平行的，但二者的实际情况却不一样，图（a）表明点 A 确实在基面上有其落影，只是由于该落影恰好位于消失面与基面的交线 nn 上，在透视图的有限幅面内是画不出来的。而图（b）虽然也表明光线与基面相交于 nn 线上，但这仅仅是一个逆影，没有实际意义。如果在图（b）

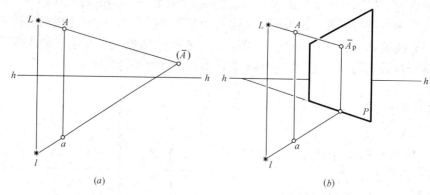

图 13-36　空间点高于发光点时的影

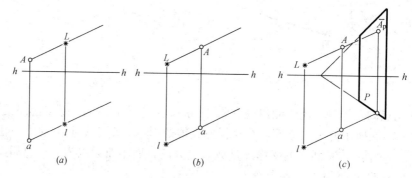

图 13-37　点的落影的特殊情况

中画上一个铅垂面 P，如图（c）所示，就可以求得点 A 在 P 面上的落影 $\overline{A}_p$。

　　图 13-38（a）所示是一立竿在灯光照射下落影于基面上的情况。光线 LA 与 la 的交点 $\overline{A}$，位于视平线上方，表明 A 点高于发光点 L，AB 线在基面上的落影，自 $\overline{B}$ 点向远方延伸，与视平线相交于点 F，点 F 就是一无限远的影点。$F\overline{A}$ 一段是没有实际意义的。$\overline{A}$ 点只是 A 点落于虚空间的基面上的逆影。如果在图中画出一铅垂面 P，如图（b）所示，AB 线在基面上的落影，经由折影点 C，就折向铅垂面上。得到一段真实存在的落影 $C\overline{A}_p$。

　　图 13-39 所示也是一立竿在灯光照射下落于基面上的影。由于发光点 L 低于

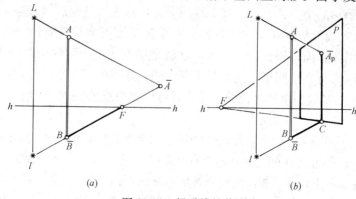

图 13-38　铅垂线的落影

立竿的高度，立竿的落影将无限延伸。

图 13-40 所示还是一立竿在灯光照射下落于基面上的影。从图中看到，光线的透视 LA 和基透视 la 是相互"平行"的，立竿的落影在透视图上是无限长的。但实际上发光点 L 高于立竿顶端 A，立竿 AB 的落影长度是有限的，但由于顶端 A 的落影正好在消失线 nn 线上，其透视将在画面的无限远处，因而一段有限长的落影，其透视成为无限长的直线了。

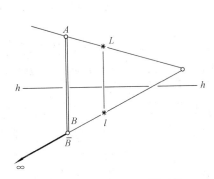

图 13-39　立竿的影无限延伸

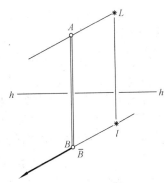

图 13-40　立竿的影长度有限，但其透视无限延伸

13.3.3　示例

图 13-41 所示是室内的两点透视，现求作室内家具在悬吊的灯光 L 照射下的落影。

点 l_0 为灯泡 L 的吊链顶端，可视为灯泡在顶棚上的基透视，点 l 是灯泡在

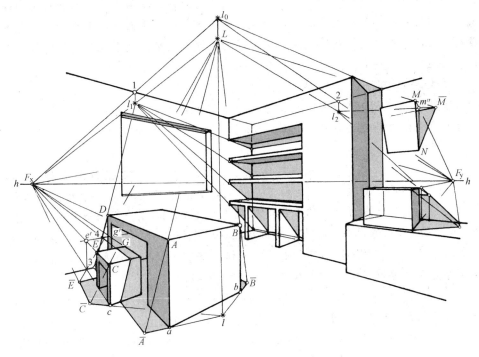

图 13-41　灯光下室内家具的阴影

213

地面上的基透视，再借助灭点 F_x、F_y，求得灯泡在左、右墙面上的基透视 l_1 和 l_2。明确求出灯泡的这些基透视，会有助于求作家具的落影。

桌、凳的铅垂阴线在地面上的落影都集中指向灯光在地面上的基透视 l。比如阴线 Aa 的落影 $a\overline{A}$，就是自基透视 l 引直线 la，并延长，使与光线 LA 相交于点 $\overline{A}$，就得落影 $a\overline{A}$。其余的铅垂阴线，如 Bb、Cc 等都是如此。家具上所有垂直于左墙面的阴线，落于左墙面上的影，都集中指向左墙面上的基透视 l_1，比如，紧靠左墙面的桌面其阴线 AD，在左墙面上的落影 $D3$ 就是引自灯泡 L 左墙面上的基透视 l_1。

桌面阴线 AD 上有一段落影于凳面上，先画出凳面在左墙面上的基透视 $e'g'$，与光线基透视 l_1D 相交于点 4，过点 4 引直线指向灭点 F_x、F_x4 线延长，在凳面范围内的一段，就是 AD 线在凳面上的落影。

镜框的阴线 MN 是一斜线，MN 线在右墙面上基透视是铅垂线 Nm''，过点 M 引线至 F_y，与 Nm'' 线相交于 m'' 点。Mm'' 线是垂直于右墙面上的直线，故此直线在右墙面上的落影指向 l_2、l_2m'' 与光线 LM 相交于点 $\overline{M}$，$N\overline{M}$ 线就是 MN 线在右墙面上的落影。过 $\overline{M}$ 点向灭点 F_x 引直线，就得到镜框上水平边线的落影。

其余的落影，由读者自行分析，想必不难解决。

13.4 三点透视中的阴影

13.4.1 光线的分类及其透视特性

在三点透视中求作阴影，同样可以采用平行光线或辐射光线。而平行光线则按它与倾斜画面的相对关系不同，分成两种情况，即与画面可以是平行的，也可以是斜交的。各种光线在透视图将有不同的反映和效果。现在就其透视特性分别加以阐述。

1. 与画面平行的平行光线

这种光线既然与画面平行，在透视图中就不产生灭点 F_L，光线的透视仍能保持彼此平行的特性。但是，光线的基面投影对画面的相对关系，可能是平行的，也可能不平行。

(1) 图 13-42 (a) 中，光线不仅平行于画面 P，同时也平行于基面 G，这样，光线 L 与其基面投影 l 也是相互平行的，并且平行于基线 gg 和视平线 hh。在三点透视中，光线的透视与基透视都不产生灭点，与视平线保持着平行关系。图 (b) 所示三点透视中，画出了四棱柱在这种光线照射下的阴影。四棱柱在基面上的落影将拖成无限长，其水平面（包括所有平行于基线的平面，甚至基面本身）都将成为阴面，故而效果不佳，一般不予采用。

(2) 图 13-43 (a) 中，光线 L 与画面平行，故其透视不产生灭点。但光线的基面投影 l 不平行于画画，所以在透视图中将产生灭点，即光线的基灭点 F_l，位于视平线 hh（即 F_x 和 F_y 的连线）上。光线 L 与其基面投影组成的光线平面是一铅垂平面，当然该平面包含有铅垂线，铅垂线的灭点是 F_z，而 l 的灭点是

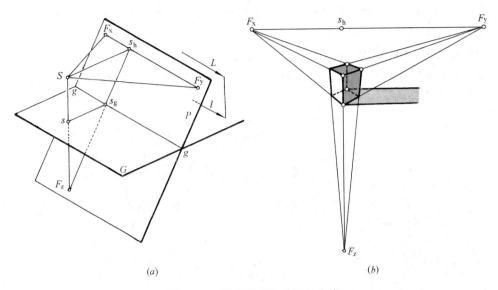

图 13-42　平行于基线的平行光线

F_l，因此，连线 F_zF_l 是铅垂的光线平面的灭线。光线本身 L 如果有灭点，此灭点必然在灭线 F_zF_l 上。现在既然明确光线 L 是没有灭点的，所以光线 L 肯定只能与灭线 F_zF_l 平行。光线 L 的透视仍保持与 F_zF_l 平行的关系。图 13-43（b）中画出了四棱柱在这种光线照射下落于基面上的影。由图中看出，所有铅垂线在基面上的落影都消失于基灭点 F_l，所有光线的透视均与 F_zF_l 灭线平行。当前图中 F_l 位于 F_x、F_y 的外侧，所以，可见的两个铅垂面中有一个是阴面。如果 F_l 位于 F_x 和 F_y 之间，则两个可见的铅垂面都是阴面。

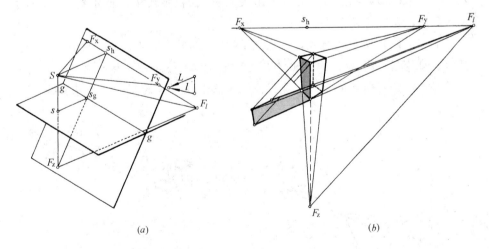

图 13-43　光线平行于画面，但其基面投影不平行于画面

2. 与画面斜交的平行光线

这种光线既然与画面斜交，在透视图中就一定产生灭点。但是，光线的基面投影同样有平行或不平行于画面的两种可能性。

（1）图 13-44（a）中，光线 L 不平行于画面 P，在透视图中必然要出现灭

215

点 F_L。但是，光线的基面投影 l 平行于画面，当然也就平行基线和视平线。由光线 L 和 l 组成的光线平面就平行于基线，此光线平面的灭线必然与基线平行，光线的灭点 F_L 就在此灭线上。也就是说，$F_z F_L$ 线平行于视平线 hh。图（b）中画出了四棱柱在这种光线照射下落于基面上的影。所有铅垂线的落影均平行于视平线。所有光线都指向灭点 F_L。

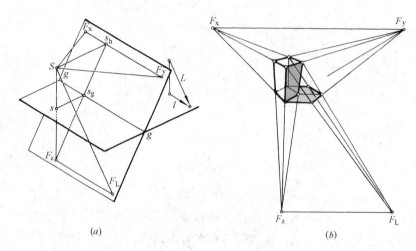

(a)　　　　　　　　　　　　(b)

图 13-44　光线与画面斜交，但其基面投影平行于基线

（2）如果光线 L 与其基面投影 l 均不平行于画面，在透视图中 L 和 l 将产生各自的灭点 F_L 和 F_l。光线的灭点 F_L、基灭点 F_l 和铅垂线的灭点 F_z，一定位于同一直线上。如果光线是迎面射来的，其灭点 F_L，将位于视平线 hh 的上方，否则，F_L 将位于 hh 线下方。光线的基灭点 F_l 在视平线上，可能处于 F_x 和 F_y 两灭点之间，也可能处于 F_x 和 F_y 的外侧。

图 13-45（a）所示的光线，其灭点 F_L 位于 hh 线下方，其基灭点 F_l，处于 F_x 和 F_y 的外侧。图（b）中画出了在这种光线照射下，四棱柱的阴影。

图 13-46（a）所示的光线，其灭点 F_L 位于视平线的上方，其基灭点 F_l 处

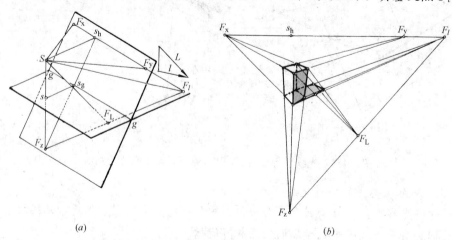

(a)　　　　　　　　　　　　(b)

图 13-45　光线及其基面投影均不平行于画面

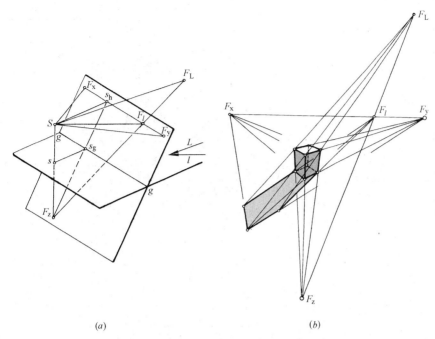

(a) (b)

图 13-46 迎面来的光线，其灭点在视平线上方

于 F_x 和 F_y 之间。图 (b) 中画出了四棱柱在这种光线照射下的阴影。

13.4.2 三点透视中阴影画法示例

（1）图 13-47 给出了一座坡顶房屋的俯瞰三点透视，图中设定了光线灭点 F_L，现求房屋的阴影。

由图中看出：F_L 和 F_z 的连线平行于视平线，故而没有 F_l，光线的基透视总是成水平方向。

墙角线 AB 落于基面上的影成水平方向，过点 A 作水平线，与光线 BF_L 相交于点 $\overline{B}$。过 c 作水平线，与光线 CF_L 相交于点 $\overline{C}$。过 E 作水平线与光线 DF_L 相交于点 $\overline{D}$。直线 $A\overline{B}$-$\overline{BC}$-$\overline{CD}$ 是山墙上三条阴线的落影。过影点 $\overline{D}$ 向灭点 F_y 引直线，就是后屋檐的落影。

烟囱阴线 GK 在基面上的落影是过点 G 的水平线，与墙脚线交于点 1，由点 1，影线折到墙面上，成铅垂线，消失于 F_z，与檐口线交于点 2。阴线 GK 的落影由点 2 折向屋面。将屋面与烟囱面的交线 34 延长，与 GK 线交于点 5。GK 线落于屋面的影必然通过交点 5，又应通过折影点 2，连线 52 与光线 KF_L 相交于点 $\overline{K}$。从而完成 GK 阴线落于三个不同平面的影。将烟囱顶面边线 KM 延长，与 34 线交于点 6。连线 $\overline{K}6$ 与光线 MF_L 交于点 $\overline{M}$，从而解决了 KM 线在屋面上的落影 $\overline{KM}$。连线 $\overline{M}F_y$ 与光线 NF_L 相交于点 $\overline{N}$，$\overline{MN}$ 就是 MN 线在屋面上的落影。将 J8 线延长，与 NF_z 线相交于点 9。点 9 就是烟囱上过点 N 的铅垂棱线对屋面的交点。连线 $\overline{N}9$ 就是铅垂棱线 $N9$ 在屋面上的落影。这样，整个烟囱的落影就全部完成了。余下的落影，不再赘述，请读者自行分析画出。

（2）图 13-48 给出了一高耸的建筑物的仰望三点透视，又在视平线 F_xF_y 上

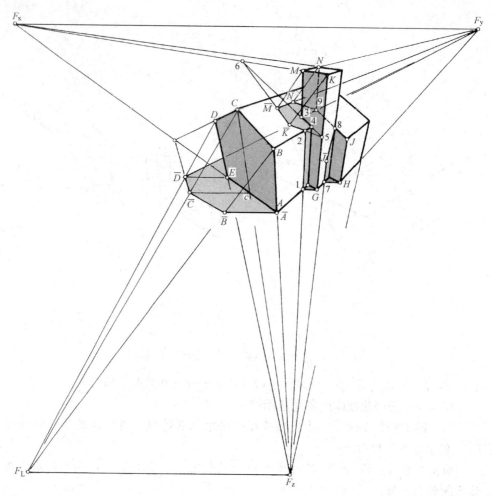

图13-47　在俯瞰三点透视中求作阴影

设定了光线的基灭点 F_l。现求该建筑物的阴影。

因为图中没有设定光线的灭点 F_L，说明此处的平行光线是与画面平行的，所有光线的透视仍保持相互平行的特性，并与 F_zF_l 线平行。光线的基透视则消失于 F_l。

由于建筑物下部没有画出，所以画不出光线的基透视和整个建筑物在基面上的落影。本例只需作出建筑物上部的阴影就可以了。首先作点 A 的落影。点 A 位于建筑物的一个水平面上，过点 A 引直线至 F_l，与水平面上的另一直线相交于点 1，A1 线可视为过点 A 的光线在此水平面上的基透视。过 1 点指向 F_z 引直线。过点 A 作平行于 F_zF_l 的光线，与 F_z1 的延长线相交于点 $\overline{A}$，$\overline{A}$ 就是点 A 的落影。自 $\overline{A}$ 向 F_y 引直线，与过 B 和 G 的光线相交于 $\overline{B}$ 和 $\overline{G}$，$\overline{AB}$ 是 AB 线的落影。过点 $\overline{B}$ 向 F_z 引直线，与过 C 的光线相交于点 $\overline{C}$，$\overline{BC}$ 是 BC 线的落影。$\overline{CD}$ 线是 CD 线的落影。F_y1 线延长，与 AE 线交于点 2，连线 $2\overline{A}$ 与铅垂棱线交于点 3，自点 3 向 F_x 引直线，与另一条铅垂棱线相交于点 4，将点 4 与点 E 连接起来。$\overline{A}$3-34-4E 就是阴线 AE 落于三个不同平面上的影。其余的阴影，由读者自行分析解决，不再赘述。

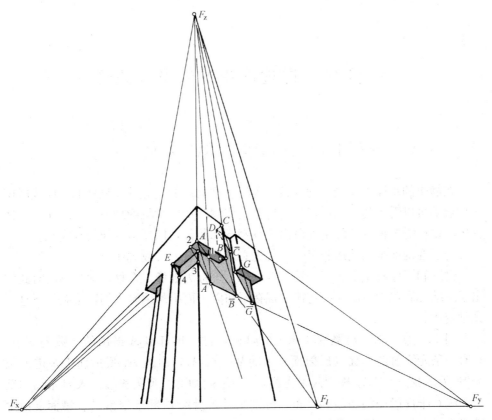

图 13-48　在仰望三点透视中求作阴影

219

第 14 章　透视图中的倒影和镜像

14.1　倒影与镜像的形成

在静止的水面上或光滑的地板上可以看到物体的倒影，在悬挂的镜面或门窗的玻璃上可以看到物体的镜像。这些都是周围环境中常见的现象。在求作建筑透视图时往往需要根据实际情况画出这种倒影和镜像，以增强图像的真实感。

为了准确地画出倒影和镜像，首先必须理解它的形成规律。

倒影和镜像实质上是同一种光学现象，统称为**虚像**。在物理学中早已对此作出了总结，表述为镜面反射定律。现在不妨以水面上的倒影为例，重温一下这一光学定律。

图 14-1 所示是一棵矗立于水上的灯柱，自柱顶灯泡 A 射出的无数光线中，只有一条光线射向水面（**反射面**）上的某一点 A_1，由点 A_1 反射而正好进入位于 S_1 处的视点。AA_1 称为**入射光线**，而 A_1S_1 则称为**反射光线**。入射光线和反射光线对于反射面的法线的夹角，分别叫做**入射角** i_1 和**反射角** i_1'。**镜面反射定律指出：由入射光线和反射光线所决定的平面是垂直于反射面的，并且，入射角 i_1 等于反射角 i_1'**。当视点移到 S_2 处时，发自灯泡 A 的诸光线中，同样也有另一条光线射向反射面上的点 A_2，而反射正好进入视点 S_2。将反射光线 S_1A_1 和 S_2A_2 延长，相交于点 A_0。不难证明，点 A_0 和 A 是对于反射面的一对对称点，它们的连线 AA_0 垂直于反射面，成为镜面的法线，点 $\overline{A}$ 是其垂足，$A\overline{A} = \overline{A}A_0$，但方向相反，不论发自点 A 的光线，在 A_1 处反射进入视点 S_1，或是在 A_2 处反射进入视点 S_2，都如同光线直接发自点 A_0 射入视点一样，点 A_0 就称为点 A 的**虚像**。所谓虚像，说明它并不是真正存在的实体，而不过是光学特性给人眼造成的一种幻觉。

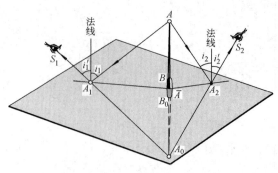

图 14-1　虚像的形成

上述的结论，完全适用于灯柱上的每一个点。因此，灯柱的虚像 B_0A_0 与灯柱 AB 对称于水面，而成为一根上下倒置的灯柱形象。所以，虚像对于水平的反射面来说，称为**倒影**。

因此，在透视图中求作一物体的虚像，实际上就是画出与该物体对称于反射面的对称图像的透视。

14.2 水中的倒影

由于水面是水平的（光滑的地面通常也是水平的），对一个点来说，该点与其在水中的倒影的连线是一条垂直于水平面的铅垂线。当画面为铅垂面时，此铅垂线的透视仍将是一条竖直的线。它对水面的垂足，到空间点的距离与到倒影的距离相等，在透视图中仍保持相等。因此，要在透视图中作空间一点的倒影，可先过该点引垂直于水面的铅垂线，定出该线与水面的交点，即垂足。然后，由垂足起向下截量一段长度，使它等于垂足至空间已知点的距离，所截取的点就是已知点的倒影。点与其倒影对称于水面。如点就在水面上，则其倒影与该点自身重合。

直线线段的倒影，为线段的两个端点倒影的连线。如将该线段延长与水面相交得一交点，该线段的倒影延长后也必然通过此交点。图 14-2 中的 AB 线段就是如此。

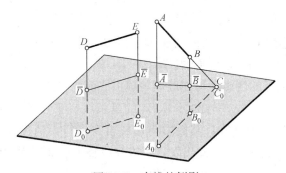

图 14-2 直线的倒影

空间的水平线平行于水面，其倒影在视觉上与水平线自身互相平行，在透视图中则具有共同的灭点。其灭点在视平线上。

一组平行线如不平行于画面，又不平行于水面，则其透视汇交于同一个灭点。该灭点位于视平线的上方或下方。这一组平行线的倒影在透视图中也汇交于另一个灭点。空间平行线的灭点与倒影的灭点，对称于视平线。

以上种种规律应深入理解并灵活运用，可使作图过程大为简化。

图 14-3 所示透视图中，求作建筑物在水中的倒影。现对其中几处作图略加分析：

（1）岸壁转角棱线 $A\overline{A}$ 垂直于水面，$\overline{A}$ 为垂足，故其倒影为 $A\overline{A}$ 的延长线，截取 $A_0\overline{A}=A\overline{A}$，岸边的水平棱线与水面平行，其倒影与水平棱线自身平行，在透视图中消失于同一灭点。

221

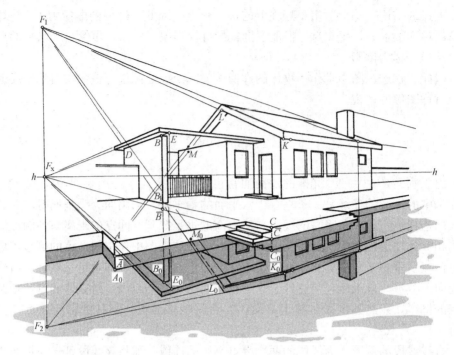

图 14-3　水中的倒影

（2）求门洞墙角线 BB_1 的倒影，首先要求出它对水面的垂足。此处，自灭点 F_x 向点 B_1 引直线，使之延长与岸壁上沿边线交于点 C，自点 C 向水面作垂线，垂足为 $\overline{C}$，连线 $\overline{C}F_x$ 与 BB_1 交于 $\overline{B}$，将 $B\overline{B}$ 向下延长一倍，得点 B_0。$\overline{B}B_0$ 线在岸壁倒影以下的一段是可见的。

（3）作门洞顶板的倒影，可使墙面与顶板底面的交线 DB 延长，与边棱相交于点 E，自点 E 作铅垂线，与倒影 F_xB_0 的延长线交于点 E_0。由于顶板是水平的，过 E 点的边棱是水平线，其倒影与边棱自身平行，消失于视平线上的同一灭点 F_y（位于图幅之外）。由此出发，不难完成整个顶板倒影的作图。

（4）双坡屋面上的两组斜线，其坡度是相等的，灭点分别为 F_1 和 F_2，这两个灭点对称于视平线。这两组斜线的倒影都以另一组的灭点为灭点，即原来消失于 F_1 的斜线，如 KL，其倒影 K_0L_0 却与 LM 斜线平行，消失于灭点 F_2；而斜线 LM 的倒影 L_0M_0 却与 KL 线平行，消失于灭点 F_1。

其余部分的倒影，不再详述，请读者自行分析解决。

14.3　镜中的虚像

镜面的位置可以垂直于地面，也可以倾斜于地面。至于镜中虚像的透视作图，则要根据镜面与画面的不同相对位置而采取不同的方法。不同情况下，镜像作图的繁难程度各不一样，这取决于镜像的对称关系如何解决，也就是法线的透视方向如何确定、等距如何量取。以下将分成三种情况予以阐述。

14.3.1 垂直于画面的镜中虚像

不论是直立镜面，还是倾斜镜面，只要镜面垂直于画面，则镜面的法线就与画面平行，也就是说，空间点与其镜像的连线平行于画面，其透视方向保持不变，而且空间点与其镜像到镜面的距离仍然相等，可以直接量取。这样，镜像作图就非常简单。

图 14-4 所示是室内一点透视。在右侧墙上挂有一直立镜面 R，而左侧墙前有一倾斜镜面 Q，两个镜面都垂直于画面。设空间有一点 A，求它在 R 镜中的虚像。可自点 A 作水平线；再自 a 作此水平线的基透视，与镜面对地面的交线相交于 $\bar{a}$ 点，并延长一倍至点 a_0，由 a_0 作铅垂线与过 A 点的水平线相交于 A_0 点，A_0 就是点 A 的虚像。也可以在 $\bar{a}\bar{A}$ 线上取中点 M，连线 aM 延长与水平线 $A\bar{A}$ 相交，同样可以求得点 A 的镜像 A_0。如果 Aa 连线是一铅垂的立竿，其镜像也是等高的铅垂立竿。如果 $A\bar{A}$ 是某立体上的一条垂直于镜面的水平棱线，其镜像就是该棱线向镜面的延长线上一等长的线段。

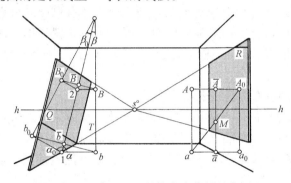

图 14-4 垂直于画面的镜中虚像的基本画法

图 14-4 中，左侧的镜面 Q，其底边在地面上，灭点为心点 $s°$。镜面的两侧边线平行于画面，为镜面对地面的最大坡度线，倾角为 α。现求空间一点 B 在 Q 镜中的虚像。自点 B 和 b 向镜面 Q 所作垂线（即 Q 面的法线）$B\bar{B}$ 及 $b\bar{b}$，均平行于画面，在透视图中则与镜面侧边垂直。要作出此二法线 $B\bar{B}$ 及 $b\bar{b}$ 对镜面的垂足，可设想包含这两条法线作一辅助平面 T，T 平面是一画面平行面。因此，这与地面的交线 $b1$ 是平行于 hh 线的，与镜面底边相交于点 1，T 面与镜面 Q 的交线是过点 1 并平行于镜面侧边的直线，与镜面的法线相交于点 $\bar{B}$ 和 $\bar{b}$，这就是两条法线的垂足。量取 $\bar{B}B_0 = B\bar{B}$，B_0 就是 B 点的镜像。同样，量取 $\bar{b}b_0 = b\bar{b}$，b_0 就是 b 点的镜像。由图 14-4 中看出，Bb 作为铅垂线，其镜像 B_0b_0 不再是铅垂线了。平行于基线的直线，如 $b1$，其镜像 $1b_0$ 也不再处于水平位置了，但彼此保持对称于直线 $1\bar{B}$。直线 $1\bar{B}$ 成为 T 平面内的图形与其 Q 镜中的虚像的对称轴。这对称轴就是镜面的最大坡度线。明确地认识并善于利用对称轴这一概念，对镜像的求作是不无益处的。

图 14-5 所示室内透视图中的虚像，就是根据上述方法和虚像的特征求出的。

14.3.2 平行或倾斜于画面的直立镜中虚像

直立镜面的法线方向一定是水平的。如果直立镜面不垂直于画面，则镜面

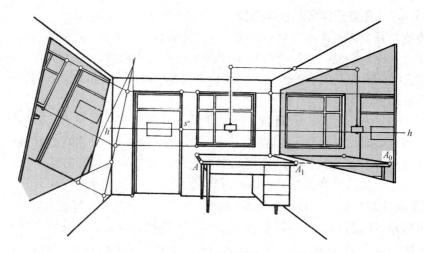

图 14-5　一点透视中侧面镜中的虚像

法线就一定是不平行于画面的水平线，其透视必然有自己的灭点，位于视平线上。因此，空间点与其虚像对镜面的对称等距关系，就产生了透视变形而不能直接量取。在此情况下，往往借助于第十章第一节中的画对称点的方法来解决。

1. 平行于画面的直立镜中的虚像

图 14-6 所示为室内一点透视。正面墙上悬一镜面 R，镜面 R 是平行于画面的。空间一点 A 与其虚像的连线即法线，是一条画面垂直线，其透视是通过心点 s° 的。空间点 A 与其虚像 A_0 对镜面的对称关系不能直接量取求得。点 A 的虚像可通过下面两种方法解决：

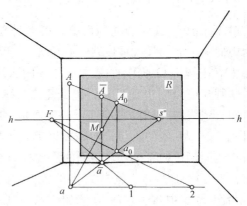

图 14-6　正面镜中的虚像基本画法

方法 1：引直线 As° 和 as°，as° 线与镜面对地面的交线（即墙脚线）相交于点 $\bar{a}$ 点。在视平线上任取一点 F，连线 $F\bar{a}$ 与过点 a 的水平线相交于点 1，然后在此水平线上量取 $12=a1$，再由点 2 引直线至点 F，与 as° 相交于 a_0，点 a_0 即点 a 的虚像。自 a_0 作竖直线，与 As° 线相交于点 A_0，A_0 即点 A 的镜像。

方法 2：自 $\bar{a}$ 点作竖直线，与 As° 线相交于点 $\bar{A}$，取 $\bar{a}\bar{A}$ 线段的中点 M，连线 aM 与 As° 相交，同样能求得点 A 的虚像 A_0。

图 14-7 所示室内透视图中的虚像，就是根据上述方法画出的。左侧立柜的镜像就是利用方法 1 来定位的。自点 2 引直线至心点 s°，与镜面的基线相交于点 $\overline{0}$。在视平线上适当处取一点 F，作为灭点。自 F 点引直线过 $\overline{0}$ 点和立柜的一底角角 1，与过点 2 的水平线相交于 0 和 1 点。在水平线上量取 $01_1 = 01$，$1_1 2_1 = 12$。连线 $F1_1$ 和 $F2_1$ 与直线 $2s^\circ$ 相交于点 1_0 和 2_0，就将立柜的镜像位置确定下来了。右侧墙上的窗洞镜像是利用方法 2 作出的。将窗洞的上、下边线延长至心点 s°，与墙角线相交于点 M_1 和 M_2，取 $M_1 M_2$ 线段的中点 M。连线 AM、BM 延长，与 CD 线相交于 D_0 和 C_0 两点，就将窗洞的镜像位置确定下来了。其余作图，不再赘述。但需指出的是，心点 s° 正是绘图者眼睛的镜像。绘图者可以从正面镜中看到自己的镜像。至于绘图者虚像的高度（从眼至脚的距离）正好是视平线到墙脚线距离的一半，其理由请读者自行分析解释。

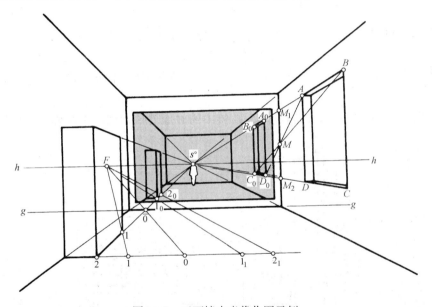

图 14-7　正面镜中虚像作图示例

2. 倾斜于画面的直立镜中的虚像

在室内的两点透视（图 14-8）中，挂在墙面上的直立镜是倾斜于画面的。镜面上水平线的灭点是 F_x，另一墙面上水平线的灭点是 F_y，两灭点是相互共轭的。镜面的法线的灭点是镜面的共轭灭点 F_y。空间点与其虚像的对称等距关系，在图中产生透视变形而不能直接量取。与前例一样，也有两种方法加以解决：

方法 1. 求灯泡点 A 在镜中的虚像，自灯 A 的悬吊电线与顶棚的交点 a 向 F_y 灭点引垂直于镜面的法线，与镜面对顶棚的交线相交于点 $\overline{a}$。过点 $\overline{a}$ 的铅垂线与过 A 点的镜面法线 AF_y 相交于点 $\overline{A}$，$\overline{a}\overline{A}$ 连线的中点 M 与点 A 的连线，与 aF_y 线相交于点 a_0，自 a_0 作铅垂线与 AF_y 相交于点 A_0，$a_0 A_0$ 即吊灯电线的虚像，A_0 即灯泡 A 的虚像。

方法 2. 求落地灯 Bb 在镜中的虚像。自 b 点作镜面法线 bF_y，与镜面对地面

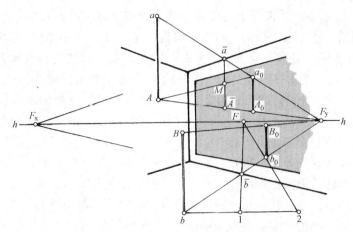

图 14-8   倾斜于画面的直立镜中虚像的基本画法

的交线相交于点 $\bar{b}$，过 $\bar{b}$ 点任作一直线与视平线相交于点 F，同时与过点 b 的水平线相交于点 1，在此水平线上量取 12 线段，使等于 $b1$ 的长度。由点 2 引直线至点 F，与 bF_y 相交于 b_0 点，自 b_0 点作铅垂线与 BF_y 相交于 B_0 点，B_0b_0 即落地灯 Bb 的虚像。

图 14-9 所示是室内两点透视图。镜中的虚像就是运用上述两种方法作出的。

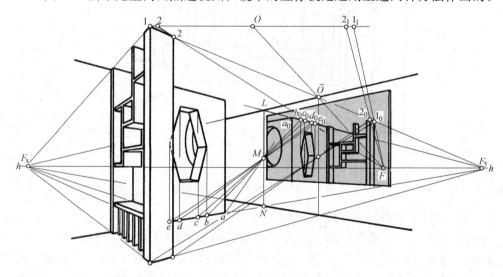

图 14-9   两点透视中的虚像

14.3.3   一般倾斜镜中的虚像

倾斜镜面的法线，对基面来说也是处于倾斜位置。如果倾斜镜面垂直于画面，则倾斜的法线对画面来说却是平行的。法线的透视方向不变，等距关系可以直接量出。这时求作镜像比较简单，如第一段所述。

如果倾斜镜面不垂直于画面，则其法线对画面也是斜交的。此时，法线的透视将产生自己的灭点，空间点与其镜像对镜面的对称等距关系，就不能直接量取，这就使镜像的求作过程变得相当复杂和繁难。

为了寻求一条比较方便、快捷的作图途径，有必要通过图 14-10 将镜像透视

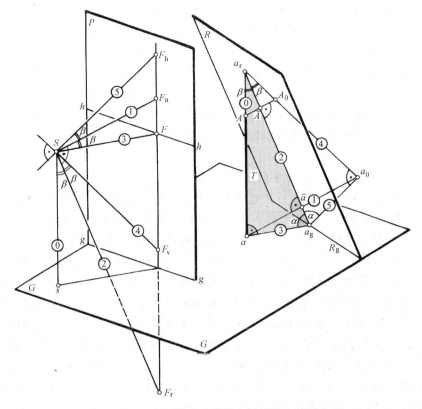

图 14-10　一般斜镜中虚像的空间关系的透视分析

的空间情况分析透彻。图 14-10 中除了直立画面 P、基面 G、视点 S 和站点 s 外，有一矩形前倾的镜面 R。此镜面的基线为 R_g。

设在 R 镜面前方有一铅垂线 Aa，点 a 是 Aa 线在基面上的垂足。为了求 Aa 线的镜像，自 A 和 a 两点向镜面作法线 $A\overline{A}$ 和 $a\overline{a}$（①线），由法线和 Aa 线所决定的平面 T，必然垂直于镜面基线 R_g。T 面与镜面相交于直线 $\overline{A}a_g$（②线），T 面与基面则交于直线 aa_g（③线）。$\overline{A}a_g$ 和 aa_g 均垂直于镜面基线 R_g。$\overline{A}a_g$ 成为镜面的最大坡度线，也是镜像的**对称轴**。最大坡度线 $\overline{A}a_g$ 对基面的倾角为 α。铅垂线 Aa 对镜面 R 的夹角为 β，$\angle\beta = 90° - \angle\alpha$。由此确定了 Aa 的镜像是 A_0a_0（④线），aa_g 的镜像是 a_0a_g（⑤线）。镜像 A_0a_0 和 a_0a_g 也都位于 T 平面内。这五条直线均不平行于画面 P，因此，在透视图中将各自形成自己的灭点。根据灭点的涵义，自视点 S 引出五条视线分别与这五条直线平行，而与画面 P 相交，就可得到它们的灭点：aa_g 及其平行线均为水平线，其灭点 F 位于视平线 hh 上。直线 $A\overline{A}$ 和 $a\overline{a}$ 均为镜面的法线，其灭点为 F_n。由于镜面是前倾的，故灭点 F_n 位于视平线的上方。视线 SF_n 与 SF 的夹角正好等于 β。镜面的最大坡度线（即镜像对称轴）与法线是相互垂直的，所引视线 SF_r 与 SF_n 当然也是相互垂直的，求得对称轴的灭点为 F_r，与法线的灭点 F_n 处于共轭的位置。水平线 aa_g 的镜像为 a_0a_g，为求得镜像 a_0a_g 的灭点 F_h，所引视线 SF_h 与 SF 对称于 SF_n，也就是说，SF_h 与 SF 对 SF_n 的夹角同样等于 β。铅垂线 Aa 的镜像为 A_0a_0，为求得

227

A_0a_0 的灭点 F_v，所引视线 SF_v，与 SF_h 是相互垂直的。灭点 F_v 和 F_h 是处于共轭的位置。到此为止，画面上出现了五个灭点，即 F_h、F_n、F、F_v 和 F_r。由于①线、②线、③线、④线及⑤线都位于同一铅垂面 T 内，所以，通过视点 S 分别平行于这五条直线所引出的五条视线也位于同一铅垂面内，因此，求得的五个灭点位于画面的同一铅垂线上。此外，还应注意到：直线与其镜像如果相交，交点必然位于对称轴上。在透视图中求作镜像时，注意到这些特性，并事先将这五个灭点以及相关的对称轴，准确地求出来，将使镜像作图十分方便、快捷。

1. 平行于基线的倾斜镜中的虚像

图 14-11 所示为室内的一点透视图。在正面墙上悬有一前倾的镜面 R，其底边 12 就在正面墙上。前述的五个灭点中的 F 点就是当前图中的心点 $s°$，其余四个灭点位于过心点的铅垂线上。在图中将镜面两侧边 42 和 31 延长相交，即得灭点 F_r，位于心点 s 的正下方。设想在空间，将过中心视线的铅垂面，围绕它与画面的交线（即过 $s°$ 的铅垂线）旋转，直到与画面重合，此时，视点则成为距点 D。连线 DF_r 与视平线的夹角正体现了镜面的倾角 α。过点 D，并垂直于 DF_r 作直线，与 $F_r s°$ 相交，交点就是镜面法线的灭点 F_n。过点 D 作直线 DF_h，使 $\angle F_h DF_n = \angle F_n Ds°$，$DF_h$ 与 $F_r s°$ 相交于 F_h，即得到画面垂直线的镜像的灭点。过 D 点，并垂直于 DF_h 作直线，与 $s°F_r$ 相交，交点 F_v 即为铅垂线的镜像灭点。

将镜面底边 12 向左延长，与左墙角线相交于点 5，连线 $5F_r$ 就是左侧墙面上的镜像对称轴，AB 墙脚线与对称轴相交于点 7，自点 7 引线至灭点 F_h，即得 AB 墙脚的镜像。自 A、B 两点引线至灭点 F_n，是镜面的法线，与 $7F_h$ 线相交，交点 A_0 与 B_0 就确定门洞的镜像位置。自灭点 F_v 引两条直线，通过 A_0 与 B_0 点，就得到门洞左右两竖线的镜像。

再看看右侧写字台上 E、C 两点的镜像作图。同样，先画出右侧墙面上的镜像对称轴 $F_r 6$，EC 线延长后，与 $F_r 6$ 相交于点 8，过点 8 向灭点 F_h 引直线，再从 E、C 两点，向灭点 F_n 引两条法线，与 $8F_h$ 线相交，即得到 E、C 两点的镜像 E_0 和 C_0。其余作图，请读者自行分析，加以解决。

2. 一般位置的倾斜镜中的虚像

图 14-12 所示是室内的两点透视。左、右墙面是相互垂直的。两墙面上的水平线的灭点分别是 F_x 和 F_y。现在右墙面上悬一向前倾斜镜面 R。镜面的底边 12 就在右墙面上。前述的五个灭点中的 F 点就是当前图中的灭点 F_y。其余四个灭点位于过 F_y 点的同一铅垂线上。在图中将镜面两侧边 41 和 32 延长相交，即得灭点 F_r，位于过 F_y 的铅垂线上。设想在空间，将平面 SF_yF_r，围绕铅垂线 F_yF_r 旋转，使与画面重合。此时，视点重合到视平线上，成为与 F_y 灭点相对应的量点 M_y。连线 M_yF_r 与视平线的夹角反映了镜面的倾角 α。过量点 M_y，并垂直于 M_yF_r 作直线，与 F_rF_y 相交，交点就是镜面法线的灭点 F_n，然后，过量点 M_y 作直线 M_yF_h，使 $\angle F_h M_y F_n = \angle F_n M_y F_y = \beta$，$M_yF_h$ 与 F_rF_y 相交于 F_h，即得到画面法线的基面投影的镜像的灭点。过 M_y 点，并垂直于 M_yF_h 作直线，与 F_yF_r 相交，交点 F_v 即铅垂线的镜像的灭点。

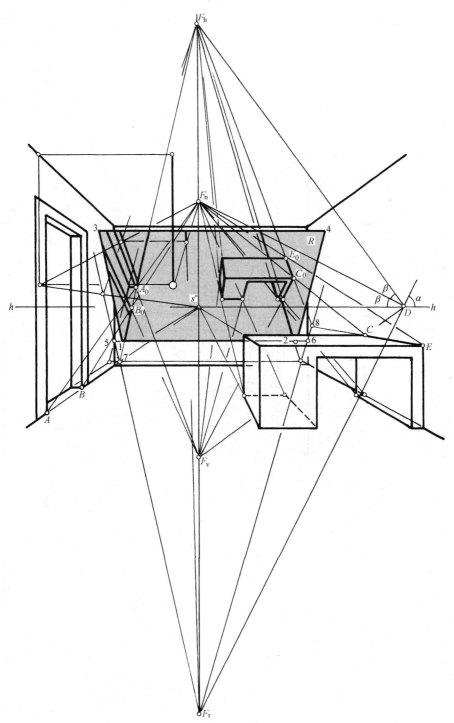

图 14-11 平行于基线的倾斜镜中的虚像作图示例

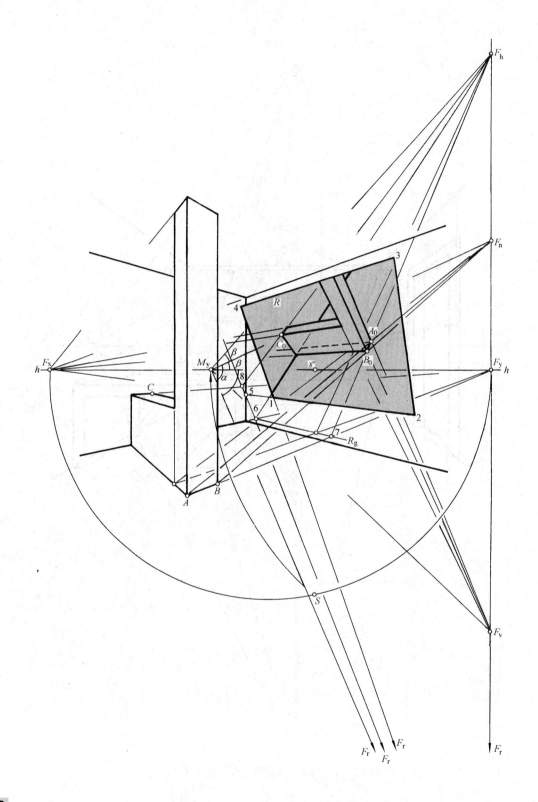

图 14-12　一般斜镜中虚像作图示例

将镜面底边 21 延长，与墙角线交于点 5，连线 $5F_r$ 正是左墙面上的镜像对称轴。左墙脚线与对称轴 $5F_r$ 相交于点 6。由点 6 引线至 F_h，即得左墙脚线的镜像。自灭点 F_x 引直线过点 6 并予以延长，即为镜面与地面的交线 R_g。为求线段 AB 的镜像，可将 AB 延长与 R_g 相交于点 7，自点 7 引直线至灭点 F_h，然后自 A、B 两点引直线至灭点 F_n，此二直线与 $7F_h$ 相交，即得 A_0 和 B_0 两点，线段 A_0B_0 就是 AB 的镜像。

其余镜像作图，读者自能加以分析解决。

14.4 斜透视中倒影与镜像作图举例

14.4.1 斜透视中倒影画法

图 14-13 所示是一俯瞰的斜透视。图中画出了一临湖的高层建筑，它的较低部分伸向湖面。高低两部分的屋顶为不同方向的坡面，由图中可以判明两个坡顶的斜度却是相等的。延长斜线 GK，与灭线 F_xF_z 相交于 F_2 点，这就是 GK 线的灭点。再通过 G、K 两点向 F_x 引直线，这两条直线都是水平线，并与通过 G、K 的铅垂线相交于 7、8 两点，于是得到一矩形 $G7K8$，此矩形的另一对角线 78 延长，与灭线 F_xF_z 相交于点 F_1，此即 78 线的灭点。斜线 DE 延长也正好通过灭点 F_1。由此看出：两个坡顶的斜度是相等的，只是处于对称的方向而已。此处灭点 F_1 和 F_2 相对于 F_x 点的距离是不相等的，因为这里是斜透视。这与图 14-3 所示两点透视中的 F_1、F_2 两斜线灭点有不同之处。

在此斜透视图中求作建筑物的倒影，看似相当复杂，其实只要作出几个主要点的倒影，其余的则迎刃而解了。首先将通过点 K 的铅垂线延长，与连线 $\overline{DF_x}$ 相交，交点 0 即铅垂线 KF_z 对水面的交点，过点 0 平行于灭线 F_xF_z 引直线 l。过 A、B、D、E、K、G 诸点向灭点 F_x 引一组水平线，与 l 线相交于 1、2、3、4、5、6 各点。在 l 线上，以 0 点为对称中心，量取 1、2……6 点的对称点 1_0、2_0……6_0 等点。通过这些对称点向 F_x 点引水平线，与相应的铅垂线相交，就可以得到 A、B……G、K 等点的倒影 A_0、B_0、C_0、D_0、E_0、G_0 和 K_0 点。进而不难完成全部倒影的作图。此处要注意到：斜线的倒影 D_0E_0 与 GK 线有共同的灭点 F_2，倒影 G_0K_0 与 DE 线有共同的灭点 F_1，其道理读者当会领悟。

14.4.2 直立镜中的虚像

图 14-14 所示是俯瞰的室内斜透视。在右侧墙面上有一直立镜面 R，今欲求左侧墙上的六角形窗洞和一落地灯 KJ 在 R 镜中的虚像。

由于反射面 R 是主向平面，即 XZ 面的平行面，其法线是主向直线，灭点为 F_y。在此情况下，求作镜中的虚像，与前面的 14-13 图类似，是比较简单的。

为了作窗洞的虚像，将 A、C 两点连成直线，与窗洞中线交于点 B。AC 线是消失于灭点 F_y 的主向线，它在 R 镜中的虚像就是它自身的延长线。AC 线延长与墙角线相交于点 0，点 0 就是 AC 线对镜面的垂足。过点 0 作灭线 F_yF_x 的平行线，在 F_xF_y 线上适当取一灭点 F。由 F 点向 A、B、C 三点引线，与水平

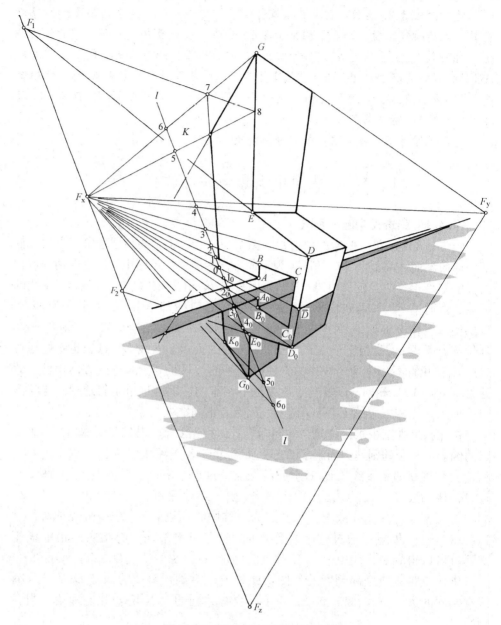

图 14-13　斜透视中倒像画法示例

线交于点 1、2、3。在此水平线上截取 1、2、3 点的对称点 1_0、2_0、3_0，由 1_0、2_0、3_0 点向 F 点引直线，与 AC 线的延长线相交，就得到 A、B、C 三点在 R 镜中的虚像 A_0、B_0 和 C_0。随后，不难作出整个窗洞的虚像。

同样的作图过程，也可作出落地灯的镜像，此处不再赘述。

14.4.3　倾斜镜中的虚像

在三点透视图上，求作倾斜镜中的虚像，如同两点透视图上一样，是相当复杂而繁难的。这里，需要将图 14-10 中所描述的镜像的空间关系拿到三点透视的环境里作进一步分析，同样，可以找到比较方便、快捷的作图途径。

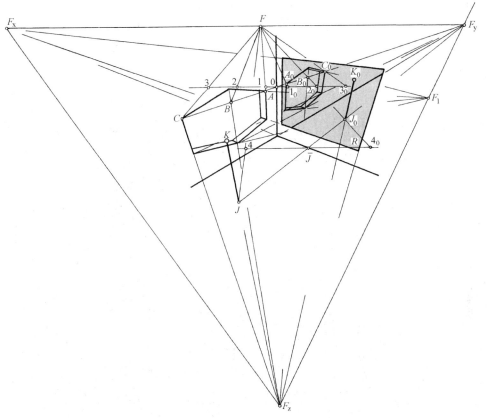

图14-14 在俯瞰斜透视中，作直立镜中的虚像

现在结合下面的实例作具体分析。

图 14-15 所示是仰望的室内三点透视。右侧墙上挂一前倾的镜面 R、今欲求从顶棚上垂下的吊灯 AB 和左侧墙上的吊柜 CD，在 R 镜中的虚像。

这里借助图 14-10 来进行分析。该图中所作的平面 T（即铅垂线 Aa 和其镜像 A_0a_0。所决定的平面）是垂直于镜面的基线 R_g 的。T 面的灭线就是画面上 F_h、F_n、F、F_v 和 F_r 等几个灭点所在的直线。结合本例图 14-15 来看：镜面 R 的基线 R_g 在图中虽未画出，但镜面基线 R_g 与镜面上的所有水平线无疑是平行的。从透视图中看出，镜面上的水平线 12 和 34 是指向 F_x 灭点的 X 方向的直线。垂直于 R_g 线，也就是垂直于 X 方向的所有平面（包括 T 平面），其灭线就是 F_yF_z 线。只要在灭线 F_yF_z 上求出 F_n（镜面法线的灭点）、F_h（法线的水平投影的镜像的灭点）、F_v（铅垂线的镜像的灭点）、F_r（镜面最大坡度线、也就是对称轴的灭点）等几个灭点，借助于这几个灭点，就可使镜像的求作大为简化。

在图 14-15 中设想将空间的 F_ySF_z 平面绕 F_yF_z 灭线旋转到与画面重合，从而得到视点的重合位置 S_1。S_1F_y 相当于图 14-10 中的③线；S_1F_z 相当于⓪线；将镜面的侧边 14 和 23 两线延长，交于灭线 F_yF_z 上同一点 F_r，S_1F_r 相当于②线；自 S_1 点引 S_1F_r 的垂线，即①线，与 F_yF_z 线相交于点 F_n；引直线 S_1F_h，使 $\angle F_hS_1F_n = \angle F_nS_1F_y = \beta$；$S_1F_h$ 相当于⑤线；垂直于⑤线引④线，④线与

233

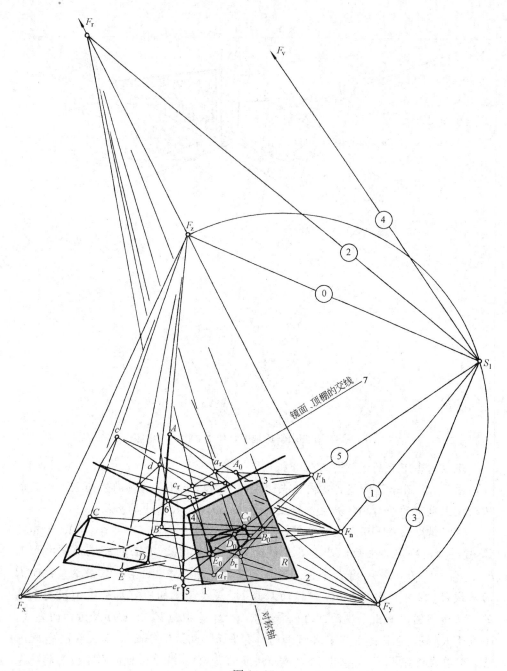

图 14-15

F_yF_z 灭线相交于点 F_v，此处灭点 F_v 超出图纸以外较远，不便于利用，可弃而不求。

有了 F_y、F_n、F_h、F_z 和 F_r 等灭点，就可以着手求作镜像了。

首先将镜面底边 12 延长，与墙角线相交于点 5。自点 5 指向灭点 F_r 引直线，与顶棚边线相交于点 6，直线 56 是镜面与左墙面的交线。自灭点 F_x 向点 6 引直线 67，67 线是镜面扩大后与顶棚的交线。

　　现在来求吊灯电线的顶端点 A 的镜像。由点 A 向 F_y 灭点引直线，与 67 线相交于点 a_r；自灭点 F_r 向点 a_r 引直线，此直线 F_ra_r 就是求作电线 AB 的镜像所需要的对称轴。自点 A 向 F_n 引直线，自 a_r 点向 F_h 点引直线。这两条直线的交点 A_0 就是点 A 的镜像。此时，如灭点 F_v 不是远在图幅之外，连线 F_vA_0 延长下来，就能得到电线的镜像。但此处 F_v 远不可及，只能按点 A 的镜像 A_0 的求作步骤来求灯泡 B 的镜像。自点 B 向 F_y 引直线，与对称轴相交于点 b_r。引两直线 b_rF_h 和 BF_n，彼此相交就得到点 B 的镜像 B_0。连接 A_0 和 B_0 两点，就得到吊灯电线的镜像。A_0B_0 连线上位于镜面范围内的一段是有效的镜像。由这一作图过程可以看到对称轴，对于求作镜像的重要性。

　　在求作吊柜的镜像时，应看出吊柜的 CD 面就是垂直于镜面的。先将 CD 面与镜面的交线 c_rd_r 求出来，此交线 c_rd_r 就是用以求作 CD 面上四个顶点的镜像时需要的对称轴。至此，还应看到直线 56 是求作吊柜后背四个顶点的镜像时需要的对称轴。

　　随后的求作镜像的具体步骤，读者可以自己解决，无需赘述。

235

主要参考文献

［1］ 黄钟琏. 建筑阴影和透视［M］. 上海：同济大学出版社，1995.

［2］ 朱育万，钱承鉴. 阴影与透视［M］. 北京：高等教育出版社，1993.

［3］ А. И. Добряков. 画法几何教程［M］. 朱福熙，徐良佐，曾大民，译. 北京：高等教育出版社，1954.

［4］ А. М. Данилюк. 透视图的新画法［M］. 黄锦铭，译. 北京：中国建筑工业出版社，1956.

［5］ С. М. Колотоb. ВСПОМОГАТЕЛЬНОЕ ПРОЕКТИРОВАНИЕ［M］. 基辅：ГОССТРОЙИЗДТ УССР，1956.

［6］ Fritz Reutter. Darstellende Geometrie［M］. Karlsruhe：G. Braun·Karlsruhe，1976.

［7］ F. Hohenberg. Konstruktive Geometrie in der Technik［M］. Vienna：Springer-Verlag，1966.

［8］ Emil Müller·Erwin Kruppa. Lehrbuch der darstellenden Geometrie［M］. Vienna：Springer Verlag，1948.

［9］ H. Brauner，W. Kickinger. BAUGEOMETRIE（Band2）［M］. Wiesbaden Berlin：Bauverlag，1982.

［10］ Pierre Descargues. PERSPECTIVE—History, Evolution, Technigues［M］. New York：VAN NOSTRAND RAINHOLD COMPANY，1982.

普通高等教育"十一五"国家级规划教材
A+U高校建筑学与城市规划专业教材

阴影透视习题集

下册 (第四版)

天津大学 李培德 许松照 编
许松照 修订

中国建筑工业出版社

目 录

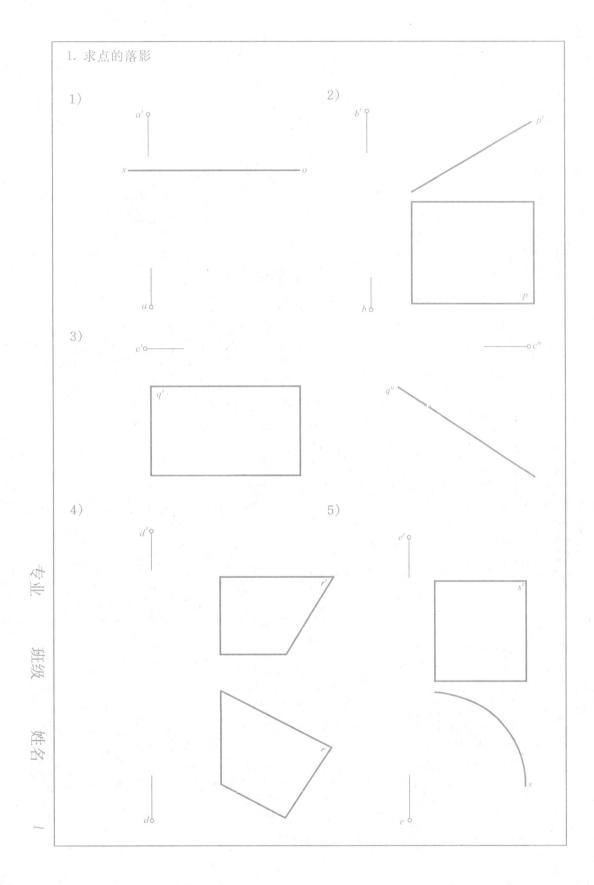

1. 求点的落影

1)

2)

3)

4)

5)

2. 求直线线段的落影

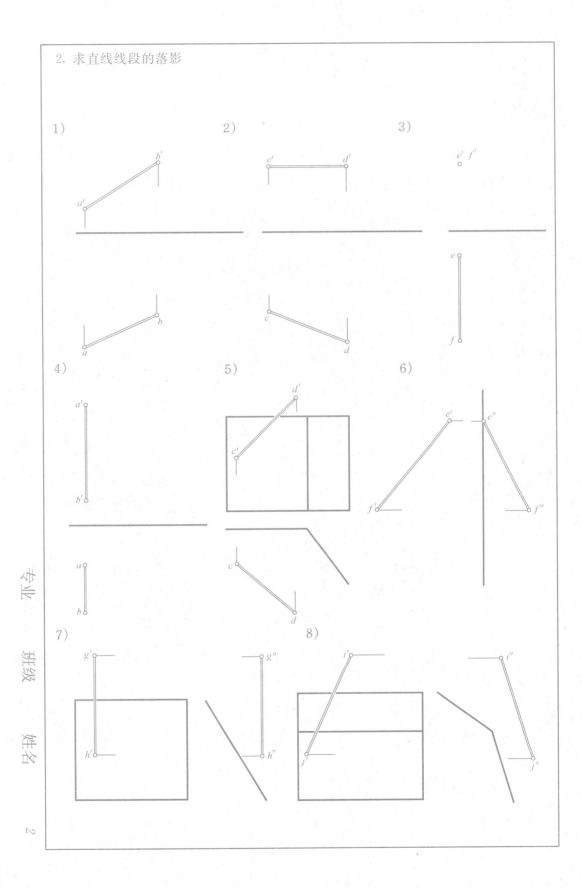

3. 求线段在组合面上的落影

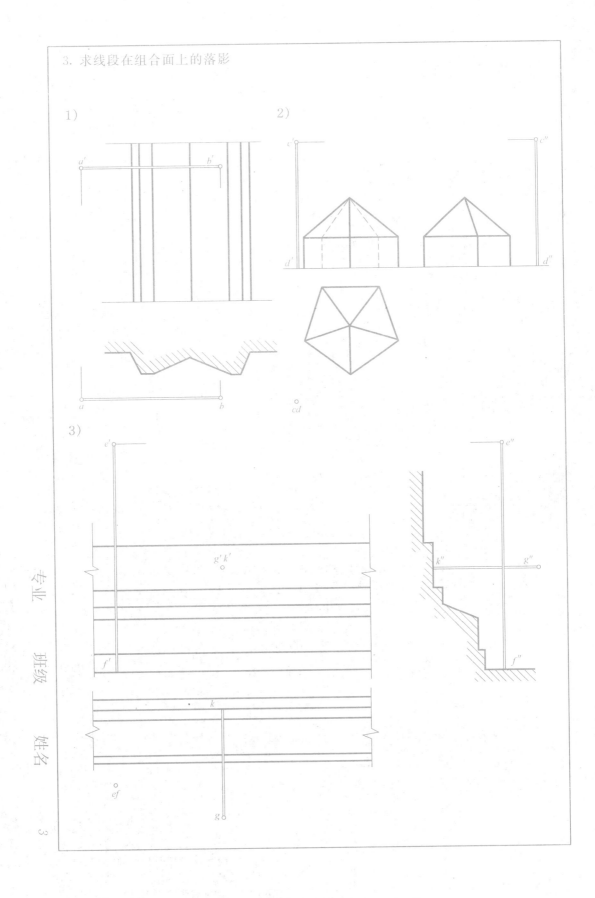

1)

2)

3)

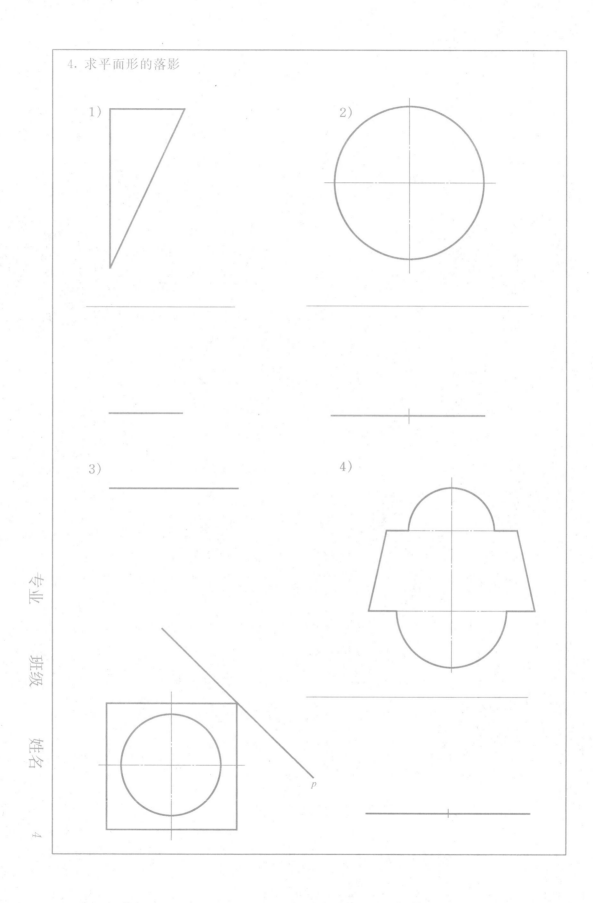

4. 求平面形的落影

1)

2)

3)

4)

p

专业　班级　姓名

4

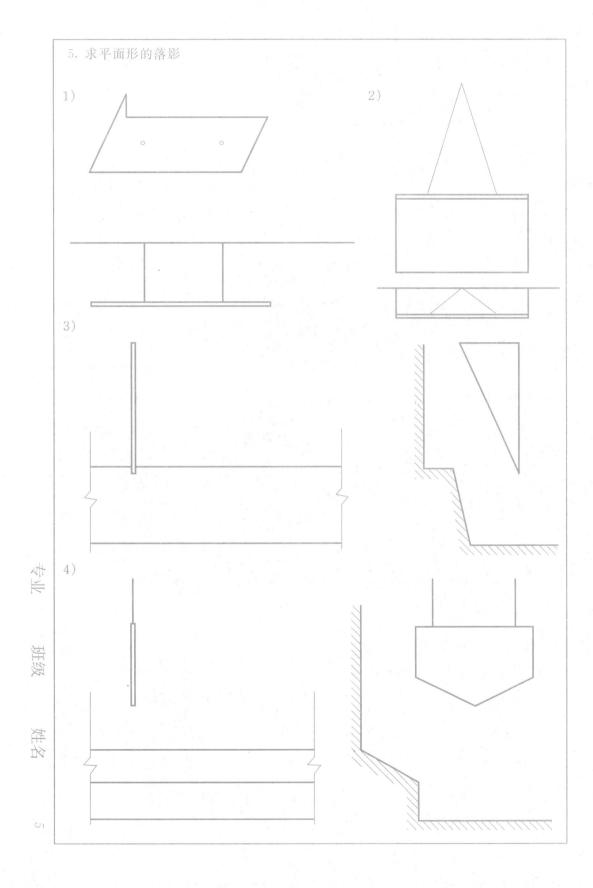

5. 求平面形的落影

1)

2)

3)

4)

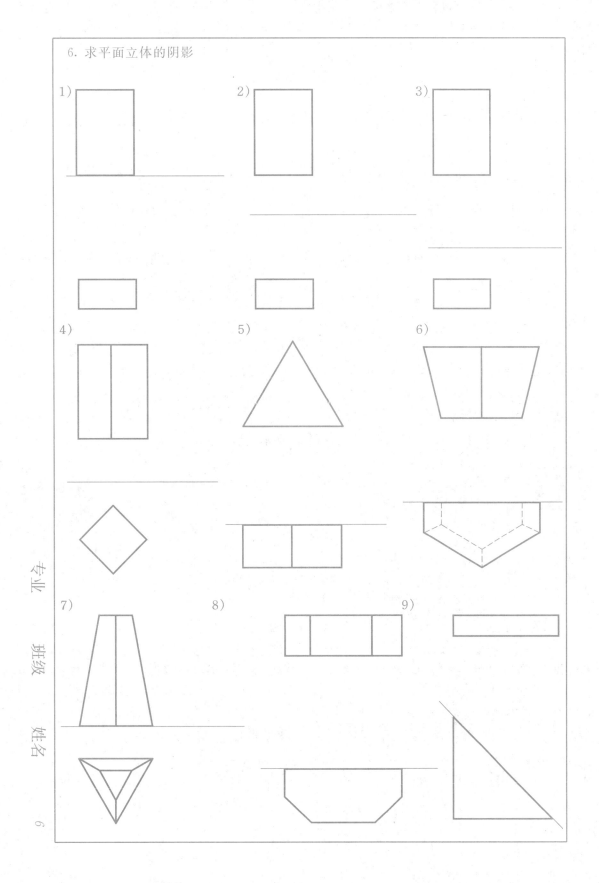

6. 求平面立体的阴影

1)

2)

3)

4)

5)

6)

7)

8)

9)

专业　　班级　　姓名

6

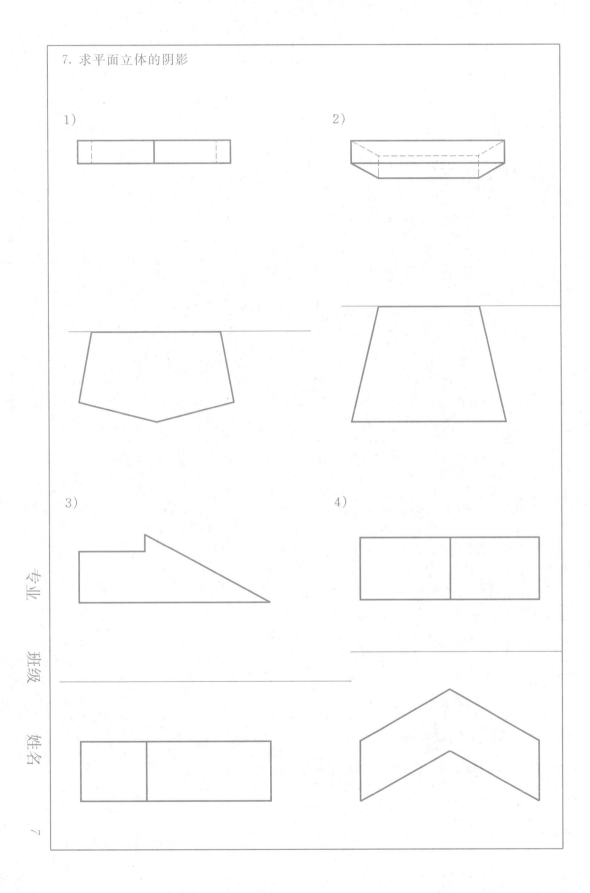

7. 求平面立体的阴影

1)

2)

3)

4)

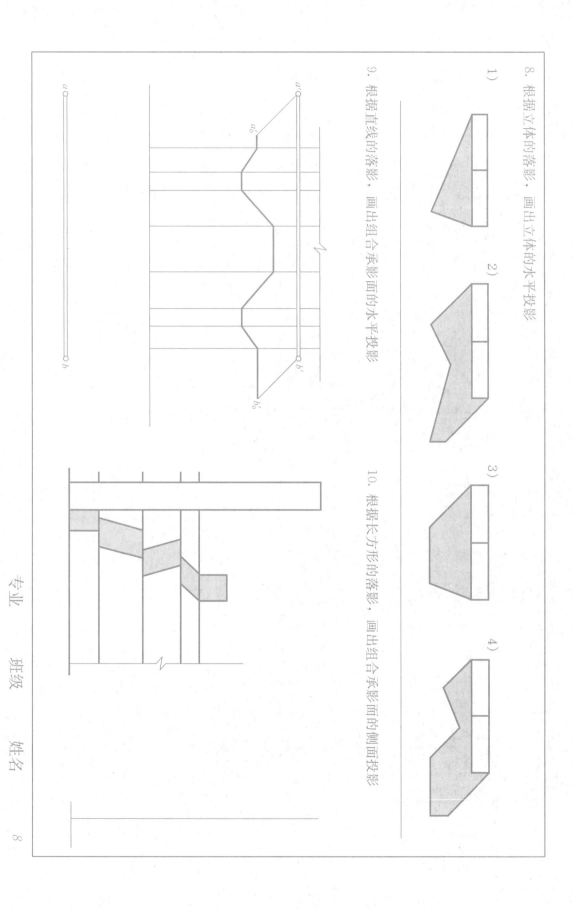

8. 根据立体的落影，画出立体的水平投影

1)　　2)　　3)　　4)

9. 根据直线的落影，画出组合承影面的水平投影

10. 根据长方形的落影，画出组合承影面的侧面投影

专业　　班级　　姓名　　8

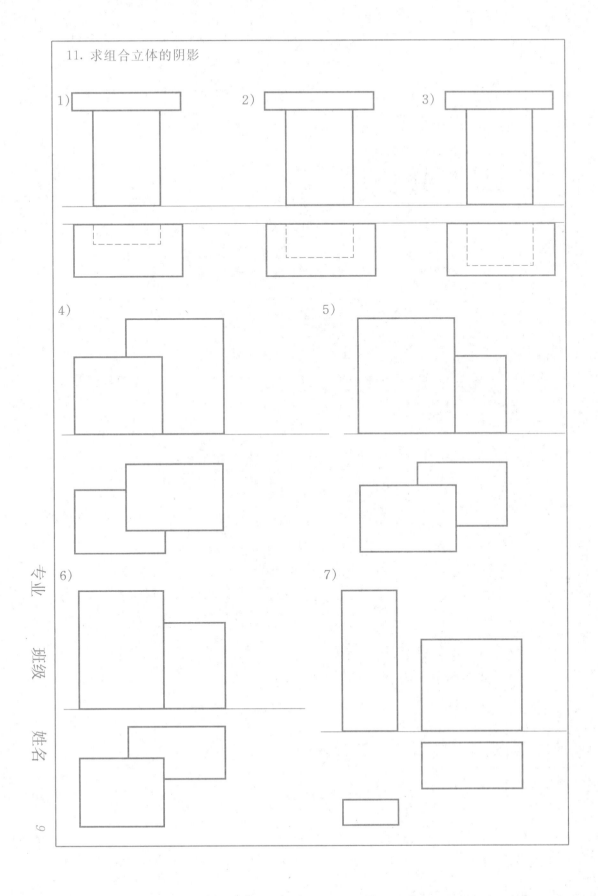

11. 求组合立体的阴影

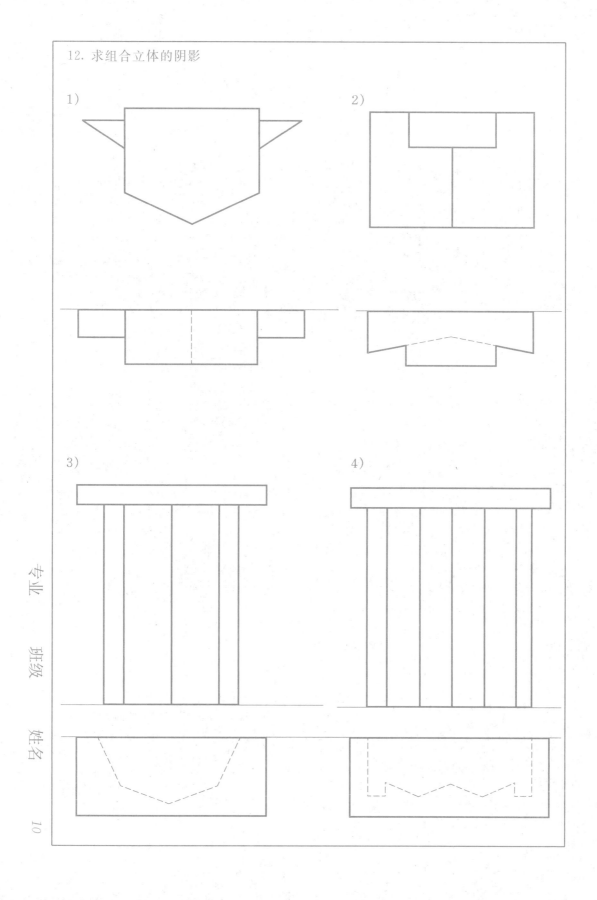

12. 求组合立体的阴影

1)

2)

3)

4)

专业　班级　姓名

10

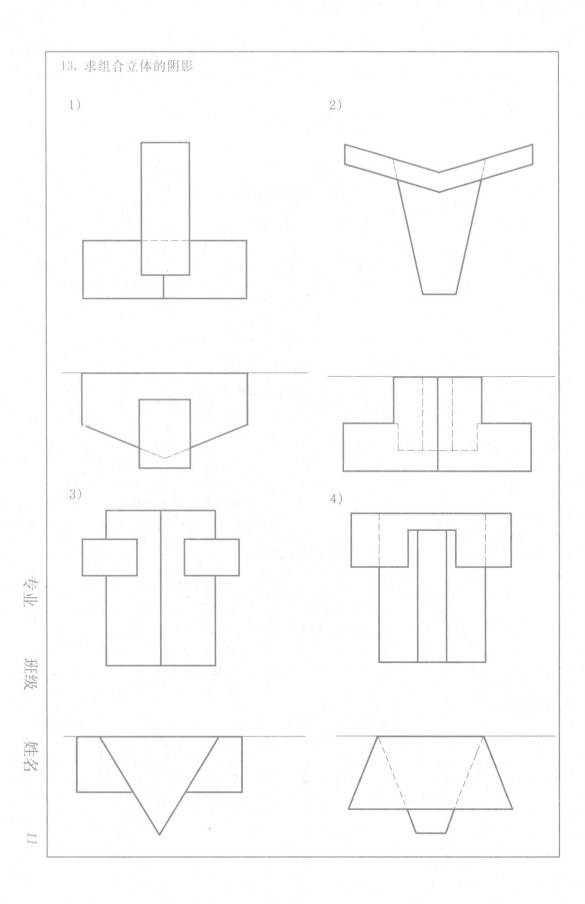

13. 求组合立体的阴影

1)

2)

3)

4)

14. 求直线 AB 与 CD 以及矩形平面在台阶上的落影

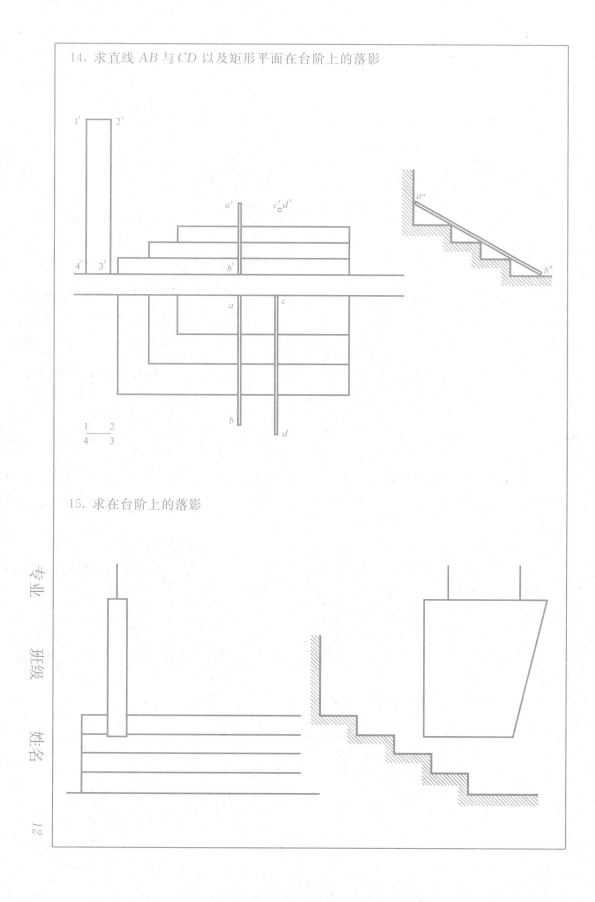

15. 求在台阶上的落影

16. 求台阶的阴影

1)

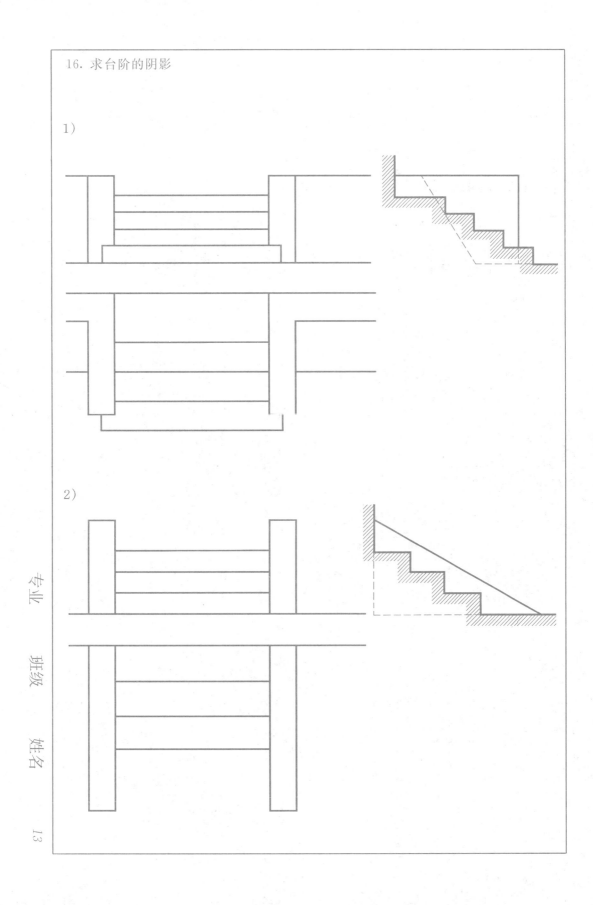

2)

17. 求台阶的阴影

1)

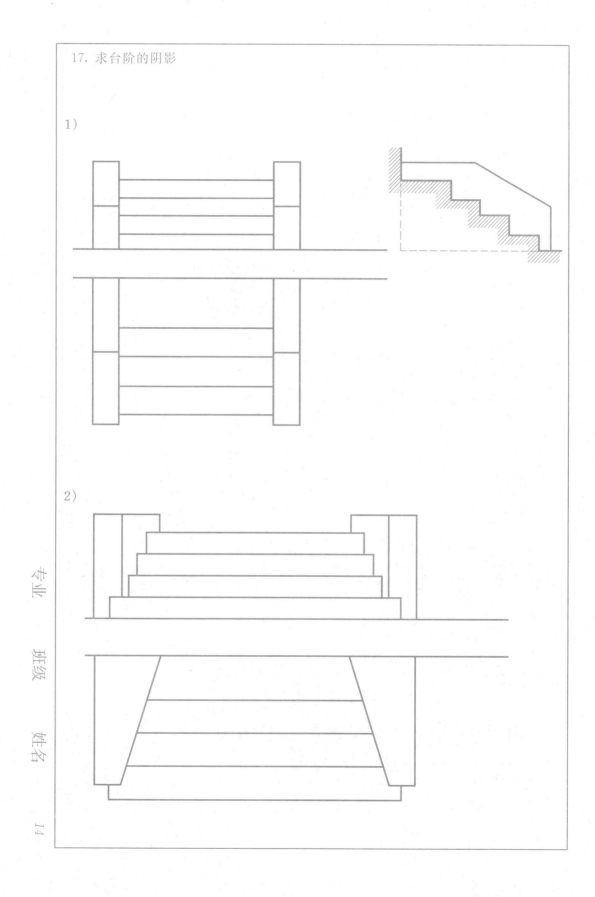

2)

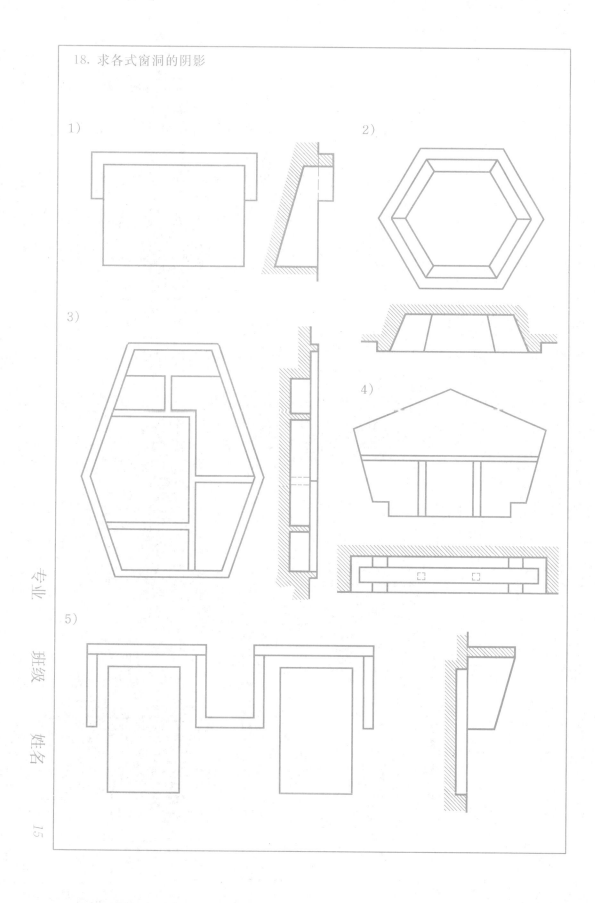

18. 求各式窗洞的阴影

1)

2)

3)

4)

5)

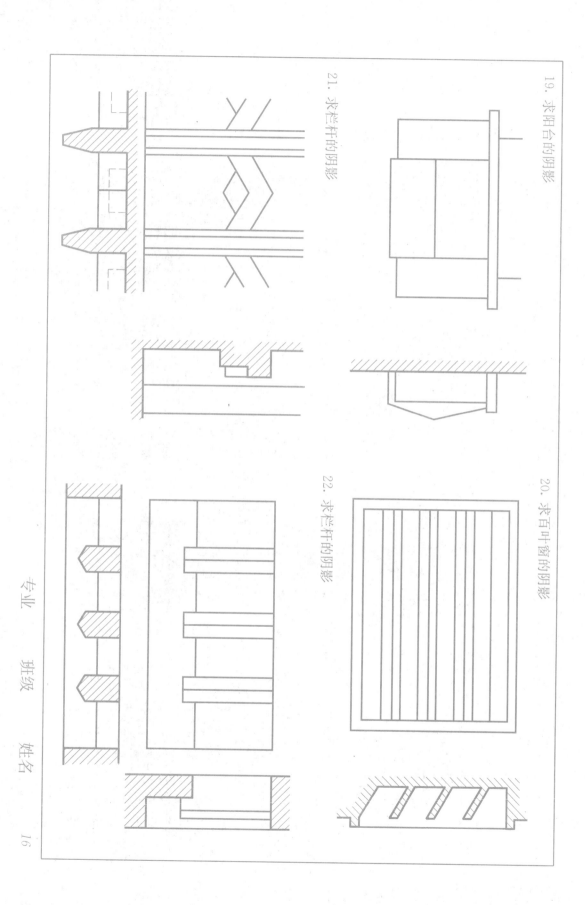

19. 求阳台的阴影

20. 求百叶窗的阴影

21. 求栏杆的阴影

22. 求栏杆的阴影

专业　　班级　　姓名　　16

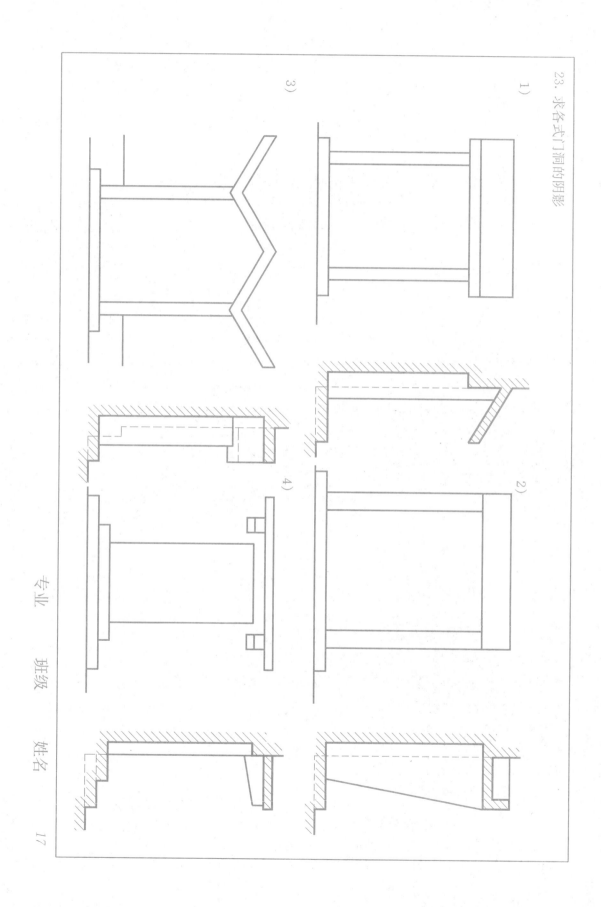

23. 求各式门洞的阴影

1)

2)

3)

4)

专业　　　班级　　　姓名　　　17

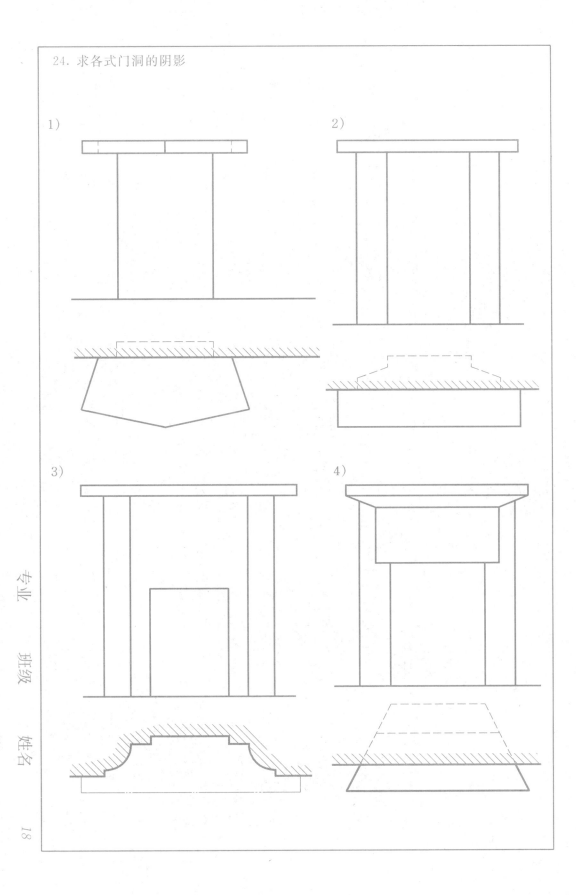

24. 求各式门洞的阴影

1)

2)

3)

4)

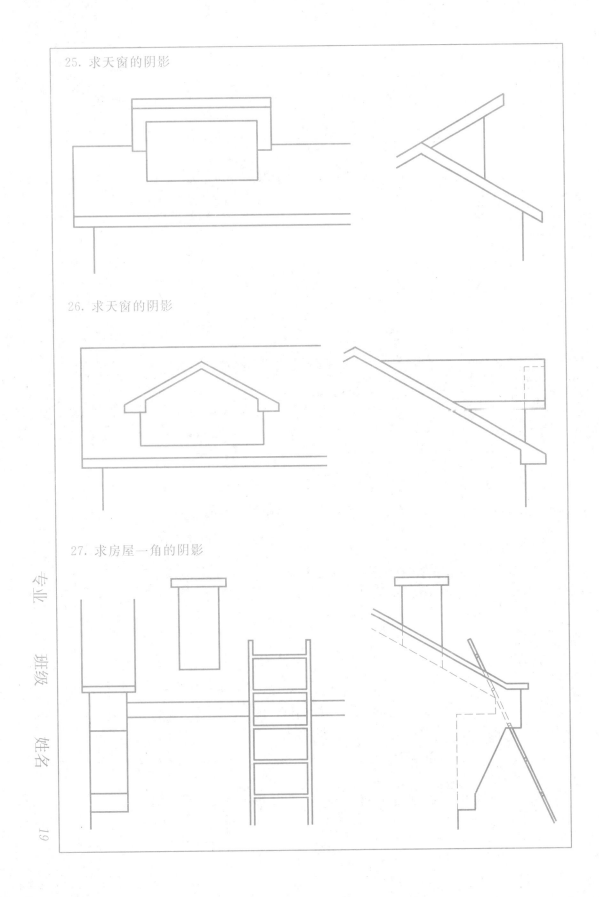

25. 求天窗的阴影

26. 求天窗的阴影

27. 求房屋一角的阴影

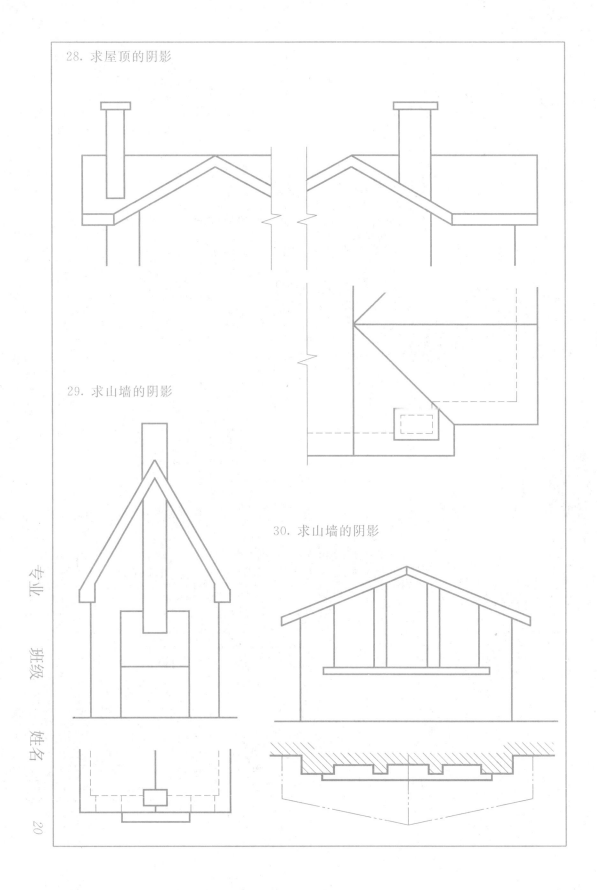

28. 求屋顶的阴影

29. 求山墙的阴影

30. 求山墙的阴影

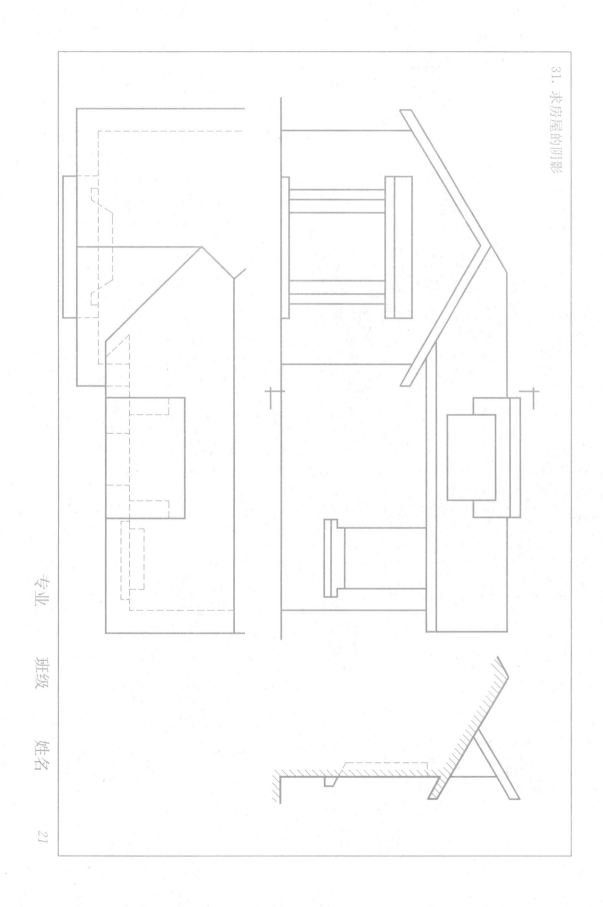

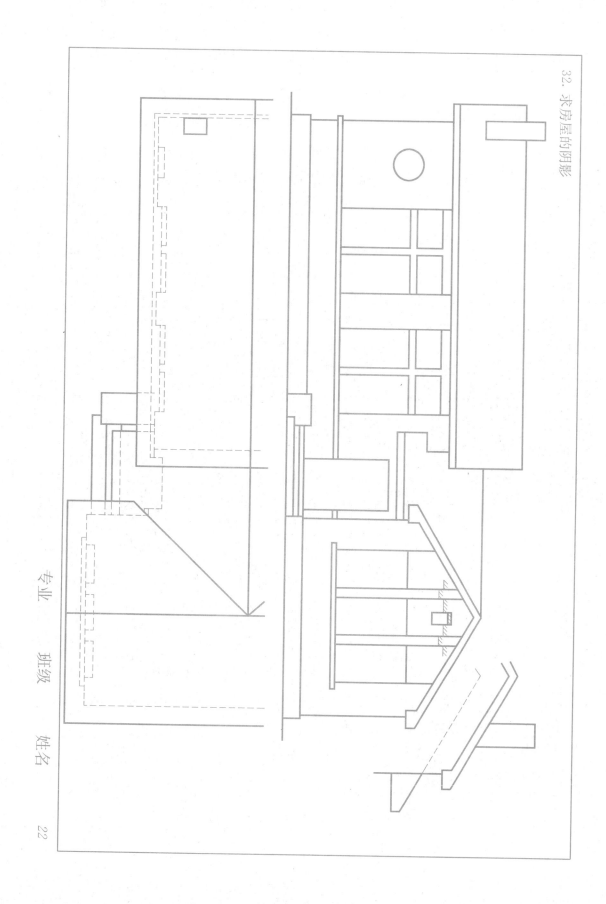

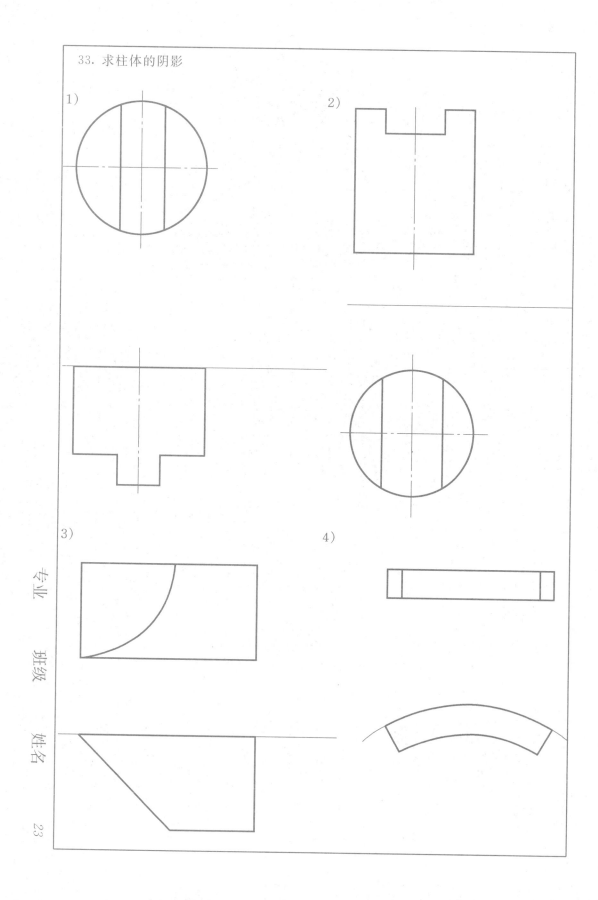

33. 求柱体的阴影

1)

2)

3)

4)

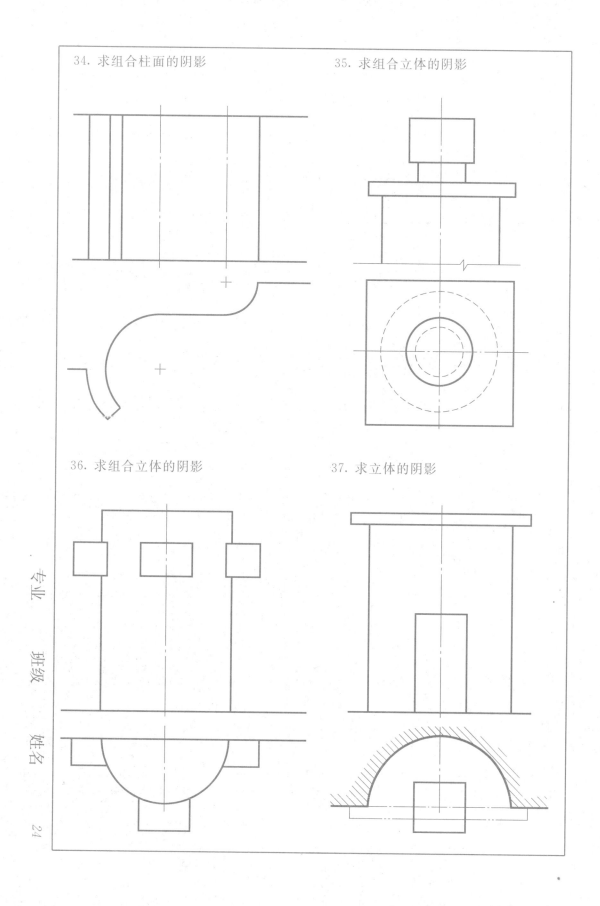

34. 求组合柱面的阴影

35. 求组合立体的阴影

36. 求组合立体的阴影

37. 求立体的阴影

专业　　班级　　姓名

24

38. 求组合圆柱的阴影

39. 求栏杆的阴影

40. 求圆锥的阴影

41. 求组合立体的阴影

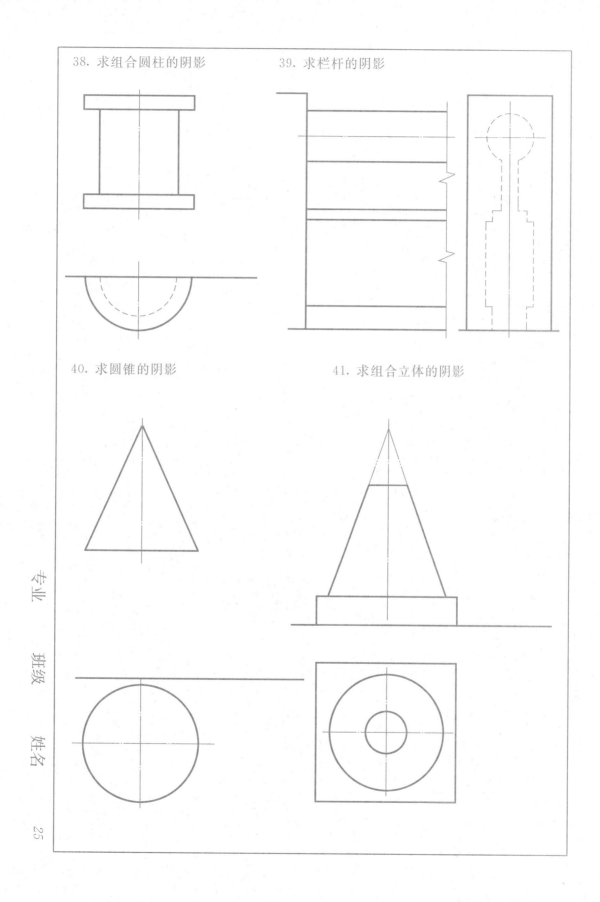

专业　　班级　　姓名

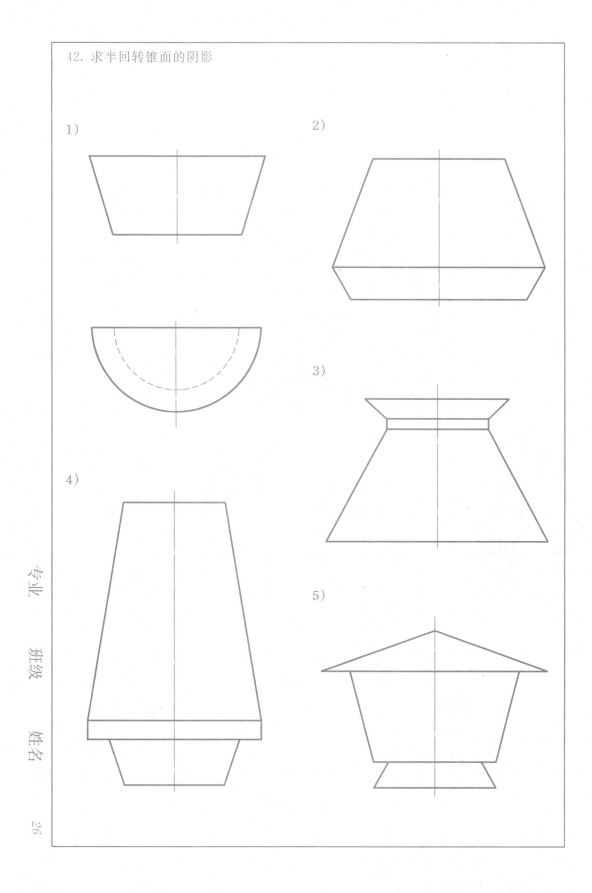

42. 求半回转锥面的阴影

1)

2)

3)

4)

5)

专业　　班级　　姓名

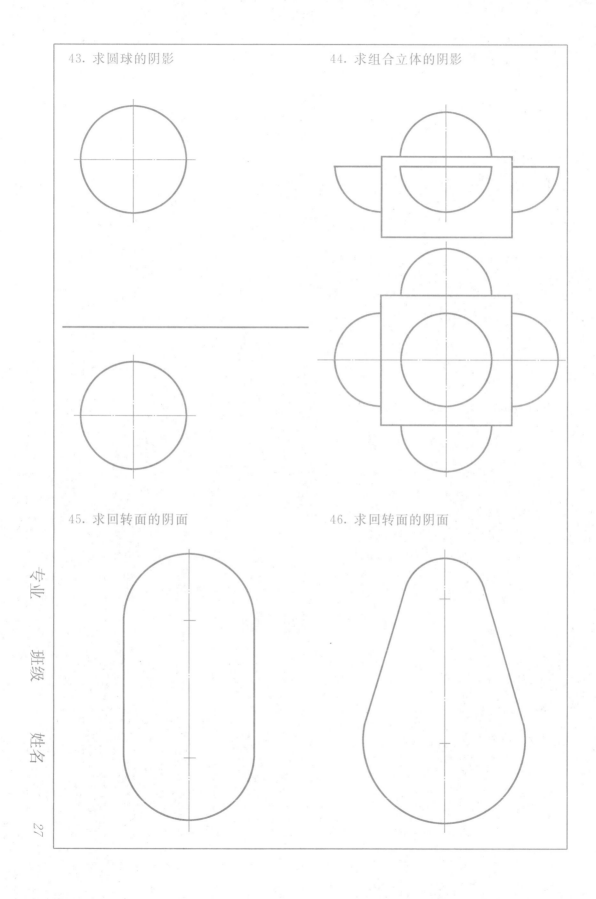

43. 求圆球的阴影

44. 求组合立体的阴影

45. 求回转面的阴面

46. 求回转面的阴面

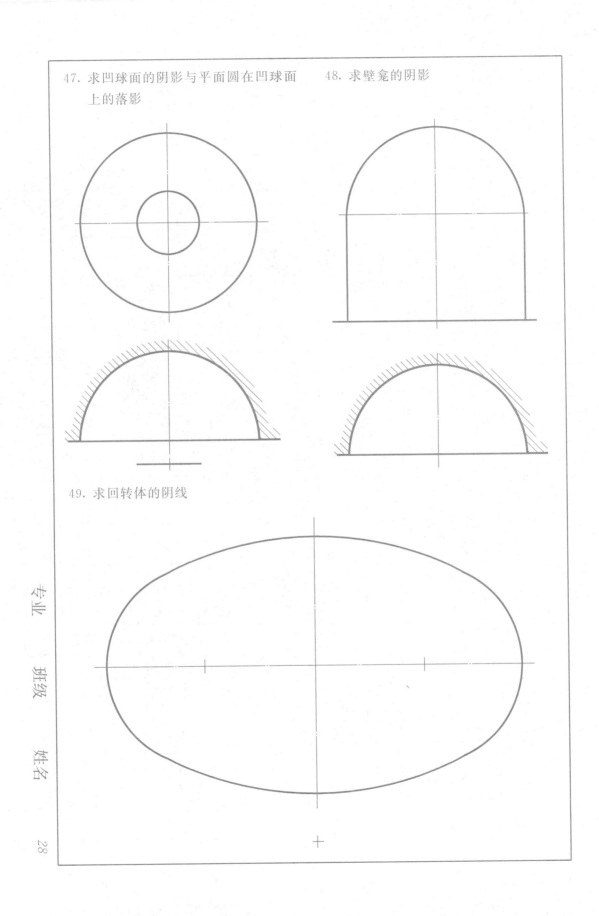

47. 求凹球面的阴影与平面圆在凹球面
　　上的落影

48. 求壁龛的阴影

49. 求回转体的阴线

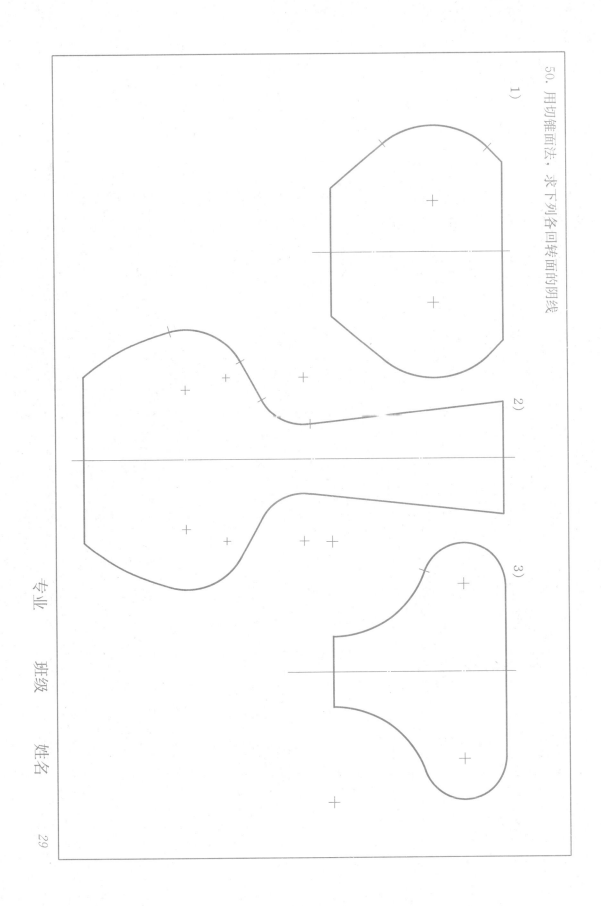

50. 用切锥面法，求下列各回转面的阴线

1)

2)

3)

专业　　　班级　　　姓名　　　29

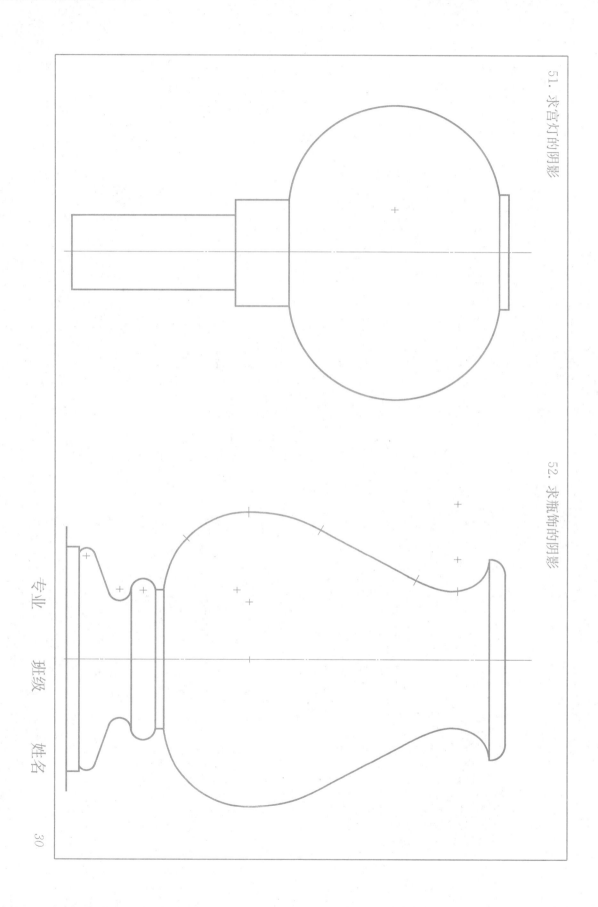

51. 求宫灯的阴影

52. 求瓶饰的阴影

专业　　班级　　姓名

30

53. 求各回转体自身的阴影

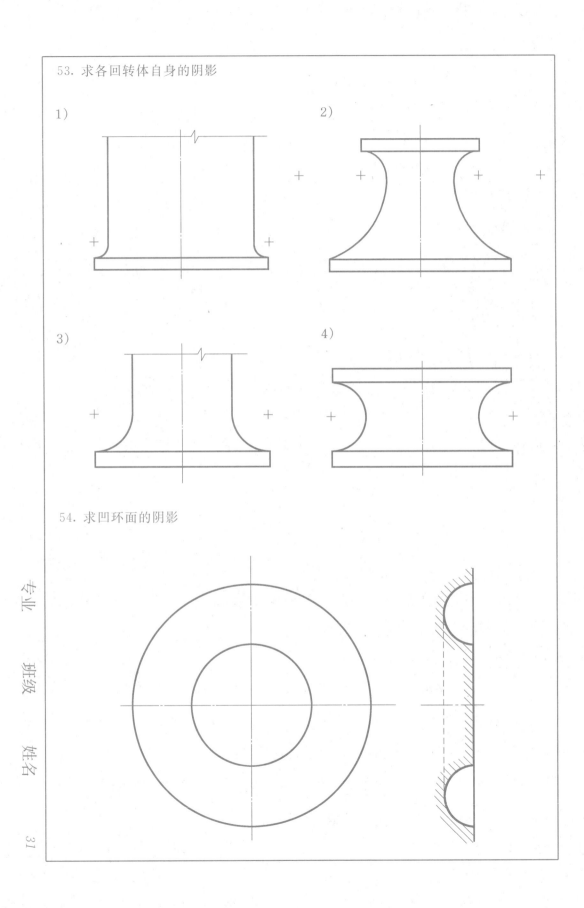

1)

2)

3)

4)

54. 求凹环面的阴影

56. 用辅助投射法作形体的 V 面投影中的阴影

1)

2)

3)

4)

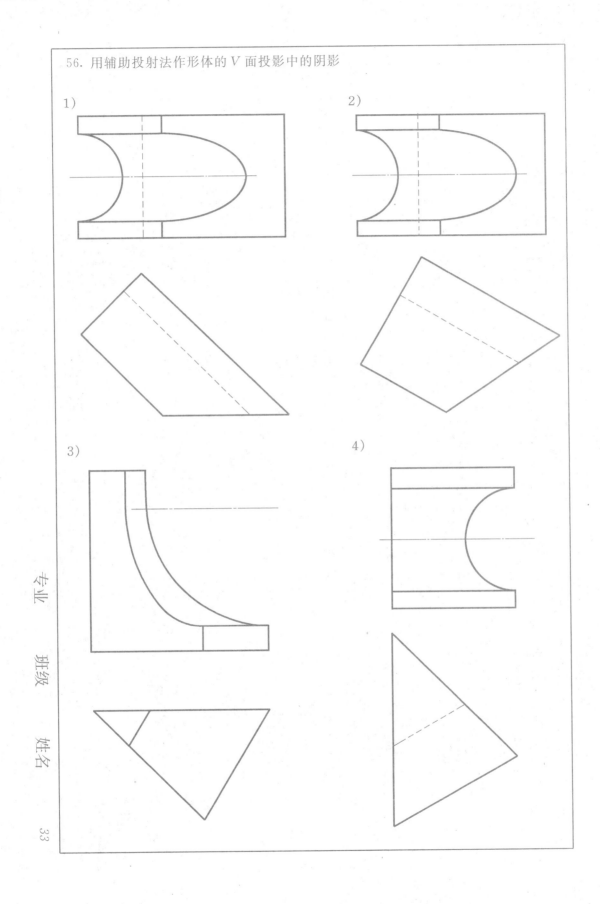

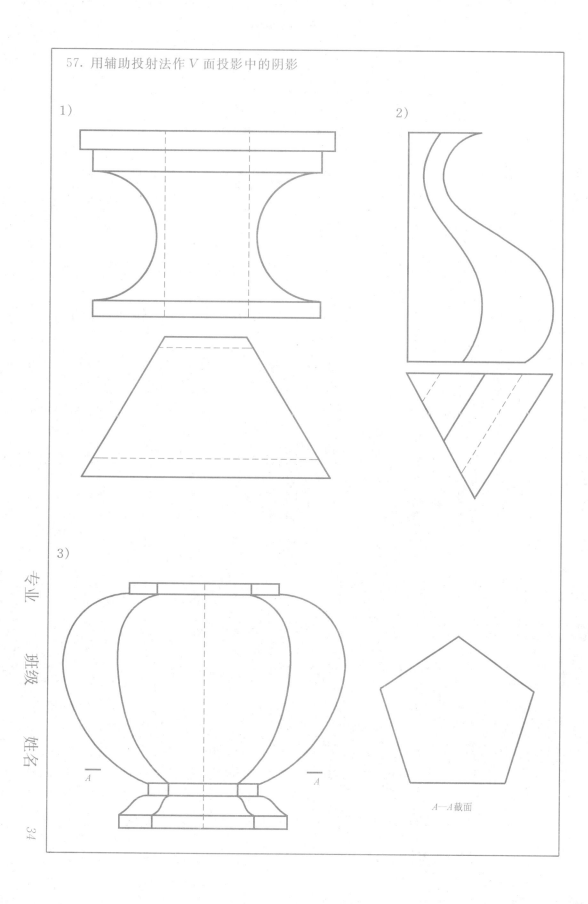

57. 用辅助投射法作 V 面投影中的阴影

1)

2)

3)

A—A截面

专业　班级　姓名

58. 求辐射光线下的阴影

1)

2)

3)

4)

5)

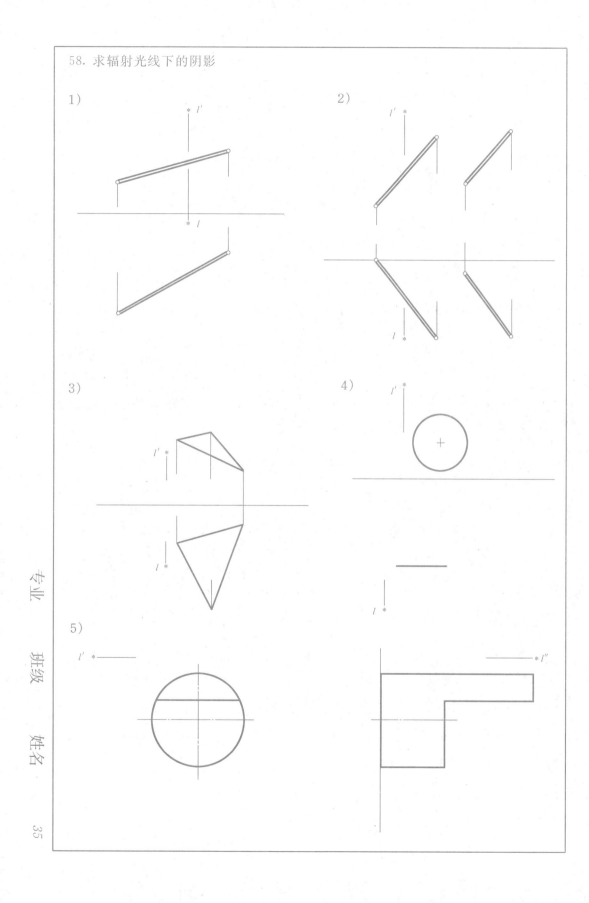

59. 在 *V*、*W* 投影中，求辐射光线下的阴影

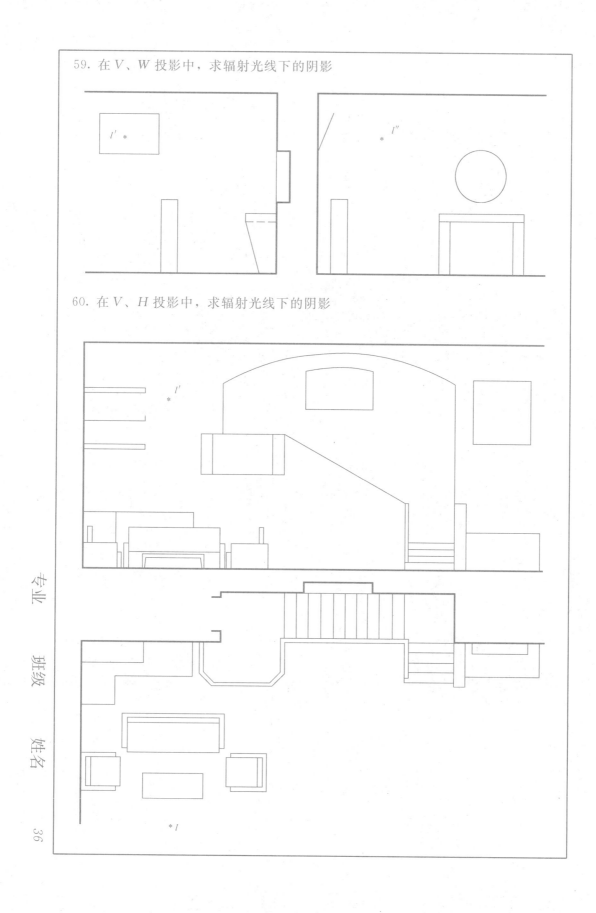

60. 在 *V*、*H* 投影中，求辐射光线下的阴影

专业　　班级　　姓名

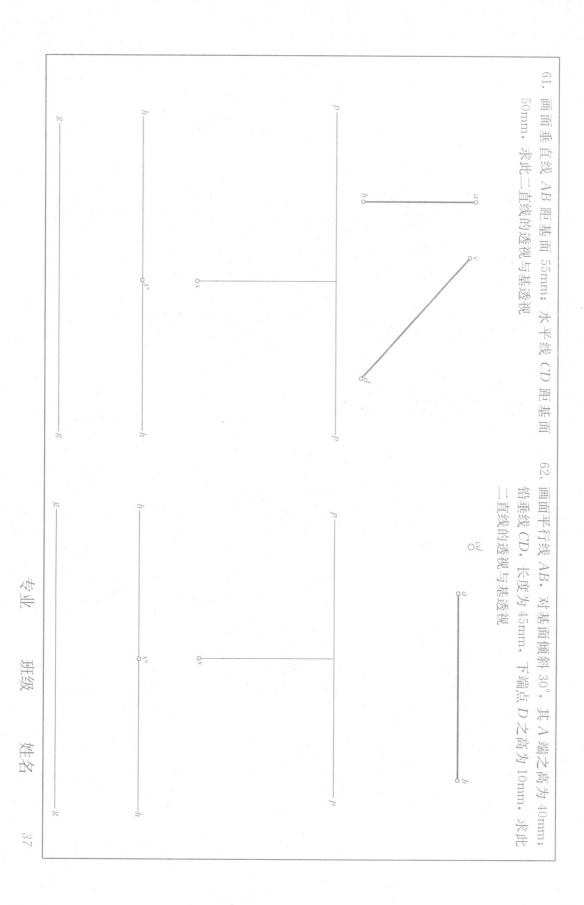

61. 画面垂直线 AB 距基面 55mm；水平线 CD 距基面 50mm，求此二直线的透视与基透视

62. 画面平行线 AB，对基面倾斜 30°，其 A 端之高为 40mm；铅垂线 CD，长度为 45mm，下端点 D 之高为 10mm，求此二直线的透视与基透视

专业　　班级　　姓名

37

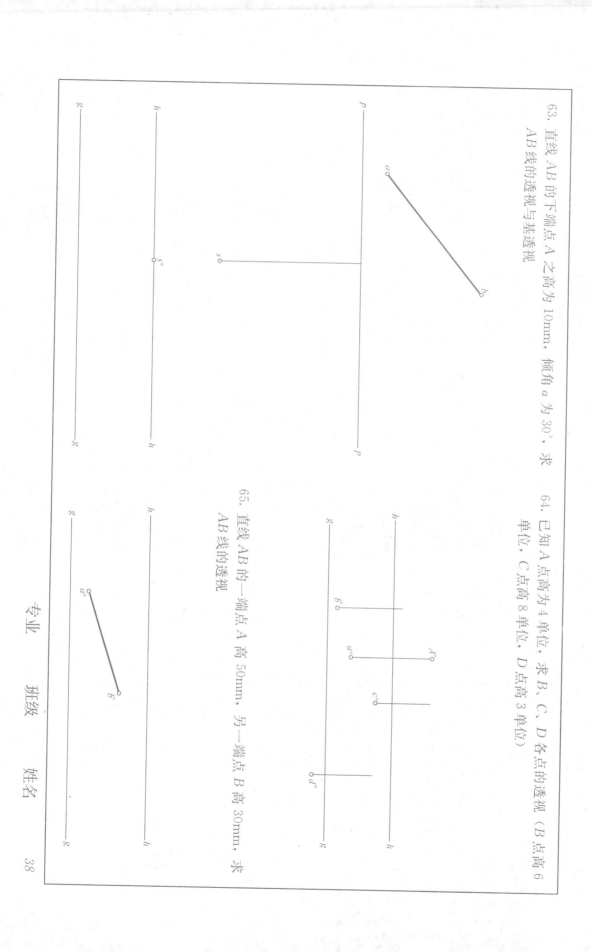

63. 直线 AB 的下端点 A 之高为 10mm，倾角 α 为 30°，求 AB 线的透视与基透视

64. 已知 A 点高为 4 单位，求 B、C、D 各点的透视（B 点高 6 单位，C 点高 8 单位，D 点高 3 单位）

65. 直线 AB 的一端点 A 高 50mm，另一端点 B 高 30mm，求 AB 线的透视

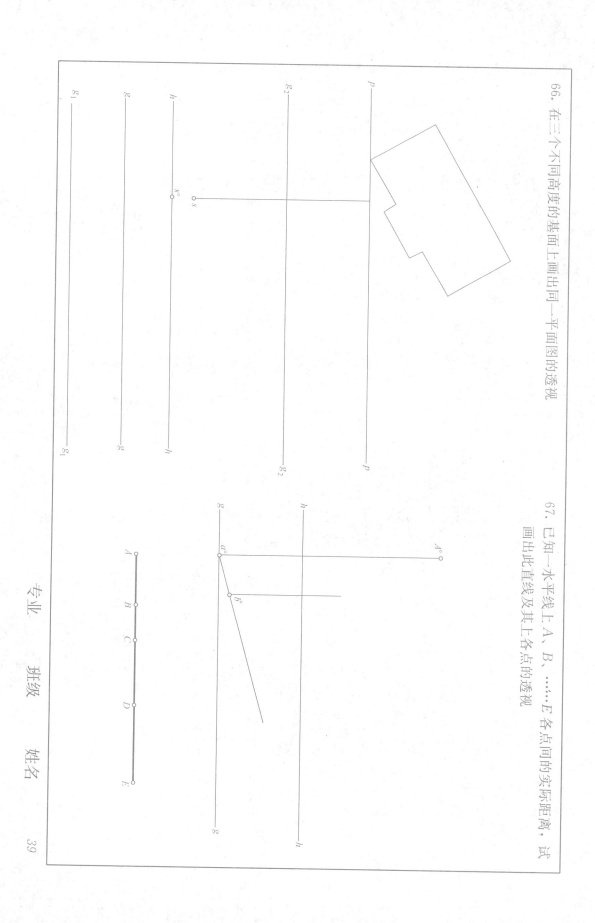

66. 在三个不同高度的基面上画出同一平面图的透视

67. 已知一水平线上 A，B，……，E 各点间的实际距离，试画出此直线及其上各点的透视

专业　　班级　　姓名

39

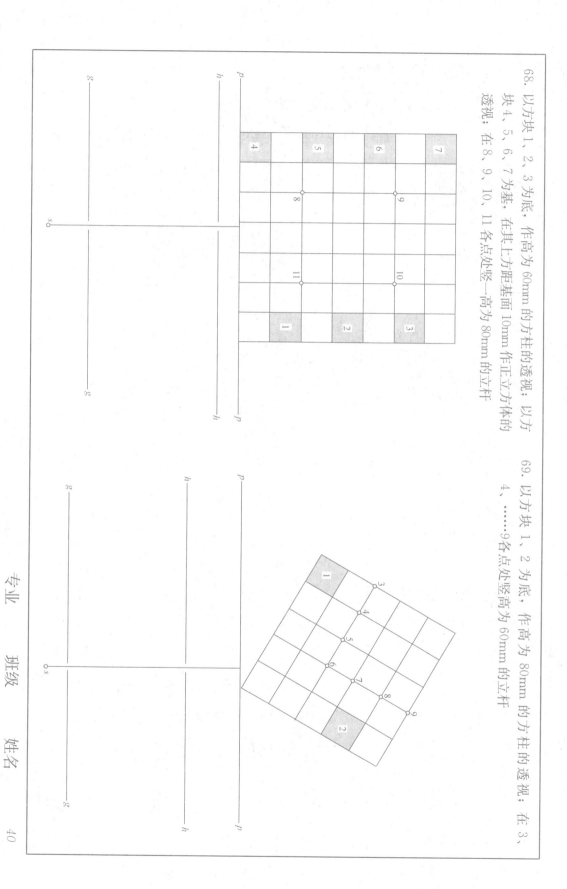

68. 以方块1、2、3为底，作高为60mm的方柱的透视；以方块4、5、6、7为基，在其上方距基面10mm作正立方体的透视：在8、9、10、11各点处竖一高为80mm的立杆

69. 以方块1、2为底，作高为80mm的方柱的透视：在3、4、……9各点处竖高为60mm的立杆

专业　　　　班级　　　　姓名　　　　40

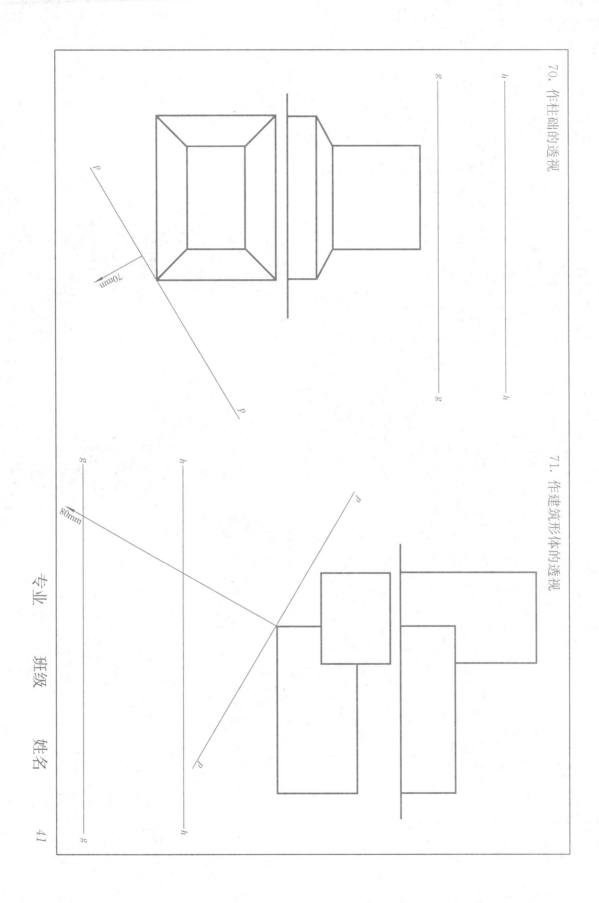

70. 作柱础的透视

71. 作建筑形体的透视

专业　　班级　　姓名　　41

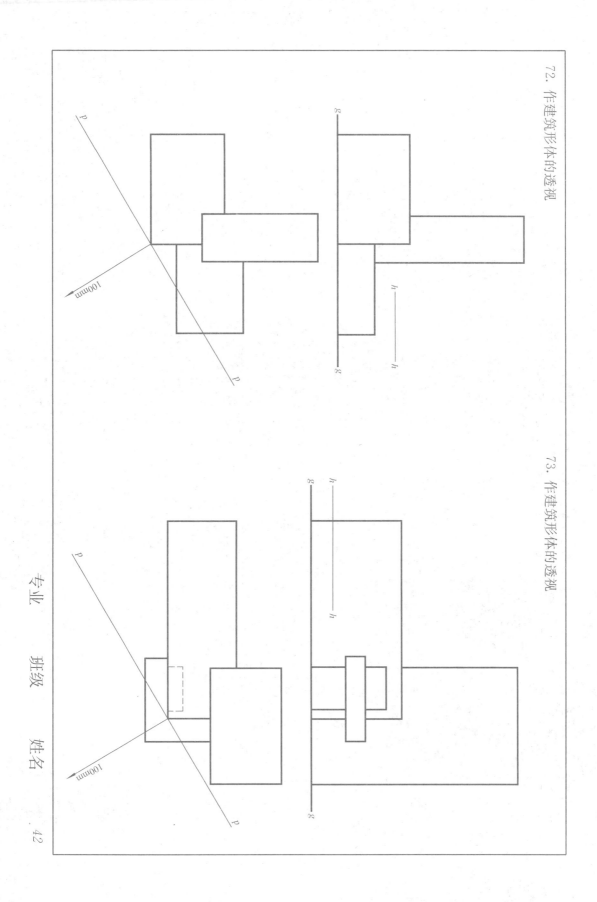

72. 作建筑形体的透视

73. 作建筑形体的透视

专业　　　班级　　　姓名　　　42

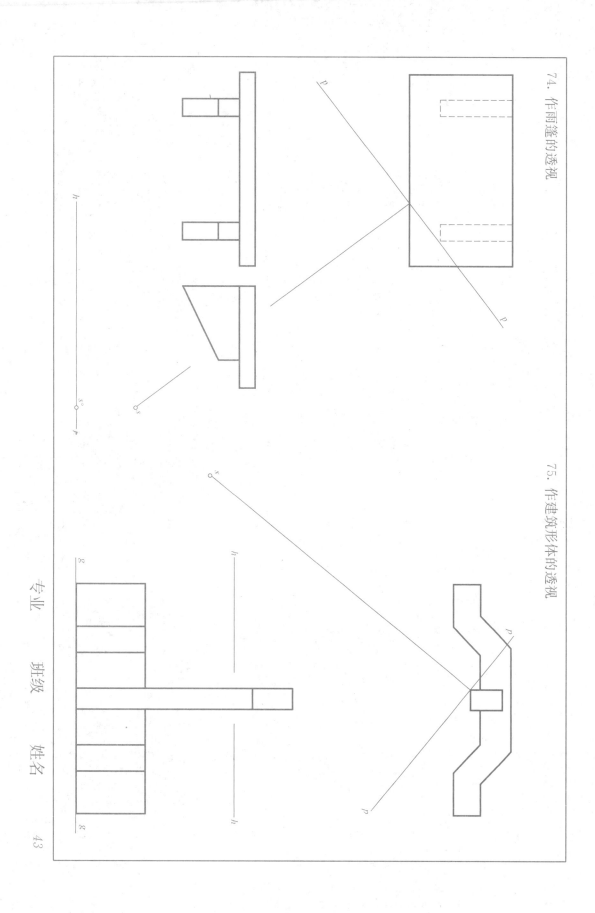

74. 作雨篷的透视

75. 作建筑形体的透视

专业　　班级　　姓名　　43

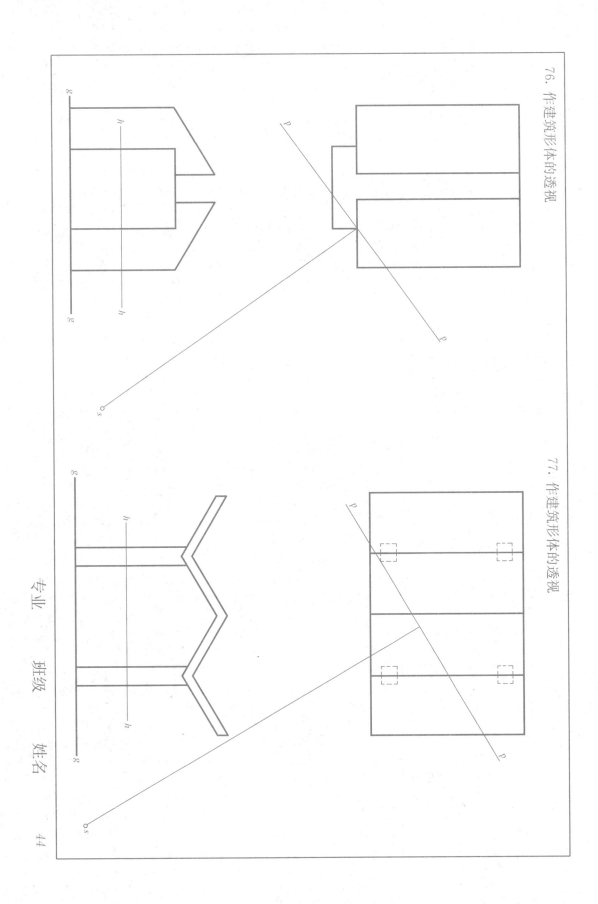

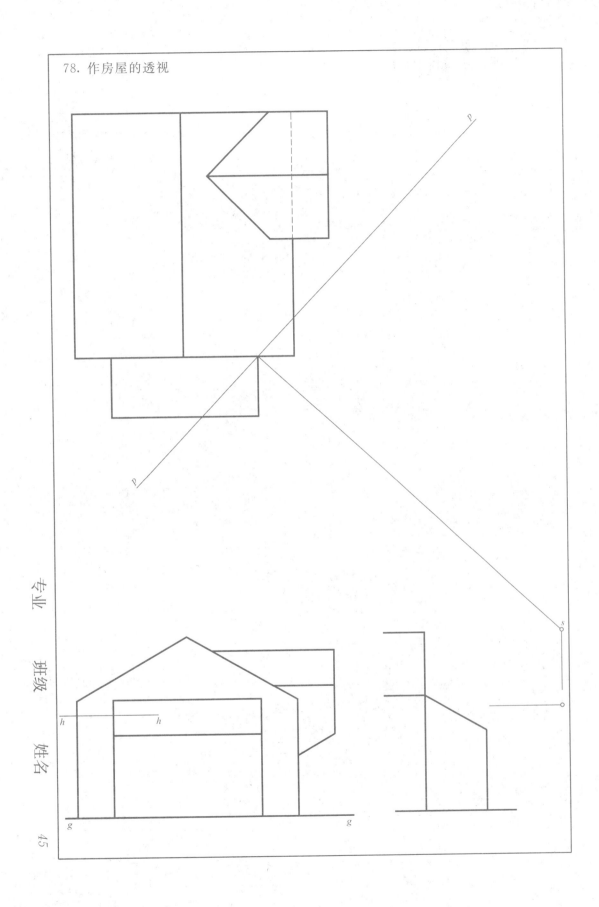

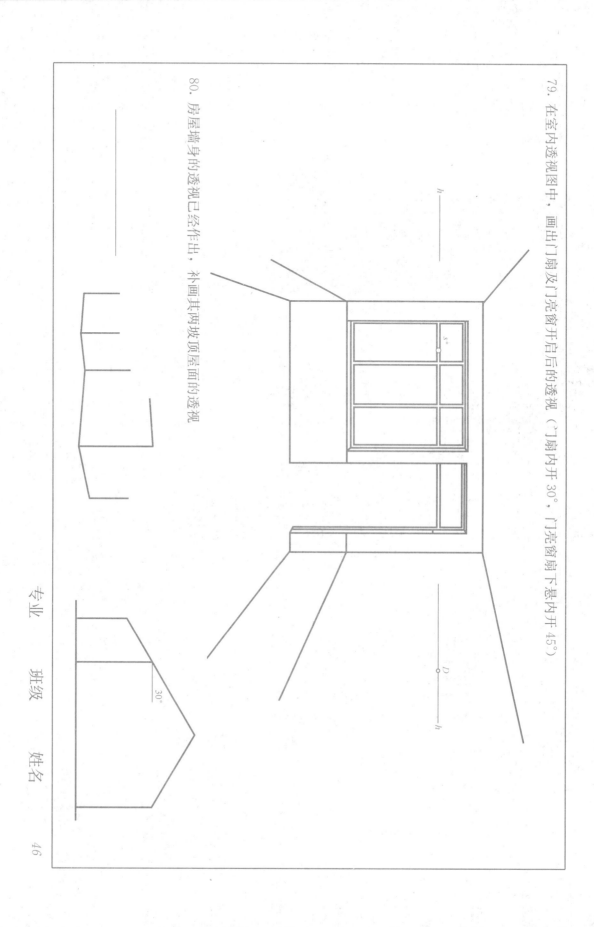

79. 在室内透视图中，画出门扇及门亮窗开启后的透视（门扇内开 30°，门亮窗扇下悬内开 45°）。

80. 房屋墙身的透视已经作出，补画其两坡顶屋面的透视

专业　　班级　　姓名

46

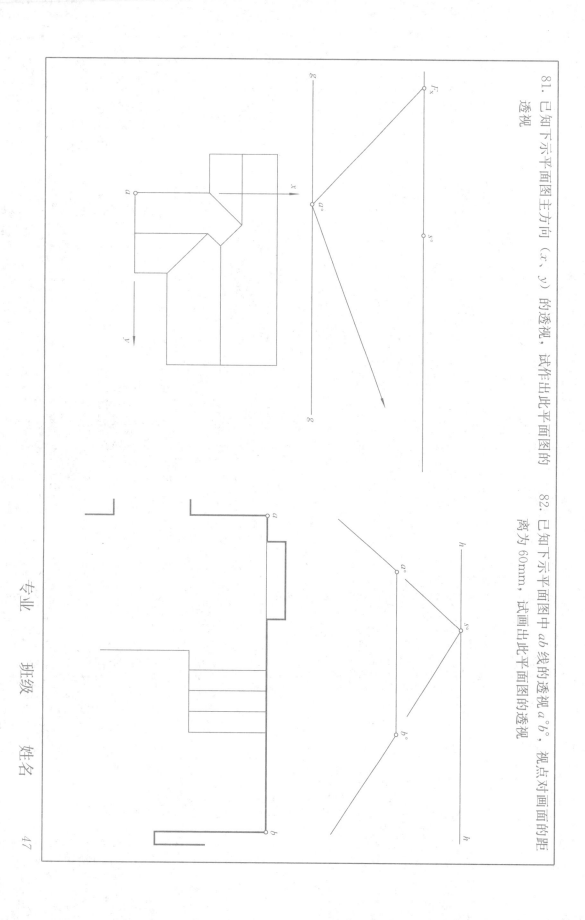

81. 已知下示平面图主方向（x, y）的透视，试作出此平面图的透视

82. 已知下示平面图中 ab 线的透视 $a^\circ b^\circ$，视点对画面的距离为 60mm，试画出此平面图的透视

专业　　　班级　　　姓名　　　47

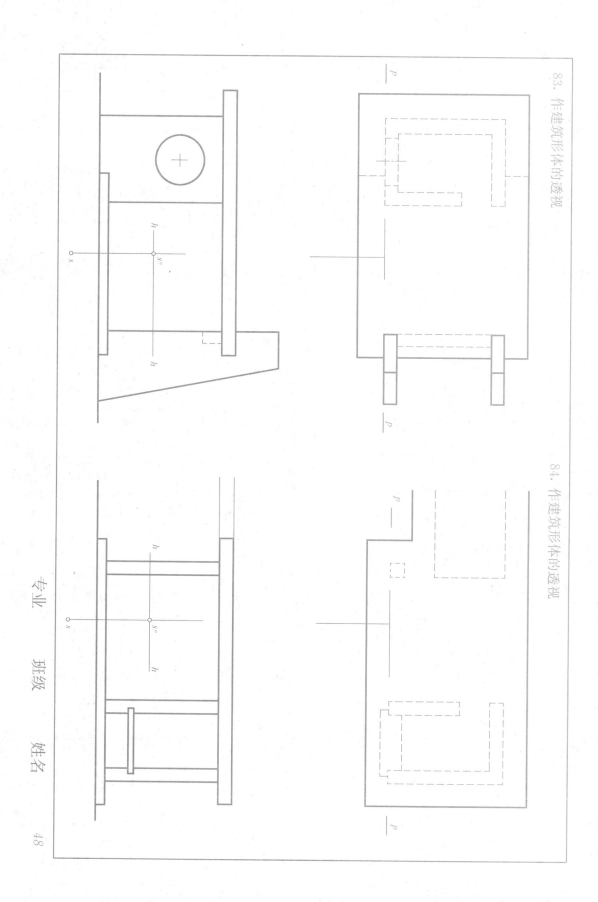

专业　　　班级　　　姓名

48

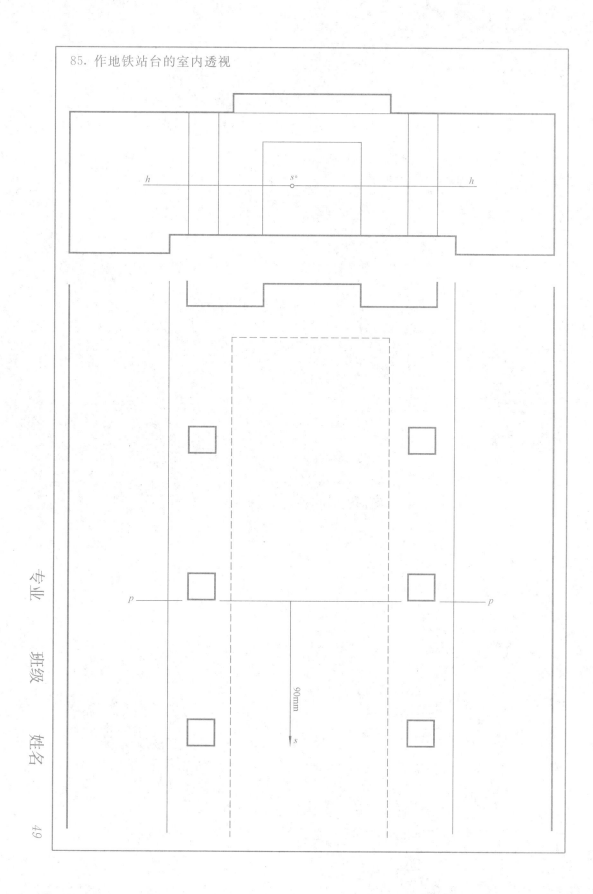

85. 作地铁站台的室内透视

86. 作室内透视

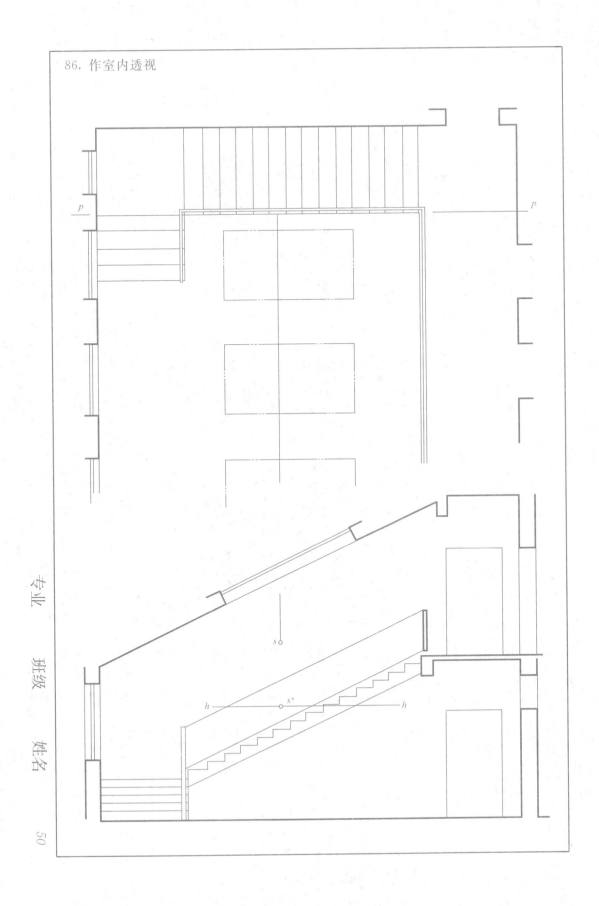

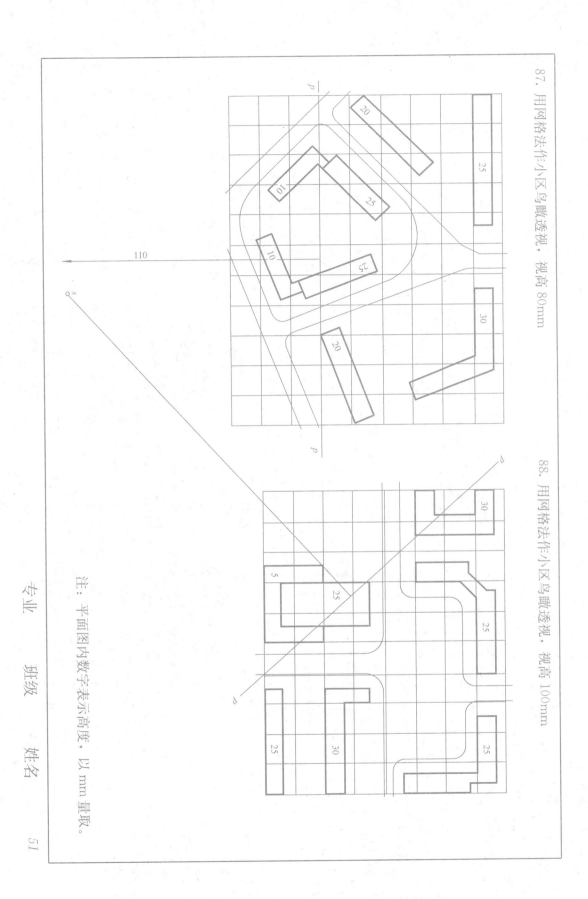

87. 用网格法作小区鸟瞰透视，视高 80mm

88. 用网格法作小区鸟瞰透视，视高 100mm

注：平面图内数字表示高度，以 mm 量取。

专业　　　班级　　　姓名　　　51

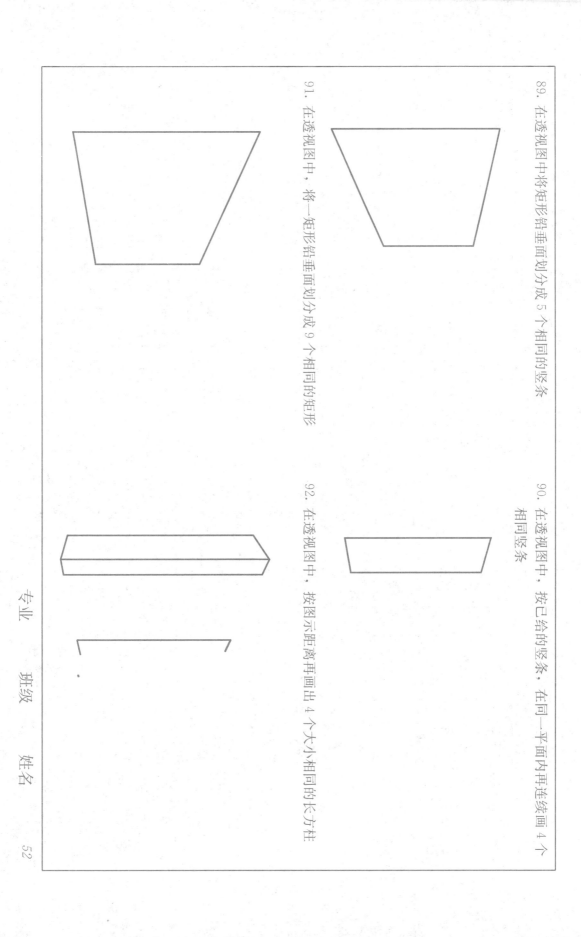

89. 在透视图中将矩形铅垂面划分成 5 个相同的竖条

90. 在透视图中，按已给的竖条，在同一平面内再连续画 4 个相同竖条

91. 在透视图中，将一矩形铅垂面划分成 9 个相同的矩形

92. 在透视图中，按图示距离再画出 4 个大小相同的长方柱

专业　　　班级　　　姓名　　　52

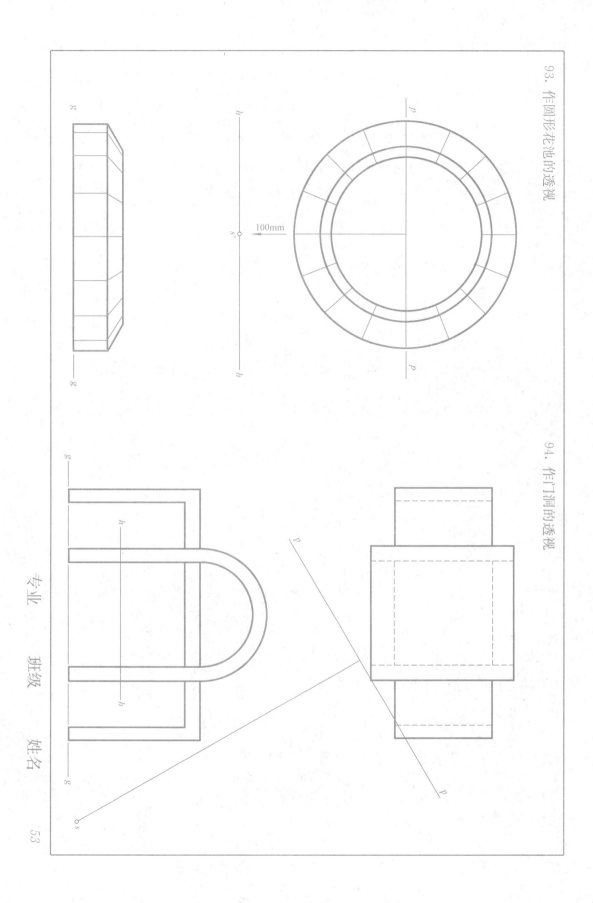

100mm

专业　　班级　　姓名

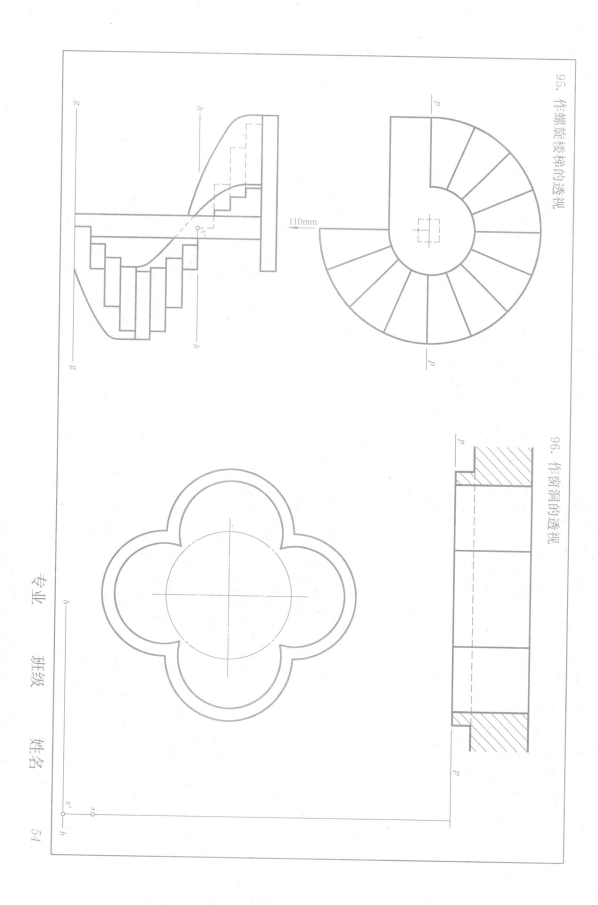

96. 作窗洞的透视

110mm

专业　　　班级　　　姓名　　　54

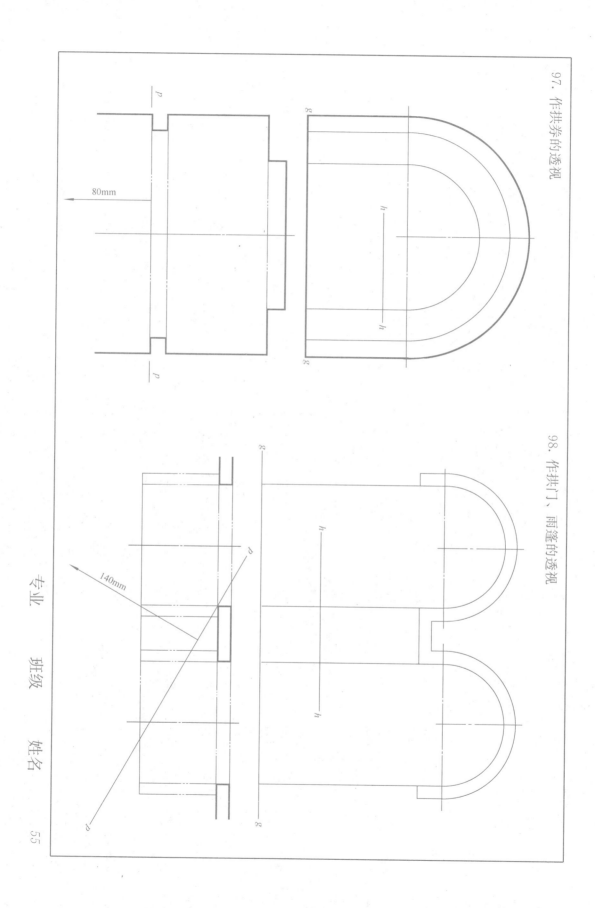

97. 作拱券的透视

98. 作拱门、雨篷的透视

80mm

140mm

专业　　班级　　姓名　　55

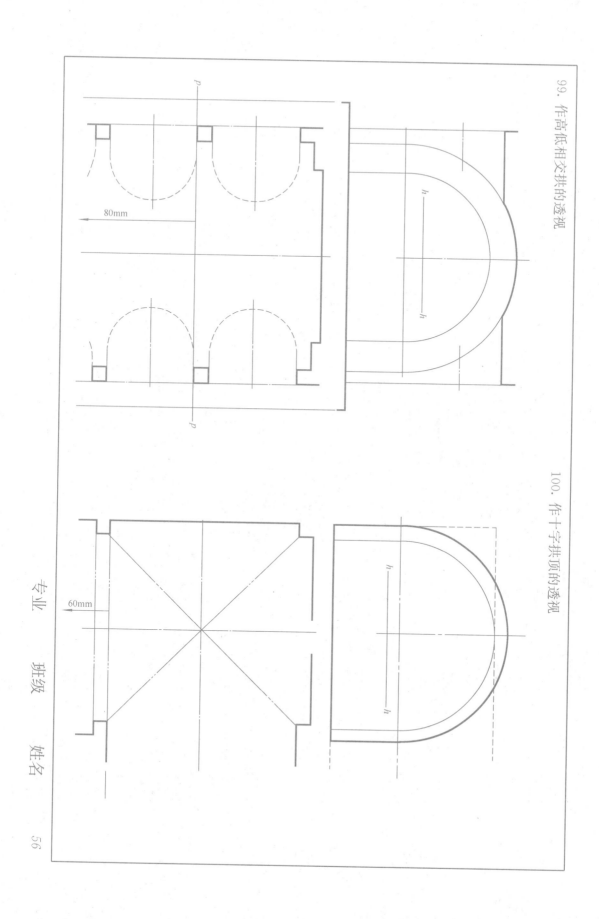

99. 作高低相交拱的透视

100. 作十字拱顶的透视

80mm

60mm

专业   班级   姓名

56

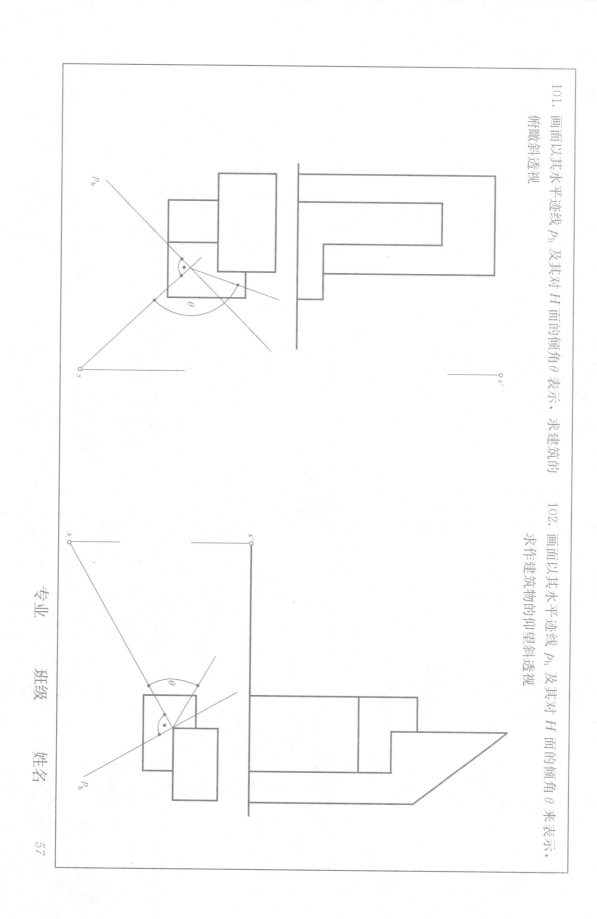

101. 画面以其水平迹线 P_h 及其对 H 面的倾角 θ 表示。求建筑的俯瞰斜透视

102. 画面以其水平迹线 P_h 及其对 H 面的倾角 θ 来表示，求作建筑物的仰望斜透视

专业　　班级　　姓名　　57

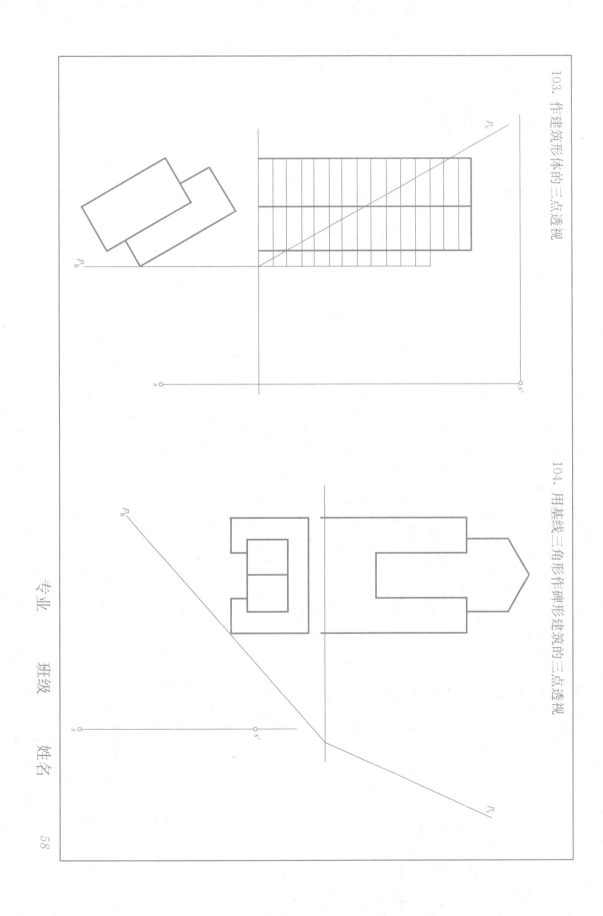

103. 作建筑形体的三点透视

104. 用基线三角形作碑形建筑的三点透视

专业　　班级　　姓名　　58

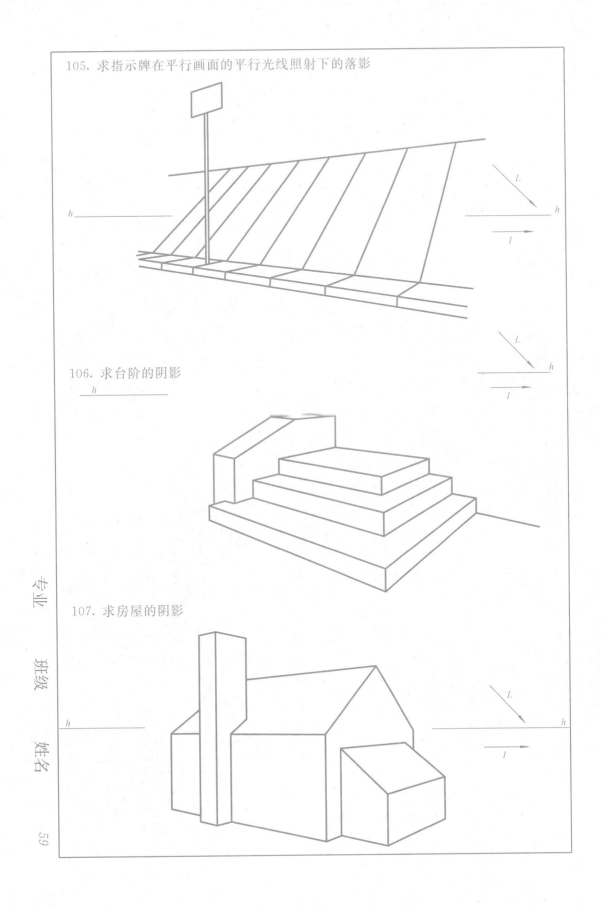

105. 求指示牌在平行画面的平行光线照射下的落影

106. 求台阶的阴影

107. 求房屋的阴影

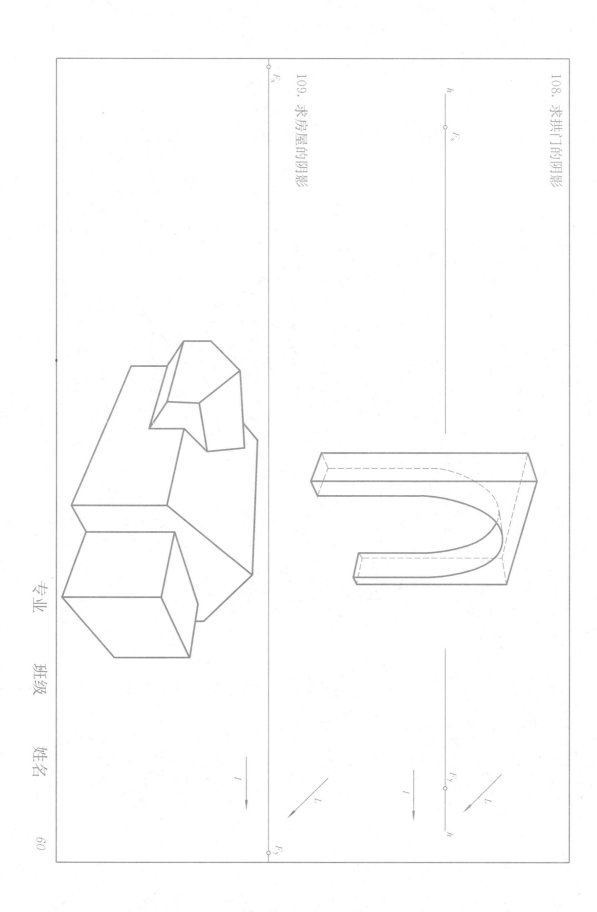

108. 求拱门的阴影

F_x

h —— F_x

L

L

I

I

F_y

h

109. 求房屋的阴影

F_x

I

L

L

F_y

专业 　　班级 　　姓名 　　60

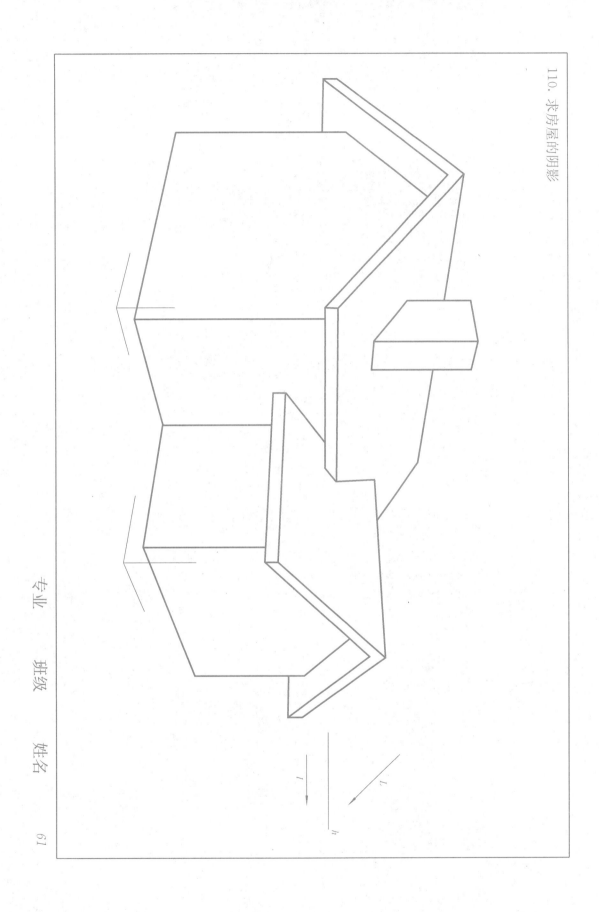

111. 求与画面斜交的平行光线下的落影

112. 求阴影

专业　　班级　　姓名

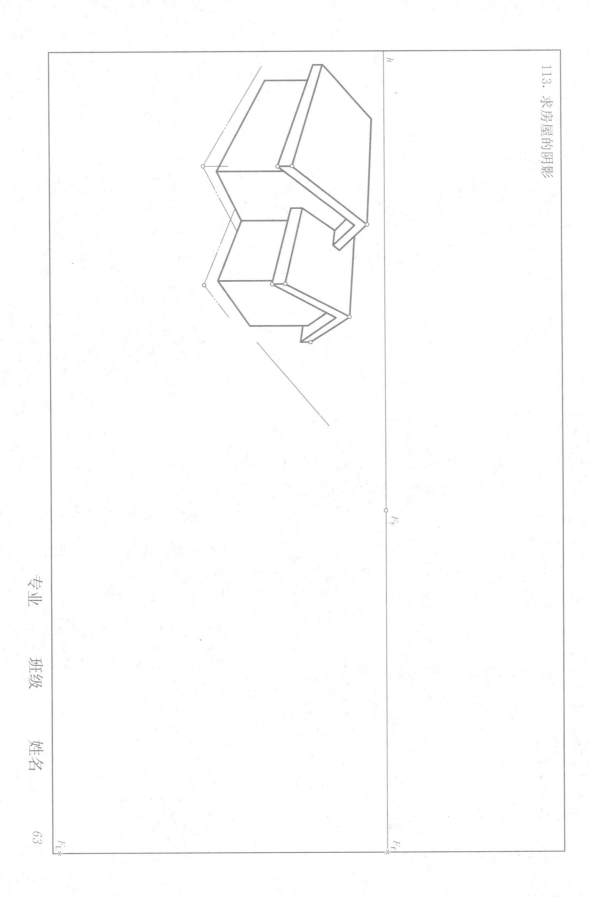

专业 班级 姓名 63

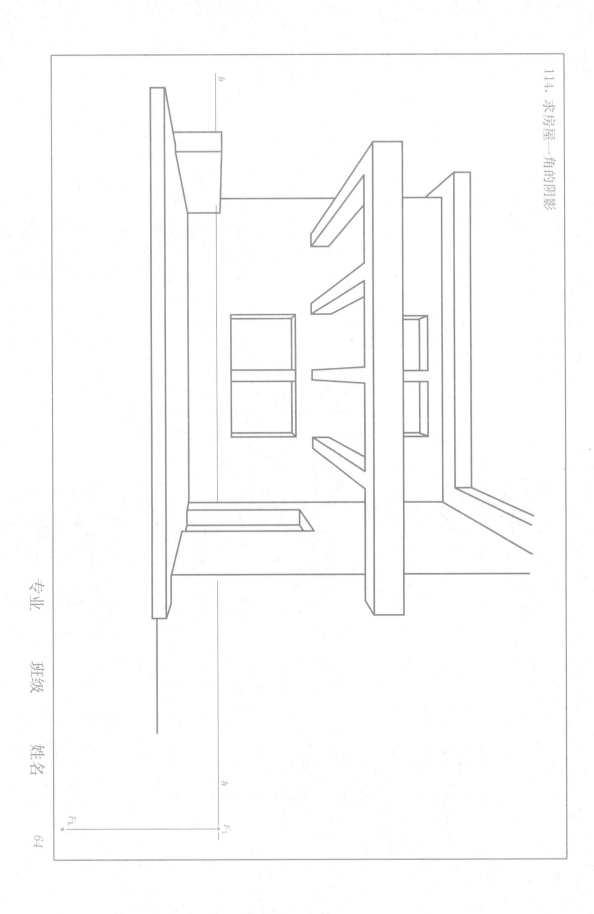

专业 班级 姓名

115. 已确定雨篷上一点的落影，画出雨篷全部阴影

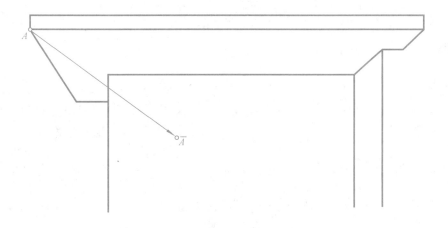

116. 已确定挑檐上一点的落影，求出挑檐全部阴影

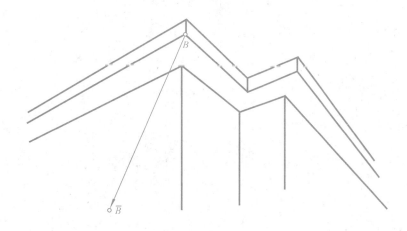

117. 已确定烟囱上一点在屋面上的落影，求出整个房屋的阴影

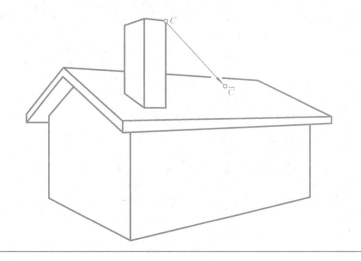

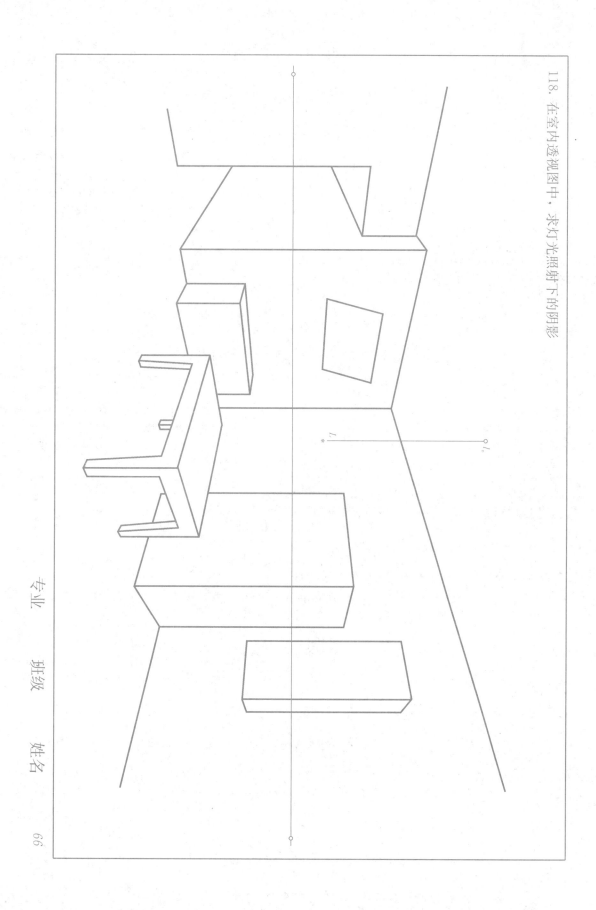

118. 在室内透视图中，求灯光照射下的阴影

专业　　　　班级　　　　姓名　　　　66

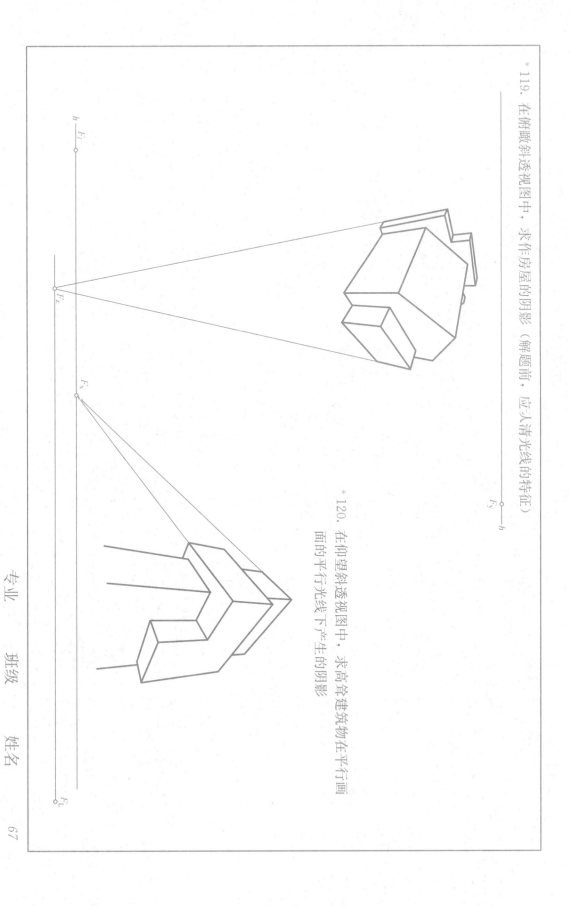

*119. 在俯瞰斜透视图中，求作房屋的阴影（解题前，应入清光线的特征）

*120. 在仰望斜透视图中，求高耸建筑物在平行画面的平行光线下产生的阴影

专业　　　班级　　　姓名

67

121. 作河岸、栏杆在水中的倒影

122. 作河岸、挑板与指示牌在水中的倒影

专业　　班级　　姓名

68

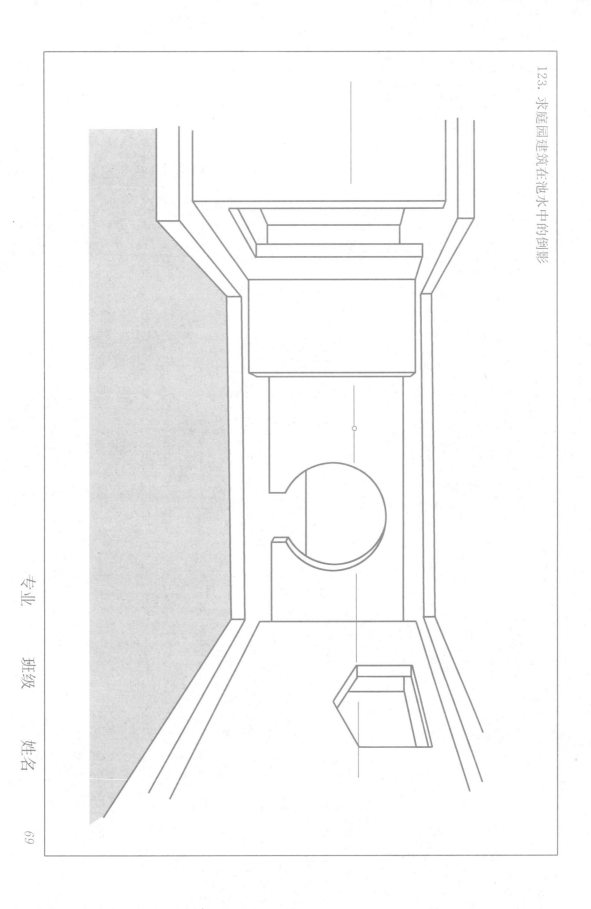

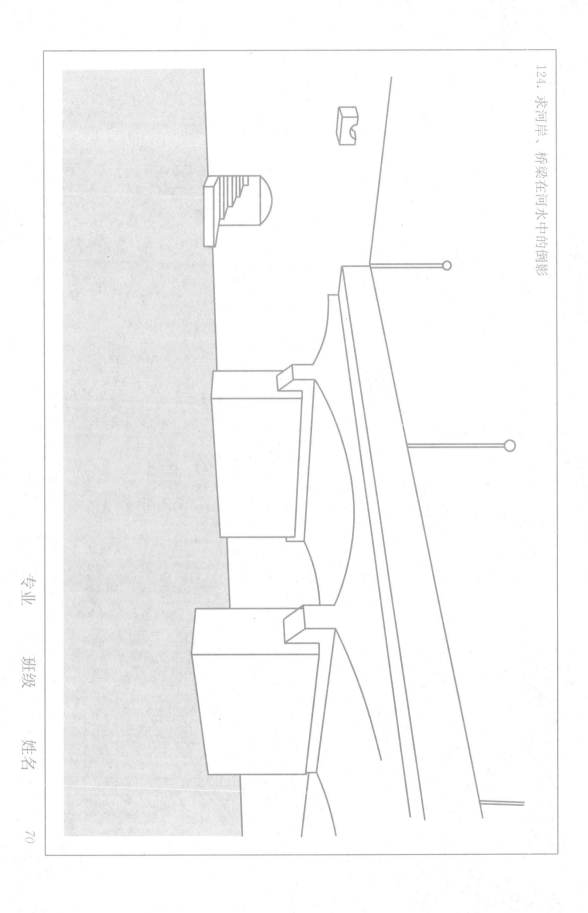

专业　　班级　　姓名

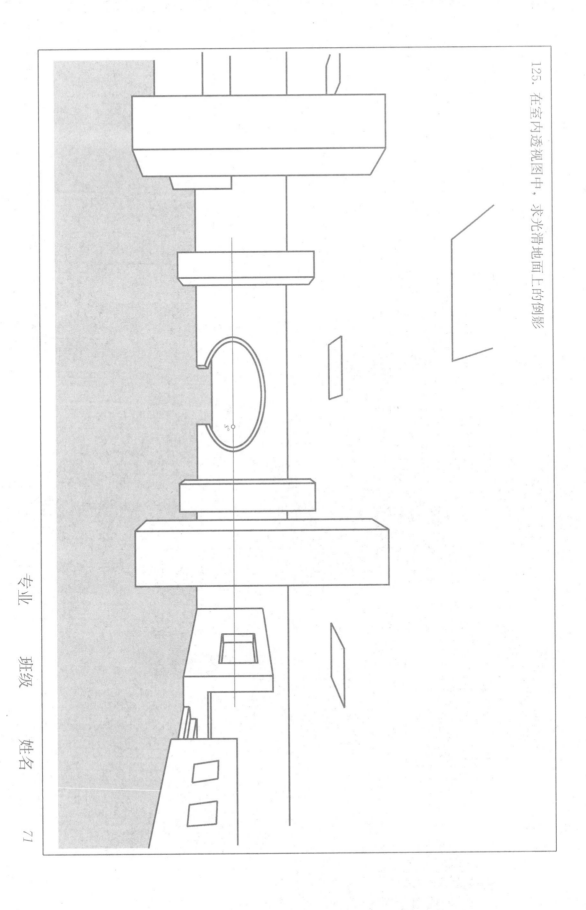

125. 在室内透视图中，求光滑地面上的倒影

专业　　班级　　姓名

71

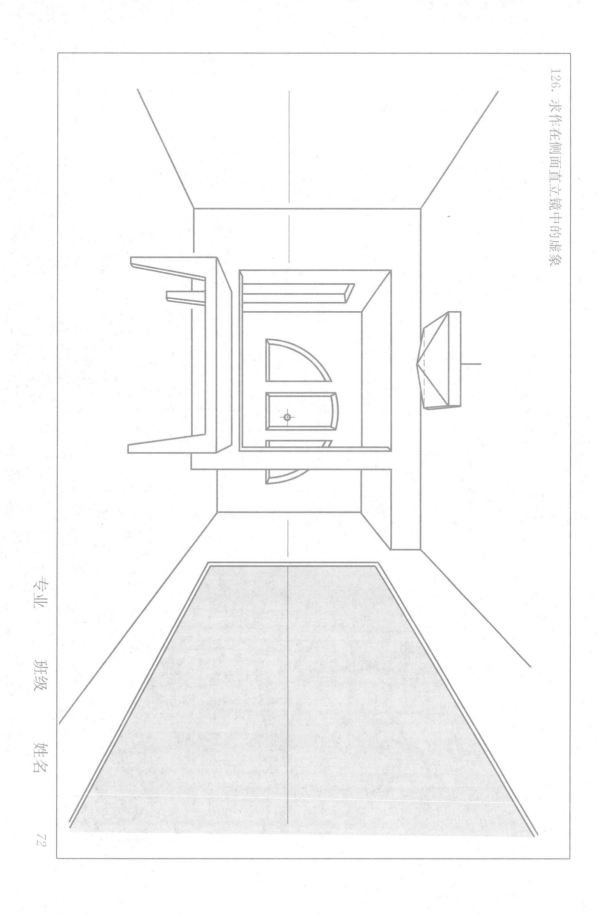

专业　　班级　　姓名　　72

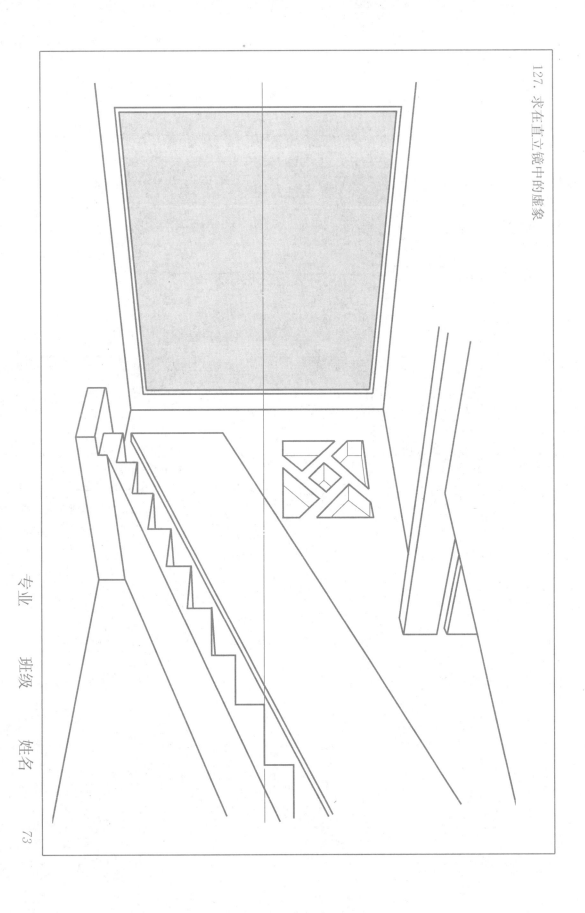

专业　　班级　　姓名

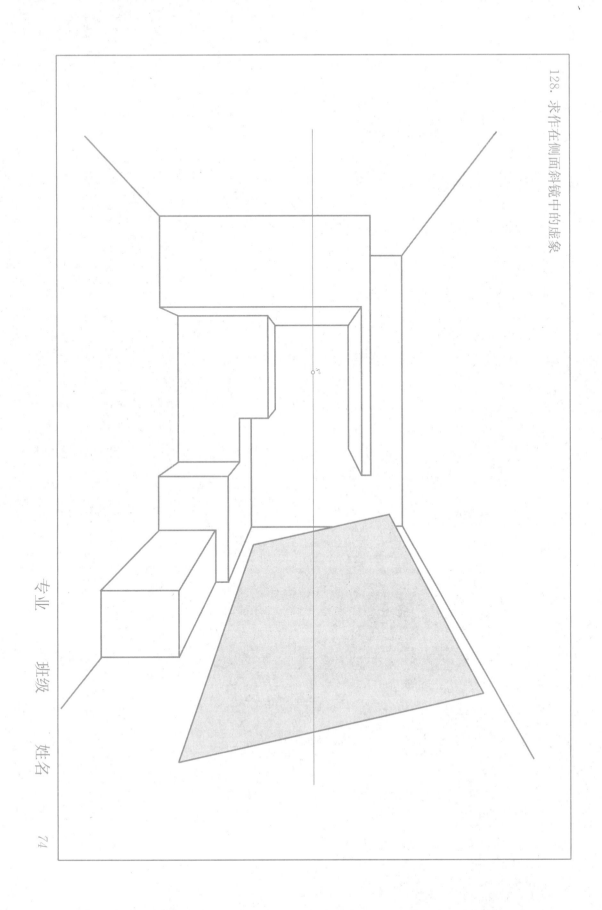

专业   班级   姓名   74